과학의 위안

과학의 위안

The Consolation of Science

MiD

서문

자기 자신을 알지 못하는 것은 다른 동물들에게는 본성에 속하는 것이나 인간에게는 악덕이 되는 법이다.

– 보에티우스Boethius

6세기 로마의 철학자 보에티우스는 당시 철학이 모든 학문을 뜻한 바대로 수사학이나 논리학뿐 아니라 수학과 천문학에도 조예가 깊었고 왕성한 저술 활동을 했다. 그러나 시대를 잘못 만나 서로마가 멸망하고 동고트족의 지배를 받는 상황에서 동로마를 지지한다는 반역죄를 뒤집어쓰고 524년 44세에 처형됐다. 보에티우스가 죽음을 기다리며 옥중에서 쓴 책이 『철학의 위안』이다.

2016년 가을부터 우리나라가 혼란에 빠져 허우적거리는 모습을 지켜보며 문득 오래 전 읽은 『철학의 위안』이 떠올라 책을 펼쳐봤다. 당시 보에티우스가 살았던 시대에 비하면 지금 상황은 혼란이라고 할 수도 없겠지만, 보에티우스가 철학을 통해 자신에게 닥친 불행을 초월했듯이 우리는 과학을 생각하며 현실의 피로에서 벗어날 수 있지 않을까.

물론 과학이라고 모두 고상한 건 아니다. 과학자들 역시 정치인들 못지않게 자신과 대립되는 학설을 주장하는 상대를 인신공격하기도 하고 특허권을 두고 치열한 법정다툼을 벌이기도 한다. 그러나 한발 물러서서 보면 과학에는 우리의 마음을 차분하게 하면서 지적 만족감을 주는 뭔가가 있다.

과학카페 시리즈가 독자들의 사랑을 받아 이제 6권을 내게 됐다. 책을 준비하며 제목을 생각하다 『철학의 위안』이 떠올랐고 이를 본떠 제목을 지었다. 독창성은 떨어지지만 이 책이 보에티우스에게 약간의 '위안'이 되지 않을까 하는 생각도 해본다.

과학카페 3권에서 5권까지는 1파트를 화제가 됐거나 중요한 발견으로 평가된 주제를 묶어 '핫이슈'로 꾸몄지만 이번에는 읽으면 미소를 짓게 할 만한 이야기들을 묶어 '힐링 토픽'이라는 이름을 붙여봤다. 이어지는 2파트 '논란 유발자들'에서는 과학의 양면성을 보여주는 연구결과들을 담았다.

3파트 '과거는 언제나 궁금해'에서는 고생물학이나 고인류학 같은 전형적인 과거규명 연구와 함께 최신 게놈분석기술을 통해 과거를 재구성한 연구결과들도 소개했다. 4파트 '몸과 마음에 들어 있는 과학'에서는 생리학과 심리학 분야를 다뤘는데 특히 갈증, 온도감각, 후각, 시각 등 감각에 대한 최신 연구결과들을 상세히 소개했다.

5파트 '우리에게 수학과 물리가 필요한 이유'에서는 수학적 사고방식과 물리학적 접근법이 다른 분야에 새로운 관점을 제시한 연구결과들을 소개했다. 여기에 나온 수학과 물리학은 고교과정을 제대로 배운 사람들이라면 충분히 소화할 만한 수준이다. 6파트 '이런 것도 화학?'에서는 오늘날 과학의 감초인 화학의 진면목을 보여주는 글들을 묶었다.

7파트 '생물은 언제나 신기해'에서는 400년을 사는 것으로 밝혀진 그린란드상어를 비롯해 흥미로운 생물들과 생명현상을 소개했다. 8파트 '역사책 속에서 튀어나온 과학'에서는 이미 끝난 과거의 사건으로

만 알고 있었던 일들이 재조명되면서 새로운 통찰을 주는 주제들을 묶었다.

끝으로 부록에서는 2016년 타계한 과학자 29명의 삶과 업적을 간략하게 되돌아봤다. 지금까지 과학카페 시리즈 부록에서 소개된 타계한 과학자들은 2권에서 28명, 3권에서 27명, 4권에서 18명, 5권에서 21명으로 6권까지 더하면 123명에 이른다. 이들의 인생행로를 들여다보면 20세기 후반 과학계의 지도가 어느 정도 그려진다.

이 책에 실린 글들은 2016년 한 해 동안 발표한 에세이 120여 편 가운데 고른 것이다. 수록된 에세이를 연재할 때 도움을 준 「동아사이언스」의 김규태 편집장과 오가희 기자, 「사이언스타임즈」의 김학진 전前 편집장과 장미경 편집장, 「화학세계」의 오민영 선생께 고마움을 전한다. 출판계의 전반적인 어려움 속에서도 과학카페 6권 출간을 결정한 MID 최성훈 대표와 적지 않은 분량을 멋진 책으로 만들어준 편집부 여러분께도 감사드린다.

2017년 4월 강석기

차례

Part 4 — 몸과 마음에 들어 있는 과학

Part 5 — 우리에게 수학과 물리가 필요한 이유

Part 6 — 이런 것도 화학?

Part 7 — 생물은 언제나 신기해

Part 8 — 역사책 속에서 튀어나온 과학

Part 1
힐링 토픽

1-1

메트포르민, 당뇨약에서 항암제로?

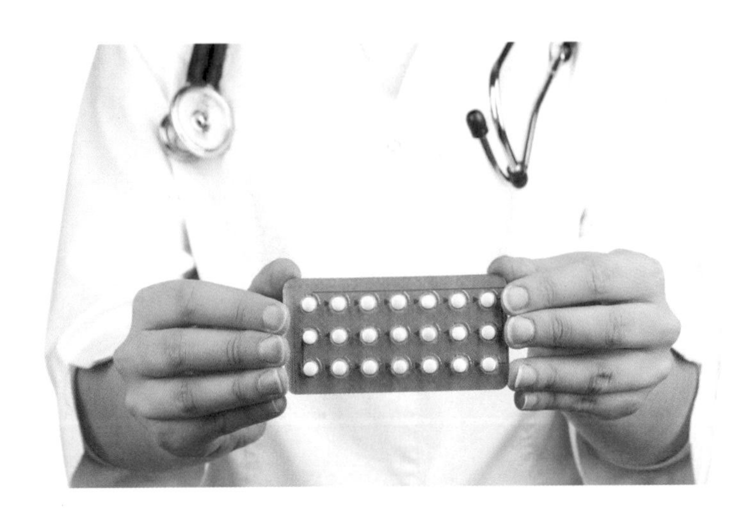

"처방전을 찍어뒀는데… 여기 있네."

"어디 좀 봐요."

"…."

"메트포르민 맞네요. 축하해요!"

"뭘?"

지난 연말 옛 직장동료와 저녁식사를 했다. 이런저런 얘기를 하다 보니 대화 주제가 자연스레 건강으로 넘어갔는데, 이 분은 당뇨가 있어 약을 먹는단다. 문득 좋은 덕담거리가 생길 수도 있겠다는 생각이 퍼뜩 떠올라 약 이름을 물어보니 스마트폰에 찍어둔 처방전을 보여준 것이다. 이 분이 복용하고 있는 당뇨약이 메트포르민이기를 기대했는데 다행히 그랬다. 그런데 뭐가 축하할 일일까.

2016년 미국에서는 사람을 대상으로 처음 노화지연약물 임상을 시작했는데, 그 약물이 바로 메트포르민metformin이다. 메트포르민은 1920년대 합성된 약물로 유럽에서 수백 년 동안 당뇨병 치료제로 쓰인 식물인 고트스루goat's rue의 유효성분인 구아니딘guanidine을 변형한 분자다. 구아니딘의 부작용을 줄이기 위해서다. 아직 인슐린 투여까지 가지 않은 전당뇨prediabetes인 사람들이 주로 복용하는 메트포르민은 연간 생산량이 37000톤에 이르는 싸고 흔한 약이다. 37000톤이면 얼마 안 되는 것 같지만 한 정이 500mg이므로 185억 정이다.

그런데 여러 동물실험에서 메트포르민의 수명연장효과가 관찰됐다. 메트포르민의 노화지연작용 메커니즘은 아직 불분명한데, 세포 내 에너지발전소인 미토콘드리아를 건드리는 것으로 보인다. 그 결과 염

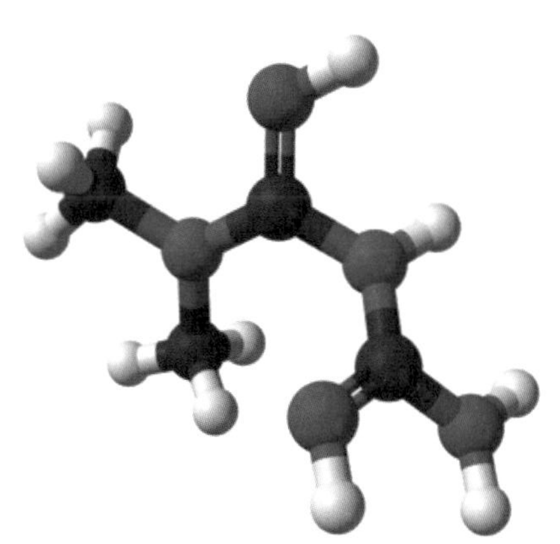

당뇨약 메트포르민은 수백 년 동안 당뇨병 증상을 완화하는 용도로 쓰인 식물 고트스루(오른쪽)의 유효성분을 살짝 변형한 분자다. 왼쪽은 메트포르민 분자구조로 검은색은 탄소원자, 흰색은 수소원자, 파란색은 질소원자다. (제공 위키피디아)

증을 억제하고 성장인자의 분비를 떨어뜨리고 산화로 인한 손상을 줄여 결국 세포노화가 지연되는 것이다.

미국 알버트아인슈타인의과대학 니르 바질라이 교수와 공동연구자들은 미 식품의약국FDA의 허가를 받아 TAMETargeting Aging with Metformin이라는 약자로 불리는 임상프로젝트를 시작했다. 70~80세인 3000명을 대상으로 5~7년에 걸쳐 실시될 예정이다. 연구자들은 이 임상의 성공을 확신하고 있는데, 근거가 없지도 않다.

즉 2014년 학술지 「당뇨, 비만, 대사」에 실린 논문에 따르면, 메트포르민을 꾸준히 복용한 당뇨병환자들의 사망률이 다른 약물을 복용한 환자는 물론 대조군(당뇨병이 없는 사람)보다도 낮았다. 당뇨병환자의 기대수명이 수년 짧은 것을 감안하면 놀라운 결과다. 현재 메트포르민을 복용하고 있는 사람들은 생각지도 않았던 수명연장효과를 덤으로 보고 있을지도 모른다.

궁금해하는 그 분께 이런 얘기를 해줬더니 무척 기뻐했다. 필자도 옆에서 "나도 좀 나눠줄 수 없냐?"며 너스레를 떨었다. 그런데 며칠만 더 늦게 만났어도 또 다른 희소식을 들려줄 뻔했다. 메트포르민이 항암제로도 유력하다는 연구결과가 2016년 12월 23일자 학술지 「사이언스 어드밴시스」에 실렸기 때문이다.

혈압약과 함께 쓰자 합성치사효과 나타나

논문을 보면 메트포르민의 항암효과는 이미 십수 년 전부터 알려진 것 같다. 메트포르민을 오래 복용한 당뇨환자들이 암에 걸릴 위험성이 현저히 낮다는 역학epidemiology 조사결과가 여럿 나왔기 때문이다. 메트포르민의 항암효과 역시 미토콘드리아의 효율을 떨어뜨리는 데서 비롯된 것으로 보인다. 세포분열이 왕성한 암세포는 포도당에 늘 굶주려 있는데 메트포르민이 혈당을 낮추고 암세포의 세포내호흡도 방해해 증식을 억제한다는 것이다.

그럼에도 당뇨약으로 하루 두세 알 먹는 수준으로는 메트포르민이 항암효과가 없다는 연구결과도 꽤 된다. 즉 고농도일 때는 효과가 있을지 모르지만, 부작용이 거의 없는 저농도에서는 항암제로 자격미달이라는 것이다.

스위스 바젤대 연구자들은 메트포르민에 '합성치사synthetic lethality' 개념을 도입해 저농도에서도 항암제로 기능할 수 있을지 조사해보기로 했다. 합성치사는 거의 100년 전 소개된 유전학 용어로, 어떤 생명체에서 유전자A가 고장 나면 살 수 있고 유전자B가 고장 나도 살 수 있지만 둘 다 고장 나면 죽는 경우를 뜻한다. 그 뒤 합성치사의 개념이 확장돼 약물A나 약물B만으로는 암세포가 안 죽지만 둘 다 투여하면 죽는 경우도 뜻하게 됐다.

연구자들은 저농도의 메트포르민(약물A)이 암세포를 죽이지 못한

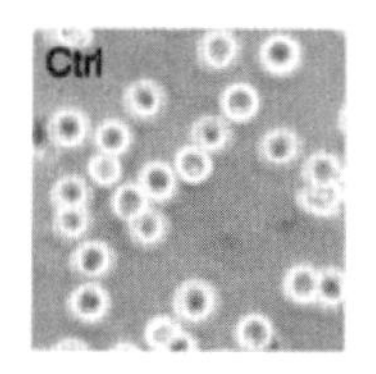

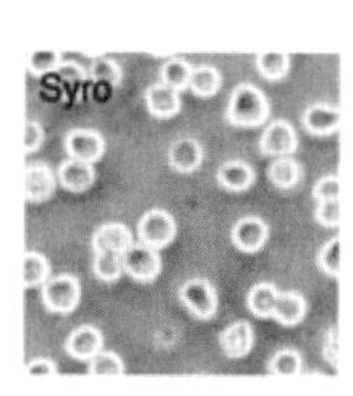

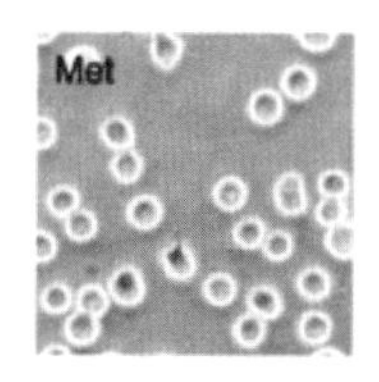

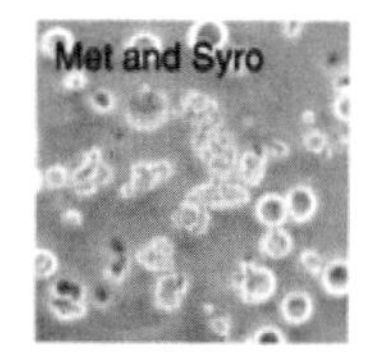

암세포 배양액에 시로신고핀만 넣거나(왼쪽에서 두 번째) 메트포르민만 넣을 경우(왼쪽에서 세 번째) 약물을 넣지 않을 때(맨 왼쪽)와 차이가 없지만, 두 약물을 함께 넣어주면 세포사멸이 일어나는 합성치사효과를 보인다(맨 오른쪽). (제공「사이언스 어디밴시스」)

다고 치고 약물B를 찾기로 했다. 1120가지 약물을 조사한 결과 딱 하나에서 합성치사효과가 관찰됐다. 바로 고혈압치료제인 시로신고핀이다. 1950년대 합성된 시로신고핀syrosingopine은 혈관 주변의 신경전달물질을 없애 혈관수축을 억제해 효과를 낸다.

암세포 배양액에 메트포르민만 넣을 경우 30밀리몰농도mM가 돼야 암세포의 절반이 죽었지만, 시로신고핀을 같이 넣어주자 2mM로도 절반이 죽어 농도가 15분의 1로 줄었다. 이는 당뇨약으로 먹을 때 수준이다. 그렇다면 약물B(시로신고핀)는 암세포에 어떤 작용을 해서 합성치사효과를 낼까.

먼저 혈압약 작용은 아니었다. 시로신고핀과 비슷한 항혈압 메커니즘을 지닌 약물을 넣어준 경우에는 메트포르민의 합성치사효과가 나타나지 않기 때문이다. 연구자들은 시로신고핀의 분자구조를 면밀히 조사했고 그 결과 이 약물이 알파-에놀라아제α-enolase라는 효소에 달라붙는다는 사실을 발견했다. α-에놀라아제는 포도당을 분해해 에너지 분자인 ATP를 만드는 해당과정glycolysis에 관여하는 효소다. 즉 메트포르민의 미토콘드리아 호흡작용 저해와 시로신고핀의 α-에놀라아제 해당과정 방해가 합쳐질 때 암세포에 치명적인 영향을 미친다는 시나리오다.

그러나 배양 세포를 대상으로 한 연구결과 시로신고핀은 α-에놀라아제에 달라붙지만 그 작용을 방해하지는 못하는 것으로 나타났다. 결국 메트포르민과 시로신고핀의 합성치사효과는 확실하지만 그 메커니즘은 아직 모른다는 말이다. 만일 메커니즘도 밝혔다면 논문이 자매지인 「사이언스 어드밴시스」가 아니라 「사이언스」에 실렸을 것이다.

그럼에도 논문의 저자들은 실제 생물체의 암세포에서는 시로신고핀이 α-에놀라아제의 작용을 방해해 합성치사효과를 낼 것으로 추정하고 있다. 즉 미토콘드리아가 부실해져 취약해진 암세포가 포도당마저 제대로 이용할 수 없게 되자 더 이상 삶을 유지할 수 없다고 판단해 아포토시스apoptosis 프로그램을 작동시켜 사멸한다는 것이다. 반면 정상 세포는 이 대사경로에 민감하지 않기 때문에 약물이 저농도일 경우 별다른 영향을 받지 않는다.

위의 추측을 뒷받침하는 실험결과도 있다. 많은 종류의 암세포에서 두 약물의 합성치사효과가 나타나지만 유독 감마γ-에놀라아제가 과잉으로 발현하는 몇몇 암세포에서는 힘을 못 쓰는 것으로 나타났기 때문이다. γ-에놀라아제는 해당과정에서 α-에놀라아제와 같은 작용을 하는 효소로 주로 뇌에서 발현된다. 그런데 시로신고핀은 α-에놀라아제와 구조가 꽤 다른 γ-에놀라아제에는 달라붙지 못한다. 결국 시로신고핀이 암세포의 해당과정을 방해하지 못해 합성치사효과가 나타나지 않았다고 볼 수 있다는 말이다.

메커니즘은 아직 불확실하지만 두 약물 모두 수십 년 동안 별 문제없이 쓰여왔다는 걸 생각하면 이번 실험이 부작용은 거의 없으면서도 효과적인 항암약물치료에 대한 가능성을 제시했다고 볼 수 있다. 그리고 당뇨와 고혈압으로 메트포르민과 시로신고핀을 함께 복용하고 있는 사람은 '부작용'으로 수명연장효과와 암예방효과를 보고 있을지도 모른다. 다음번에 그 분을 만나면 시로신고핀도 복용하고 있는지 물어봐야겠다.

1-2

잠자리를 바꾸면 왜 잠이 잘 안 올까?

필자는 여행이나 출장으로 잠자리가 바뀌면 잠이 잘 안 온다. 좀 예민한 성격이라서 그런가 했는데 알고 보니 다른 사람들도 비슷한가 보다. 이런 현상을 가리켜 '첫날밤 효과first-night effect'라는 용어까지 만들었으니 말이다. 곰곰이 생각해보니 이런 현상은 정말 첫날밤만 두드러졌던 것 같다. 같은 곳에 묵을 경우 그 다음 날은 집에 있을 때보다 더 잘 잔 것 같다. 전날 잠을 설쳐서 그런 걸까.

학술지 「커런트 바이올로지」 2016년 5월 9일자에는 첫날밤 효과가 일어나는 이유를 밝힌 논문이 실렸다. 놀랍게도 뇌의 반쪽, 구체적으로 좌반구가 진정이 되지 않아 잠을 설친다는 것이다. 미국 브라운

대의 마사코 타마키Masako Tamaki 교수팀은 건강한 젊은이들을 대상으로 잠자리가 바뀔 때 잠이 드는 과정에서 뇌의 활동을 조사했다.

그 결과 좌뇌의 디폴트 모드 네트워크default-mode network(이하 디폴트 네트워크)가 좀처럼 활동을 가라앉히지 못한다는 사실을 발견했다. 디폴트란 컴퓨터에서도 쓰는 용어로 '초기', '기본'이라는 뜻이다. 즉 어떤 시스템이 켜졌을 때 기본적으로 작동하는 상태다. 뇌에서 디폴트 네트워크를 이루는 부분은 안쪽 전전두엽과 바깥쪽 측두엽, 안쪽과 바깥쪽 두정엽이다. 대뇌피질의 상당부분이 빈둥거릴 때도 서로 신호를 주고받는다는 말이다.

디폴트 네트워크가 존재하는 이유는 일(생각)할 게 없다고 뇌의 전원을 꺼놓으면 갑작스럽게 할 일이 생길 경우 빠르게 대응할 수 없기 때문이라는 설명이 있다. 즉 뇌는 깨어 있는 동안 예열 상태를 유지하고 있어야 한다는 말이다. 또 뇌의 여러 부분이 신호를 주고받으며 기억과 상상, 즉 잡생각을 하면서 자기정체성을 유지하는 기능을 한다는 설명도 있다. 그러나 잠자리에 들면 뇌의 네트워크가 느슨해지면서 수면에 돌입하는 것이다.

잠이 들면서 서파(진동수가 1~4헤르츠인 느린 뇌파)가 늘어나는데, 측정 결과 낯선 곳에서 첫날밤 좌뇌의 디폴트 네트워크에서 이런 변화가 억제됐다. 또 개별 피험자의 데이터를 비교해보면 좌뇌의 서파 발생량과 잠이 드는 데 걸리는 시간이 반비례 관계였다. 즉 낯선 잠자리에서 좌뇌의 디폴트 네트워크가 좀처럼 진정이 되지 않아 서파가 미미한 사람일수록 좀처럼 잠이 들지 못하고 뒤척인다는 말이다.

본능적으로 경계의 필요성 느껴

그렇다면 잠자리가 바뀔 때 왜 디폴트 네트워크가 긴장을 늦추지 못하는 것일까. 연구자들은 진화의 관점에서 첫날밤 효과를 설명했다. 즉 낯선 환경에서는 불확실성이 그만큼 크기 때문에 최대한 깨어 있어야 하고 설사 잠이 들더라도 얕게 자는 게 장기적으로 생존에 유리하다는 말이다.

연구자들은 이 가설을 뒷받침할 수 있는 실험을 설계했다. 피험자가 잠이 든 뒤 한쪽 귀에 낯선 소리를 들려줬을 때 뇌의 반응정도와 깨어나는 데 걸리는 시간을 측정했다. 그 결과 잠자리가 바뀐 첫날밤 오른쪽 귀(좌뇌가 담당)에 소리를 들려줄 때, 왼쪽 귀(우뇌가 담당)에 들려줄 때에 비해 뇌가 강하게 반응했고 깨어나는 데 걸리는 시간도 훨씬 짧았다. 반면 그 다음날 밤에는 이런 차이가 보이지 않았다.

그렇다면 왜 한쪽 뇌만 첫날밤 효과를 보이는 걸까. 연구자들은 이에 대해 아직 명쾌히 설명할 수는 없지만 동물의 세계에 흥미로운 사례가 있다고 지적했다. 즉 일부 조류와 해양 포유류의 경우 뇌의 절반씩만 잠을 자는 행동을 진화시켰다. 이런 행동 역시 환경에 대한 적응으로 설명할 수 있다. 예를 들어 바다 한가운데서 돌고래가 사람처럼 푹 잔다면 익사할 수도 있기 때문에 뇌의 절반은 깨어 있어야 한다. 따라서 뇌 활동성의 좌우비대칭은 그렇게 특이한 일도 아니라는 설명이다.

그렇다면 사람에서 좌뇌가 깨어 있는 역할을 맡게 된 건 왜일까. 연구자들은 평소 깨어 있을 때 좌뇌의 디폴트 네트워크가 우뇌보다 더 강하다고 지적했다. 따라서 잠자리가 바뀌었을 때 둘 가운데 하나가 보초를 서야 한다면 좌뇌가 적임자라는 말이다(사회에서도 일 잘하는 사람이 일복이 많기 마련이다!). 그러나 연이어 잠자리가 바뀐다면 우뇌가 교대를 할 수도 있다고 덧붙였다(실험은 해보지 않았다고 한다).

앞으로 여행이나 출장을 와 낯선 곳에서 잠자리에 누웠을 때 잠이 잘 안 오더라도 이번 연구를 떠올린다면 '이게 진화의 결과란 말이지…'라며 미소 지을 수 있지 않을까 하는 생각이 문득 든다.

1-3

새와 사람 2

저녁을 먹고 나서 운동 삼아 천변을 걷다 보면 개와 함께 산책하는 사람들을 많이 만나게 된다. 서로 인사를 나누지는 않지만 자주 보다 보니 사람과 개 쌍이 대충 눈에 익는다. 이 가운데 연세가 지긋한 어르신과 역시 나이 든 반려견을 보면(푸들인데 털에 윤기가 없고 한쪽 눈에 백내장 기운이 있다) 마음이 짠하다. 천천히 걸어도 숨이 찬지 노인은 산책길 중간에 앉아 쉬곤 하는데, 개도 늙어서 그런지 보채지 않고 옆에 배를 깔고 누워서 같이 쉬고 있다. 만일 옆에 이 녀석이 없었다면 노인은 무척 쓸쓸해 보였을 것이다.

그런데 사람과 다른 종의 동물과의 관계에서 필자가 가장 감동을 받는 건 둘이 함께 일을 하는 모습을 볼 때이다. 양치기와 양몰이개가 서로 신호를 주고받으며 그 많은 양들을 요령 있게 몰고 가는 장면이 그렇다. 거대한 코끼리가 위에 올라탄 작은 사람의 지시에 따라 벌목한 아름드리나무를 옮기는 모습 역시 경이롭다. 일을 마친 코끼리를 강물에 목욕시키며 커다란 솔로 등을 북북 밀어주는 장면이 정겹기도 하다.

물론 필자가 사람과 함께 일하는 동물들의 실상을 몰라서 하는 소리라고 지적하는 독자도 있을 것이다. 실제 코끼리의 경우는 말을 듣게 하려고 꼬챙이로 쿡쿡 찌르며 학대하는 장면이 TV에 방영되기도 했다. 소의 경우도 쟁기를 끌게 하려면 송아지가 어느 정도 컸을 때 코뚜레를 꿰어야 하는데 이게 보통 잔인한 일이 아니다. 필자가 어렸을 때 코를 뚫다가 놀란 송아지가 도망쳐 들판을 뛰어다니고 동네 어른들이 붙잡으러 우왕좌왕하던 모습을 본 기억이 난다.

이처럼 사람이 가축을 일꾼으로 쓰는 데는 아무래도 강제적인 '갑을관계'인 경우가 대부분이다. 물론 사람과 동물의 정서적 교감이 끈끈해져 나중에는 동물이 자발적으로 사람을 도우려고 애쓰는 경우도 없지 않을 것이다. 다만 무리를 짓고 우두머리를 따르는 늑대의 본능이 남아 있는 개는 예외로 많은 경우 기꺼이 사람을 따라 사냥에 참여하고 썰매를 끌지 않을까.

매는 배부르면 날아가 버려

이런 측면에서 사람과 새가 함께 일하는 사례는 정말 예외의 경우다. 매사냥은 사람이 길들인 매나 독수리와 함께 하는 사냥이다. 이

때 사람이 몰이꾼 역할을 하고 새가 사냥에 나선다. 새를 길들였다고는 하지만 다리의 줄이 풀린 상태인 사냥 도중 언제든지 맘만 먹으면 날아갈 수 있으므로, 앞의 가축들에 비한다면 사람과의 관계가 그렇게 종속적이지는 않을 것이다.[1]

그런데 2008년 작고한 소설가 이청준의 중편 「매잡이」를 보면 사람과 매 사이의 관계가 생각보다 미묘하다. 즉 매가 가축에 비해서는 독립적인 존재인 게 맞지만 그렇다고 완전히 자유롭지는 않은 것 같다. 어찌 보면 사람과 고양이의 관계와 비슷하다고 할까. 설사 매가 사냥을 하다 날아가버리더라도 며칠 지나지 않아 배가 고파지면 다시 인가를 찾게 되고 사람을 피하지 않다 보니 쉽게 붙잡힌다는 것이다. 아마도 어릴 때부터 길이 들어 혼자 사냥하는 능력이 부족한가 보다.

소설을 보면 매사냥을 할 때 매가 도망치지 못하게 하는 요령이 나온다. 즉 굶주린 매가(사냥 전 며칠을 굶긴다) 포획한 사냥감을 배불리 먹기 전에 얼른 가서 다리에 줄을 묶어야 한다. 소설에서 몰이꾼이 꿩을 띄운 뒤 사냥현장으로 달려가다 넘어져 지체하는 사이, 잡은 꿩을 실컷 먹은 매가 날아가버리는 장면이 나온다. 물론 며칠 뒤 인근 마을에서 사로잡혔고 매잡이에게 찾아가라는 전갈이 온다.

소설에서 묘사하는 장면이 어디까지 사실인지는 모르겠지만 아무튼 매사냥이 매나 독수리를 오랜 기간 고도로 훈련시켜야만 가능한 기술인 것만은 분명하다. 따라서 매사냥을 사람과 동물의 대등한 파트너십의 예로 보기에는 무리가 있다. 그렇다면 동물이 자발적으로 사람과

1 매사냥에 대한 자세한 내용은 『과학을 취하다 과학에 취하다』 111쪽 '새와 사람' 참조.

파트너 관계를 맺는다는 건 동화에나 나오는 이야기일까.

사람을 사냥꾼으로 부리는 꿀잡이새

수년 전 필자는 한 자연다큐멘터리 프로그램에서 보고도 믿기 어려운 광경을 봤다. 매사냥이 아니라 '사람사냥'으로 불릴 만한 광경으로, 새가 사람을 부려 함께 사냥을 하고 전리품을 나눠먹는 장면이었다. 아프리카에 사는 꿀잡이새honeyguide라는, 참새보다 약간 큰 새가 그 주인공으로 사람에게 꿀벌집이 있는 장소를 알려줘 사람이 벌집을 털게 한다. 꿀잡이새의 안내에 따라 벌집을 발견한 사람들은 꿀을 털어가고 빈집을 남겨둔다. 그러면 꿀잡이새가 와서 밀랍을 먹는다. 즉 매사냥에서 사람과 매의 역할이 벌집사냥에서는 꿀잡이새와 사람의 역

모잠비크와 남부 탄자니아에 걸쳐 사는 야오족의 한 청년이 꿀잡이새를 바라보고 있다(왼쪽). 꿀잡이새는 사람과 신호는 주고받아도 접촉하지는 않기 때문에 촬영을 위해 그물로 사로잡았다. 오른쪽은 꿀잡이새가 처음 따라오라는 신호를 보낸 방향을 표시한 것으로 최종 목적지 쪽에 집중돼 있음을 알 수 있다. (제공「사이언스」)

할로 뒤바뀌는 것이다.

무엇보다도 놀라운 점은 꿀잡이새는 정말 야생조류라는 것이다. 장대를 휘저어도 닿지 않는 거리에서 지저귀고 좀 날아가다 '잘 따라오고 있나' 확인이라도 하듯이 멈춰 사람들을 돌아보는 모습을 보면 CG효과가 아닌가 하는 생각이 들 정도였다. 아무튼 당시 다큐멘터리에서 본 장면은 필자에게 깊은 인상을 남겼다.

때로는 새가 먼저 신호 보내기도

학술지 「사이언스」 2016년 7월 22일자에는 꿀잡이새와 사람의 벌집털이가 상호 의사소통에 기반한 진정한 공동작업임을 밝힌 연구결과가 실렸다. 영국 케임브리지대 동물학과 클레어 스포티스우드Claire Spottiswoode 교수팀은 모잠비크와 탄자니아에서 꿀잡이새와 사람(수렵채취생활을 하고 있는 야오족과 하드자족)이 벌집사냥을 하는 장면을 관찰하고 상황을 연출해 행동을 분석했다.

사냥은 새 쪽에서 먼저 벌집을 털러 가자고 신호를 보내기도 하고 사람 쪽에서 새에게 신호를 보내기도 한다. 연구자들은 사람이 보내는 신호를 새가 정말 알아듣는지 보기 위해 진짜 신호와 가짜 신호에 대한 반응에 차이가 있는지 조사했다. 그 결과 "호르르르르…음!"이라는 평소 듣던 진짜 신호에는 66.7%가 반응한 반면, 비슷한 크기의 사람 소리나 동물 소리에는 각각 25%와 33.3%만이 반응했다. 그리고 새를 쫓아 꿀벌집을 찾은 경우는 진짜 신호가 54.2%인 반면(즉 새의 안내를 받을 경우 81%에서 성공), 가짜 신호일 때는 둘 다 16.7%에 불과했다.

꿀잡이새는 사람에게서 사냥을 하자는 진짜 신호를 들었을 때 더 많이 반응을 했을 뿐 아니라 제대로 반응을, 즉 길안내를 한 것이다.

그렇다면 야오족과 하드자족은 길들이지도 않은 야생의 새와 어떻게 공동사냥을 하게 됐을까. 꿀잡이새와 함께 사냥을 하는 야오족 사람 스무 명에게 물어본 결과 이들 모두 새에게 보내는 사냥신호를 아버지에게 배웠다고 답했다. 오래 전부터 이어온 기술이라는 말이다. 그렇다면 꿀잡이새도 사람의 신호를 알아듣고 때로는 자기들 쪽에서 먼저 보내는 신호를 엄마나 아빠에게 배운 것일까.

뜻밖에도 꿀잡이새는 뻐꾸기처럼 탁란을 한다. 새가 날 수 있을 때까지 다른 새의 둥지에서 자란다는 말이다. 결국 꿀잡이새는 어느 정도 자란 뒤에야 사회에 합류하게 되고 나이 든 새들이 사람과 신호를 주고받으며 벌집털이를 하는 장면을 보고 배워 따라 하는 것이라고 추정된다. 그리고 이 조그만 새는 사람하고만 이런 공동사냥을 하는 것으로 알려져 있다. 즉 꿀을 좋아하는 곰을 파트너로 삼지는 않는다는 말이다.

논문을 보면 사람과 공동작업을 하는 또 다른 야생동물의 예로 돌고래를 들고 있다. 1세기 로마시대의 군인이자 자연학자(박물학자)였던 플리니우스Plinius의 저서 『박물지』에 어부들이 돌고래를 불러 함께 물고기를 잡는다는 기록이 있고, 그 뒤에도 비슷한 언급을 한 문헌이 몇 개 더 있다고 한다. 그러나 이런 풍습은 이제 사라진 것 같다. 따라서 꿀잡이새는 야생상태의 동물로서는 유일하게 사람과 공동작업을 하는 종인 셈이다.

1-4

당신은 아내를 믿어야 해요...

남성은 여성에 비해 자기와 자식이 닮았는지 여부에 주의를 더 기울일 뿐만 아니라 닮은 점을 찾아내는 데 탁월한 감각을 보인다.

- 피터 그레이 & 커미트 앤더슨, 『아버지의 탄생』

소설을 순수예술의 경지로 끌어올렸다는 평을 듣는 김동인은 1951년 51세로 타계할 때까지 빼어난 단편소설을 여러 편 썼다. 그 가운데 1932년 발표한 「발가락이 닮았다」라는 특이한 제목의 단편이 있다.

체질상 성욕이 강한 M은 학창시절부터 유곽을 전전했고 그 결과 이런저런 성병에 걸렸다. 가끔 의사인 화자를 찾아와 치료도 받았는데, 고환염을 반복해 앓아 화자는 M이 불임이라고 판단했다. 그래서인지 결혼도 안 하던 M이 서른둘의 나이에 젊은 여자와 결혼을 해 주위를 놀라게 한다(지금으로 치면 마흔 넘어 한 결혼이다).

2년쯤 지난 어느 날 M은 화자와 저녁을 먹다가 자기가 생식능력이 있는지 묻는다. 화자는 차마 없다고 말하지 못하고 검사를 해봐야 한다고 얼버무린다. 며칠 뒤 화자는 M의 아내가 임신을 했다는 소문을 듣고 깜짝 놀란다. 그 뒤 M은 화자에게 다른 병원에서 검사한 결과 "살았다"고 말했고 화자는 거짓말임을 알고도 모른척한다. M의 아내는 아들을 낳았고 6개월 뒤 M은 아들을 데리고 병원을 찾았다.

"이놈이 꼭 제 증조부님을 닮았다거든."

"그래?"

(중략)

"게다가 날 닮은 데도 있어."

"어디?"

(중략)

"이놈의 발가락 보게. 꼭 내 발가락 아닌가. 닮았거든…"

M처럼 자기 자식이 아닌 게 확실한 상황은 아니더라도, 남편들은 아내의 임신 소식을 들으면 반가우면서도 한편 자기가 진짜 아버지가 아닐 수도 있다는 일말의 의혹을 갖게 마련이다. 부성애라는 특이한 주제를 다룬 책 『아버지의 탄생』에서 인류학자인 저자 피터 그레이와

커미트 앤더슨은 암컷과 함께 자식을 돌보는 수컷의 경우 부성확신이 매우 중요하다고 설명한다. 소설의 M과 같은 경우를 '부성불일치'라고 부르는데, 수컷의 입장에서는 양육이 기껏 고생해서 남(진짜 아버지) 좋은 일을 하는 꼴이기 때문이다.

부성불일치, 10%가 아니라 1%

그러다 보니 부성불일치는 막장드라마의 단골소재이고 이런 일을 겪은 남성은 동정과 비웃음을 받게 된다. 그렇다면 결혼해 아이를 키우는 남자들 가운데 어느 정도가 부성불일치의 희생양일까. 생물학자들은 일부일처인 조류를 대상으로 이런 연구를 많이 했는데, 놀랍게도 10% 정도가 다른 수컷의 씨인 걸로 밝혀졌다. 한편 친자확인 DNA검사 결과를 분석한 결과 최대 30%가 부성불일치로 나온 경우도 있다.

이런 데이터를 바탕으로 베이커와 벨리스라는 과학자들이 1995년 발표한 논문에서 사람의 부성불일치가 10%쯤 될 거라는 논문을 발표했고, 이것이 언론에 대서특필되면서 널리 받아들여졌다. 필자 역시 '좀 많은 거 같다'고 느끼면서도 '남녀문제란 알 수 없지…'라고 생각하며 의문을 제기하지는 않았다.

학술지 「생태학 & 진화 경향」 2016년 5월호에는 인간사회에서 부성불일치가 1% 수준으로 일어나는 드문 현상이라는 최근 연구결과들을 소개한 리뷰논문이 실렸다. 벨기에 루벤대 연구자들은 1995년 논문 이후 20여 년 동안 널리 받아들여져 온 10%라는 값이 터무니없이 높은 수치라고 주장했다. 즉 다른 동물의 결과나 의심이 들어 친자확인을 의뢰한 사례들을 바탕으로 일반 가정의 상황을 추정하는 건 과학이 아니라는 말이다.

대신 집안의 족보에 올라 있는 사람들의 Y염색체를 조사해 친자 여부를 확인하는 방법을 쓴 최근 연구결과들을 보면 부성불일치가 1% 내외인 것으로 나타난다. Y염색체는 부계를 통해서만 전달되기 때문에 족보에서 성이 같은 남성 친척들을 조사해 Y염색체가 다른 사람의 비율을 조사해보면 부성불일치의 정도를 알 수 있다.

한편 과거에는 부성불일치 비율이 높았지만 피임약이 개발되면서 최근 그 비율이 떨어졌다는 주장을 반박하는 연구결과들도 나왔다. 2015년 발표된 한 논문을 보면 남아공 백인의 300년에 걸친 가계를 분석한 결과 세대 당 부성불일치가 0.9%인 걸로 나왔다. 역시 2015년 발표된 또 다른 논문에서는 400년에 걸친 북이탈리아 가계를 분석한 결과 1.2%로 나왔다. 그렇다면 사람사회에서는 부성불일치가 왜 이렇게 낮은 것일까.

연구자들은 논문에서 "성병에 걸릴지도 모른다는 두려움, 발각될 경우 배우자나 가족에게 응징(폭력)을 당할 수 있는 위험성, 이혼 등으로 배우자의 지원을 잃을 수 있는 가능성 등이 여성들이 다른 남자의 아이를 갖는 모험을 꺼리게 한다"고 설명했다.

요즘은 친자확인 검사비용도 얼마 되지 않아 필자 주변에도 "아내 몰래 친자확인을 해봤다"는 사람이 몇 명 있다. 다들 '다행히' 친자였다고 한다. 이처럼 확인을 하고도 남에게 얘기하지 않은 사람이 더 많지 않을까. 여성들도 이런 세상인지 모를 리가 없을 것이다. 설사 아내가 바람을 피우는 일이 있을지 몰라도 남의 자식을 배는 일은 좀처럼 생기지 않을 거라는 말이다.

1-5

오존층도 힐링받았다!

뭔가 달라지게 하기 위해 세계의 사람들이 선택을 했고 지구가 우리의 선택에 반응을 보였다는 건 희망을 주는 일이다.

- 수전 솔로몬Susan Solomon

올해도 무더위의 기세가 만만치 않다. 앞으로 한반도에서 따뜻한 겨울은 볼 수 있을지 몰라도 선선한 여름은 더 이상 기대하기 어려울

것 같다. 그래도 더위 덕분에 맛볼 수 있는 즐거움도 있다. 땀에 푹 젖은 채 귀가해 샤워를 하고 나서 냉장고에서 시원한 캔맥주를 꺼내 한 잔 쭉 들이켤 때의 쾌감 같은 것 말이다. 그런데 이럴 때 금상첨화인 책이 번역돼 나왔다. 영국 과학저술가 톰 잭슨Tom Jackson이 쓴 『냉장고의 탄생』이다.

지금이야 집에 냉장고가 있는 게 당연하고 게다가 우리나라는 '김치냉장고'라는 문화적 가전제품까지 거의 기본이 됐지만, 필자가 어릴 때만 해도 냉장고가 없는 집이 꽤 됐고 있어도 200리터 정도의 용량이었다. 아무튼 올여름 냉장고에서 맥주를 꺼내 마시며 『냉장고의 탄생』을 읽는 것도 나름 즐거운 경험이 될 것이다.

이 책은 수천 년 전 석빙고의 시대에서 냉장고가 보편화되기까지의 역사를 흥미롭게 서술하고 있는데 8장에서야 냉장고의 탄생을 얘기하고 있다. 액체가 기화될 때 주위에서 열을 빼앗아가면서(잠열) 온도를 떨어뜨리고, 기체는 다시 전기의 힘으로 압축돼 액체가 되는 과정이 반복된다. 이런 물질을 냉매라고 부른다.

잠열이 클수록 효과적인 냉매이므로 초기부터 암모니아가 널리 쓰였는데(지금도 대형 냉장시설에서 쓰이고 있다) 폭발 위험성 등의 문제로 가정용 냉장고에 쓰기에는 무리가 있었다. 1928년 미국의 제너럴모터스사는 화학자 토마스 미즐리Thomas Midgley에게 대체 냉매를 개발하는 임무를 맡겼고, 미즐리는 화학적으로 안정한 물질을 설계하다 마침내 염화불화탄소chlorofluorocarbon, CFC 계열의 분자들을 합성했다. 훗날 프레온Freon이라는 상표명으로 널리 알려진 CFC는 탄소원자 골격에 염소원자와 불소원자가 붙어 있는 구조다.

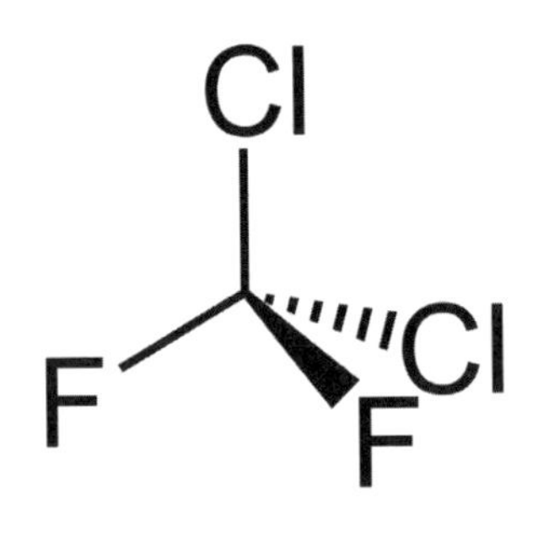

CFC의 하나인 프레온-12는 탄소원자에 염소원자 두 개, 불소원자 두 개가 붙은 단순한 구조다. 1987년 몬트리올 의정서가 발효되면서 이제는 더 이상 만들어지지 않는다. (제공 위키피디아)

CFC는 일반적인 환경에서 화학반응을 거의 하지 않고 사람과 자연에 무해하면서도 냉매로 쓸 수 있을 정도의 잠열을 갖고 있었다. 결국 1930년대 말부터 프레온은 가정용 냉장고에 보편적으로 쓰이는 냉매가 됐다. 그런데 냉장고가 널리 보급되자 오래지 않아 엄청난 수가 폐기됐고 이 과정에서 프레온 가스가 새어 나왔다.

CFC, 위험성 제기 13년 만에 쫓겨나

1972년 한 학회에 참석한 미국 캘리포니아대 어바인 캠퍼스의 화학자 셔우드 롤런드Sherwood Rowland는 성층권에서 CFC가 검출됐다는 얘기를 들었다.[2] 사람이 만든 분자인 CFC가 지표에서 수십 km나 떨어진 성층권까지 올라가서 뭘 하는지 궁금해진 롤런드는 박사후연구원 마리오 몰리나Mario Molina와 연구를 시작했고 충격적인 결론에 이르렀다.

즉 성층권 상부에 도달한 CFC가 파장 220나노미터 미만인 자외선에 의해 쪼개지면서 탄소원자, 염소원자, 불소원자로 해리될 수 있다는 것이다. 게다가 이렇게 해리된 염소가 오존을 공격해 파괴한다고 추측

2 셔우드 롤런드의 삶과 업적에 대해서는 『사이언스 소믈리에』 278쪽 '오존층 파괴의 원인을 밝힌 화학자' 참조.

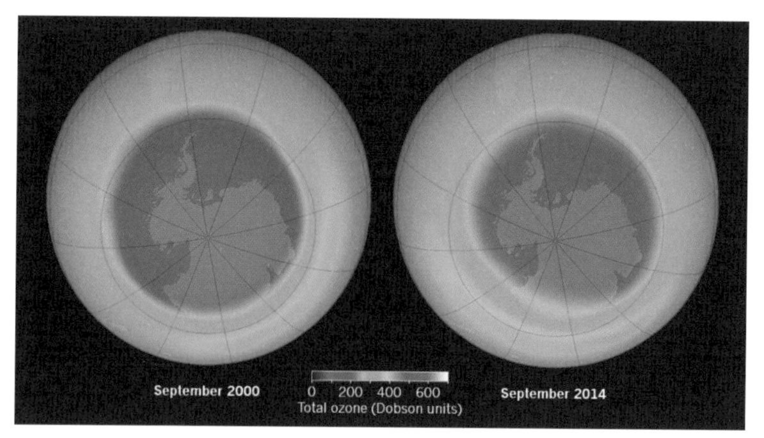

2000년 이후 오존층 구멍이 줄어들고 있다는 연구결과가 나왔다. 왼쪽은 2000년 9월, 오른쪽은 2014년 9월 이미지로 남극 오존층 구멍이 꽤 줄었음을 알 수 있다. (제공 NASA)

했다. 오존층은 자외선을 흡수하기 때문에 오존층이 파괴되면 우주의 자외선이 지구로 들어와 생명체에 치명적인 손상을 입힐 수 있다.

두 사람은 1974년 학술지 「네이처」에 이 연구결과를 발표했고 언론에도 알려 위험성을 경고했지만 업계의 거센 반발에 부딪쳤다. 이런 와중에 영국남극조사단은 1980년대 초 남극 핼리만 상공 성층권에서 측정한 오존수치가 비정상적으로 낮다는 걸 발견했다. 조사단을 이끈 조 파먼Joe Farman은 프레온의 분해산물이 오존층을 파괴한다는 주장을 담은 논문을 1985년 「네이처」에 발표해 센세이션을 불러일으켰다.[3]

남극 오존층 구멍 존재의 확인으로 CFC 가설이 급부상했고 위기를 느낀 인류는 1987년 오존층을 파괴하는 물질의 사용을 규제하는

3 조 파먼의 삶과 업적에 대해서는 『과학을 취하다 과학에 취하다』 321쪽 '남극 오존층 구멍을 발견한 지구물리학자' 참조.

국제환경협약인 몬트리올 의정서를 마련했다. 그 결과 오늘날 냉장고는 더 이상 CFC를 냉매로 쓰지 않고 이에 따라 대기 중 CFC 농도도 떨어지고 있다.

2000년 이후 인도 아대륙 면적 줄어

학술지 「사이언스」 2016년 7월 15일자에는 남극 오존층이 뻥 뚫렸다는 논문이 나오고 한 세대 만에 남극의 오존층이 회복되고 있다는 반가운 연구결과가 실렸다. 인류가 만든 환경문제가 인류의 노력으로 치유될 수 있음을 보인 뜻깊은 일이다.

미국 MIT 지구대기행성과학과 수전 솔로몬 교수팀은 여러 관측장비와 다양한 조건의 컴퓨터 시뮬레이션 데이터를 분석한 결과 2000년 이후 9월의 남극 오존층 구멍의 넓이가 인도 아대륙보다 넓은 400만 평방킬로미터(㎢)나 줄어들었다고 보고했다. 그리고 이런 현상의 주요인이 몬트리올 의정서 덕분이라고 해석했다. 즉 CFC 농도가 줄어들면서 성층권에서 오존을 분해하는 반응이 덜 일어난 결과라는 말이다.

참고로 CFC로 인한 오존층 파괴는 계절에 따라 큰 영향을 받는다. CFC가 쪼개지려면 저온에서 대기 중의 질산과 수증기가 응결해 구름 입자를 형성해 화학반응을 일으킬 자리를 만들어줘야 한다. 남극의 겨울 동안 CFC가 분해돼 염소가 생긴다. 그런데 염소가 오존을 파괴하려면 촉매로 빛이 존재해야 하는데, 남극의 경우 겨울에는 해가 뜨지 않기 때문에 이런 반응이 거의 일어나지 않는다. 따라서 남극은 늦겨울인 8월 말에 들어서야 오존층이 본격적으로 파괴돼 구멍이 생기고 10

월에 구멍 크기가 가장 커진 뒤 서서히 줄어들어 사라진다. 오존층 구멍은 1년을 주기로 변화를 겪는 셈이다.

연구자들은 달별로 오존층의 오존 농도와 구멍의 크기를 분석했는데 9월의 경우 2000년 이후 확실하게 줄어든다는 결과를 얻었다. 그런데 10월의 경우는 통계적으로 의미 있는 결과를 얻지 못했다. 가장 큰 이유는 2011년과 2015년에 구멍이 꽤 커졌기 때문인데 각각 이전의 기록을 경신한 수치였다. 2011년 10월은 2060만㎢였고 2015년 10월은 이보다 훨씬 더 넓은 2530만㎢에 달했다. 참고로 구소련의 면적이 2240만㎢다. 그런데 이런 결과를 두고도 남극 오존층의 구멍이 줄어드는 경향이라고 말할 수 있을까?

앞에서도 잠깐 언급했듯이 연구자들은 관측뿐 아니라 시뮬레이션 연구도 병행했다. 시뮬레이션의 장점은 변수를 달리하며 다양한 상황을 그려볼 수 있다는 점이다. 예를 들어 CFC 사용 중지가 정말 오존층 회복에 영향을 미쳤는지 보고 싶을 경우 기온 등 다른 요인을 상수로 두고 화합물의 농도만을 바꿔가며 시뮬레이션하면 된다. 그 결과 확실히 오존층이 회복되는 경향이 나타났다. 그렇다면 도대체 어떤 요인이 2011년 10월과 특히 2015년 10월의 오존층 구멍 확대를 유발했을까.

연구자들은 강력한 화산폭발을 주요인이라고 해석했다. 남극에서 가까운 칠레에서 발생한 화산폭발로, 엄청난 양의 화산재가 대기 중으로 퍼져나가면서 오존층에 도달해 오존을 파괴하는 반응을 유발했다는 것이다. 2011월 6월 푸에유에-코르돈 카유에 화산이 폭발했고 2015년 4월에는 칼부코 화산이 폭발했다. 연구자들은 이런 자연재해로 인한 일시적인 변화를 뺄 경우 10월에도 오존층 구멍이 감소하는

2015년 4월 22일 칠레 푸에르토바라스에서 찍은 사진으로 칼부코 화산이 엄청난 화산재를 내뿜고 있다. 2015년 10월 남극 오존층 구멍이 유례없이 커진 건 이 화산재가 성층권의 오존을 파괴했기 때문으로 보인다. (제공 Aevraal)

경향이 있다고 설명했다. 많은 대기화학자들은 2050~2060년 무렵에는 오존층이 CFC 사용 이전 수준으로 '완쾌'될 것으로 예상했다.

『냉장고의 탄생』을 보면 요즘 냉장고는 냉매로 CFC 대신 과불화탄소perfluorocarbon, PFC를 주로 쓴다고 한다. PFC는 오존을 파괴하지 않지만 대신 이산화탄소보다 수천 배나 더 강력한 온실기체라고 한다. 따라서 PFC 역시 냉장고를 폐기할 때 따로 분리해 처리해야 하지만 일부 선진국을 제외하고는 그냥 방치되는 게 현실이다. 아무래도 화학자들이 좀 더 바람직한 냉매를 개발해야겠다.

Part 2

논란 유발자들

2-1

고지방 다이어트 열풍, 한때 바람인가?

최근(2016년 가을) 건강 분야에서 고지방 다이어트가 최대 이슈다. 한 달쯤 전 한 TV 프로그램에서 고지방 다이어트로 재미를 본 사람들의 사례를 소개하면서 삼겹살은 물론 우리나라 사람들이 평소 잘 먹지 않던 버터와 치즈도 조금 과장하면 동이 났다고 한다.

사실 고지방 다이어트가 새로운 건 아니다. 20여 년 전 등장한 저탄수화물 다이어트의 일종으로 지방을 강조한 버전이다. '지방 과다섭취=비만'이라는 공식에 익숙한 사람들로서는 고지방 다이어트가 모순어법으로 보이지만 얘기를 들어보면 나름 일리가 있다.

즉 오늘날 지구촌에 만연한 비만의 원인은 사실 지방이 아니라 탄수화물이라는 것이다. 탄수화물을 지나치게 먹으면 몸에서 포도당을 지방으로 바꿔 지방세포에 저장하기 때문이다. 물론 지방도 과도하게 섭취하면 마찬가지이겠지만, 오늘날 사람들이 즐겨 먹는 가공식품과 패스트푸드에는 탄수화물, 그것도 바로 흡수되는 설탕과 과당이 잔뜩 들어 있기 때문에 비만의 '주범'은 탄수화물이라는 것이다.

또 고지방 다이어트는 인류가 최소한 200만 년 동안 먹어온 식단이므로 몸에 좋을 수밖에 없다고 주장한다. 200만 년 전 등장해 본격적으로 사냥을 하며 육식을 해온 호모 에렉투스(직립인간)에서 30만 년 전 호모 사피엔스, 즉 현생인류가 등장한 이후로도 죽 그런 식생활을 유지하다 '불과' 1만여 년 전 농업을 시작하면서 탄수화물(곡물) 위주의 식단으로 급격히 바뀌었다는 것이다. 진화의 관점에서 1만 년은 몸이 새로운 식단에 적응하기에는 너무 짧은 기간이고, 따라서 오늘날 비만이나 당뇨 같은 대사질환이 만연하게 됐다는 주장이다.

탄수화물과 지방, 입장 바뀌어

필자는 최근 이 관점을 대표하는 책인 『그레인 브레인』을 읽어봤는데 나름 설득력이 있었고 유익한 정보도 많았다. 각운을 살린 원서의 제목(Grain Brain)은 곡물이 현대인의 뇌 건강을 망치고 있다는 뜻이다. 신경과 전문의이자 미국영양학회 회원인 저자 데이비드 펄머터David Perlmutter는 단순당 같은 정제된 탄수화물뿐 아니라 곡물 자체가 건강에 안 좋고 특히 밀에 들어 있는 글루텐 단백질은 장 건강뿐 아니라 뇌 건강에도 치명적이라고 주장한다. 저자는 이참에 곡물을 식단에서 아예 빼자며 더 나아가 사람은 탄수화물을 전혀 섭취하지 않아도 되므로 탄수화물을 최대한 지방으로 대체하는 식단을 짜야 한다고 강조한다.

펄머터 박사는 오늘날 미국인들의 건강을 망치는 데(3분의 1이 과체중이고 3분의 1이 비만이다) 큰 기여를 한 게 전문가들이 권장한 탄수화물:지방:단백질의 비율이 60:20:20인 식단이라고 주장한다. 그러면서 인류가 1만 여 년 전 농사를 짓기 시작하기 전의 식단인 5:75:20, 즉 인체가 진화적으로 적응한 '구석기시대 식단'을 지향해야 다시 건강을 되찾을 수 있다고 설명한다. 책 3부에 있는 권장식단을 보면 그 정도까지는 아니더라도 20:60:20은 되는 것 같다.

필자 역시 이런 방향으로 여러 편의 글을 쓴 적이 있지만 펄머터 박사는 너무 간 것 같다는 생각이 든다. 물론 책에 새로운 시각을 갖게 하는 정보도 많지만 과거 '지방 혐오 탄수화물 예찬'의 오류를 비판하다 '탄수화물 혐오 지방 예찬'이라는 새로운 오류로 빠진 게 아닌가 해서 씁쓸했다.

구석기시대인은 수렵인?

필자가 이 책의 많은 부분에 공감하면서도 거부감을 갖는 이유는 저자의 주장이 너무 완고해 때로는 사실도 서슴없이 왜곡하는 것 같다는 인상을 받았기 때문이다. 앞에 언급한 구석기시대 식단도 출처가 어디인지 몰라도 엉터리다. 1만 년 전 농사가 시작되면서 인류의 식단이 곡물(주로 벼과식물의 열매)에 지나치게 의존하게 된 건 사실이지만

대략 600만 년 전 침팬지와 갈라진 뒤 인류의 진화과정에서 식물에서 얻은 녹말은 육류에서 얻은 지방, 단백질과 함께 주요 영양원이었다. 오늘날 나미비아 수렵채취인의 식단을 조사한 결과 역시 이를 잘 보여주고 있다. (제공 Human Food Project)

그 전에도 식물 식재료가 칼로리의 절반은 차지했을 거라는 게 인류학자들의 결론이다. 말 그대로 인류는 수렵'채취'인이었다는 말이다. 즉 곡물이 주식이 되기 이전에도 식물의 알줄기, 뿌리줄기, 덩이줄기에 저장된 탄수화물(녹말)을 많이 먹었다.

게놈에도 그 흔적이 남아 있다. 2007년 발표된 연구결과에 따르면 사람의 게놈에는 녹말을 소화하는 효소인 아밀라아제의 유전자 복제수가 인구집단에 따라 평균 5~7개인 반면 침팬지는 2개에 불과하다. 열매나 잎에 들어 있는 탄수화물은 주로 포도당이나 과당 같은 단순당이므로 이 효소가 많이 필요하지 않다. 육식과 함께 녹말이 풍부한 음식을 먹을 수 있게 된 게 인류진화에 결정적인 계기가 됐음을 시사한다.

특히 탄수화물이 풍부한 식사를 해온 우리나라 사람들로서는 고지방 다이어트를 하기가 쉽지 않을 것이다. 예를 들어 영양소 비율이 40:40:20인 '중지방' 다이어트까지는 해볼 만하겠지만, 지방이 60%가 넘어가는 고지방 다이어트를 실행하려면 하루 세 끼를 육류, 유제품, 달걀, 생선에 올리브기름을 두른 샐러드 같은 메뉴로 채워야 하기 때문이다. 상상만 해도 속이 좀 느글거리지 않는가.

게다가 극단적인 고지방 다이어트는 오히려 몸에 해로울 수도 있다. 인간은 잡식동물로 진화했기 때문에 소화기관의 구조도 초식동물과 육식동물의 중간 형태다. 예를 들어 사람의 대장 길이는 침팬지(가끔 육식을 하지만 열매와 잎이 식단의 95% 이상이다)보다 짧지만 표범보다는 길다. 고기류는 위와 소장에서 대부분 소화된다. 이렇게 되면 대장에 살고 있는 장내미생물의 균형이 무너지고 그 결과 대장에 문제가 생길 수 있다.

전문가 권고와 언론 보도의 힘

기억할 독자들이 있을지 모르겠지만 2015년 세계보건기구WHO 산하 국제암연구소IARC는 붉은 고기(우리나라에서는 주로 소고기와 돼지고기)와 가공육을 발암물질로 분류해 센세이션을 불러일으켰다. 보고서에 따르면 붉은 고기를 매일 100그램씩 더 먹을 때마다 대장암 위험성이 17% 늘어나고 가공육을 매일 50그램씩 더 먹을 때마다 대장암에 걸릴 위험성이 18% 증가한다.[4] 당시 이 소식이 알려지면서 한동안 고깃집이 파리를 날렸고 소시지와 햄 판매량이 뚝 떨어졌다.

여기서 간단한 산수를 해보자. 식단을 60:20:20에서 20:60:20으로 바꿀 경우 하루 섭취 열량이 2250칼로리라면(계산을 쉽게 하려고 택한 수다!), 지방이 450칼로리(20%)에서 1350칼로리(60%)로 900칼로리가 늘

4 자세한 내용은 『티타임 사이언스』 43쪽 '육류가 발암물질이라고?' 참조.

어난다. 이때 지방 증가분의 절반인 450칼로리를 붉은 고기(지방이 50%라고 가정하자)로 충당한다면 하루에 100그램을 더 먹어야 한다(지방 1그램이 9칼로리를 낸다). 국제암연구소의 보고서가 맞다면 대장암 위험성이 17% 높아진다는 말이다. 참고로 오늘날 우리나라 사람들의 붉은 고기 평균 섭취량은 95그램이다(2015년).

아무튼 육류 소비를 둘러싸고 1년 만에 정반대 현상이 일어나고 있으니 대중들이 어리석어 보이지만, 사실 전문가들 역시 영양소와 건강에 대해서 의견의 일치를 보지 못하고 있는 게 현실이다. 식단의 선악을 둘러싼 전문가들 사이의 논란이 일반인들의 식생활에 별 영향을 주지 않을 것 같지만 그렇지도 않다. 정부의 권장식단이나 언론의 보도가 큰 작용을 하기도 한다.

달걀 노른자의 콜레스테롤이 몸에 좋지 않다며 하루 한 개 이상 먹지 말고 단백질(흰자)을 위해 더 먹을 땐 노른자를 빼라는 건 잘못된 정보다. 식물성인 마가린이 버터보다 좋다는 건 터무니없는 얘기다(수소첨가반응으로 액체인 기름을 고체로 만드는 과정에서 정말 유해한 트랜스지방이 만들어진다). 틀린 구석기식대 식단을 근거로 탄수화물 제로를 지향하는 식단을 짜야 건강해진다는 주장도 마찬가지 운명이 되지 않을까.

영양학 분야에 나름 많은 시간을 투자한 필자는 요즘 '상식적인' 결론에 이르고 있다. 즉 필자가 어릴 때 어른들이 말씀하시던 "골고루 적당히 먹어라"가 최선의 식단 아닐까. 정제된 식재료로 만든 가공식품이 별로 없었던 때이므로 이 문구에 "가공식품은 되도록 피하고"를 덧붙이는 정도다. 이런 생각을 하게 된 계기로는 지역이나 문화에 따라 식단에서 탄수화물, 지방, 단백질의 비율이 큰 차이를 보이고 있음에도 수명과는 별 상관관계가 없다는 발견이다. 평균수명 1, 2위를 다투는 일본과 스위스의 식단을 떠올려보라. 즉 잡식동물인 사람은 상당한 폭의 식단에 적응할 수 있게 진화했다는 말이다.

오늘날 문제의 본질은 지속적인 칼로리과잉(물론 정제된 당류와 기름같이 비타민과 미네랄이 거의 없는 빈 칼로리empty calories의 비율이 는 게 상황을 악화시켰다)과 신체활동부족 아닐까. 실제 비만과 대사질환이 심각한 나라들은 하루 평균 500칼로리를 과잉으로 섭취하고 있다.

따라서 칼로리만 넘치지 않는다면 고지방 저탄수화물을 지향하는 식단도 괜찮다고 보지만(사실 탄수화물 비율을 지방 밑으로 줄이기는 쉽지 않다) 식단에서 지방의 비율이 높아질수록 다른 영역에서 문제가 생긴다. 바로 환경파괴다. 필자의 논리전개에 비약이 심하다고 생각하는 독자도 있겠지만 사실 인류의 식단이 지구환경에 미치는 영향은 꽤 크다. 오늘날 온실가스 발생의 25% 이상이 먹을거리와 관련된 활동에서 나온다. 또 곡물과 가축을 키우는 데 들어가는 토지와 물, 비료, 농약 등이 생태계에 미치는 영향도 엄청나다. 오늘날 얼음으로 덮여 있지 않은 평지의 절반 이상이 농업용지로 쓰이고 있다.

이대로 가면 2050년 온실가스 배출 80% 늘어

고지방 저탄수화물 식단이 보편화된다면 이는 대대적인 농업재편을 의미한다. 곡물을 재배하는 땅이 목초지로 바뀌고 해안가는 양식장으로 뒤덮일 것이다. 올리브기름 같은 식물성도 있지만 지방은 주로 육류와 생선에서 섭취하기 때문이다. 이런 재편이 환경에 재앙이 될 거라는 건 농업전문가가 아니더라도 짐작할 수 있을 것이다.

학술지 「사이언스」 2016년 9월 16일자에는 인류가 '지속가능하면서도 건강한 식단'을 찾을 수 있을 것인가를 묻는 기고문이 실렸다. 지구촌의 식단이 오늘날 서구권의 식단을 지향하는 방향으로 바뀔 경우(현재 우리나라는 3분의 2쯤 왔을까?) 세계 인구가 100억 명이 되는 2050년에는 대사질환 만연으로 보건비용이 걷잡을 수 없게 될 것이다. 영국 옥스퍼드대 식품기후연구네트워크 타라 가넷Tara Garnett 박사는 이런 사태를 막기 위한 건강식단을 내놓더라도 환경에 심각한 영향을 미친다면 권장식단이 될 수 없는 시대라고 주장한다.

즉 오늘날 건강과 환경 모두에 안 좋은 서구식 식단(lose-lose diet)을 어떻게 건강과 환경에 다 좋은 식단(win-win diet)으로 바꿀 수 있느냐가 인류가 직면한 과제라는 말이다. 이에 따르면 극단적인 고지방 저탄수화물 식단은 잘 해야 'win-lose diet'가 되지 않을까. 그렇다면 어떤 식단이 'win-win diet'가 될 수 있을까. 그리고 인류는 이를 실현할 수 있을까.

2014년 학술지 「네이처」(11월 27일자)에는 이와 관련한 흥미로운 논문이 실렸다. 미국 미네소타대 생태 · 진화 · 행동학과 데이비드 틸먼 교수팀은 인구수 상위 100위 이내의 나라들의 50년에 걸친 식단 변화 데이터와 식단이 질병에 미치는 영향을 다룬 8건의 대규모 조사연구를 바탕으로 지속가능한 건강식단의 가능성을 검토했다.

이에 따르면 현재 지구촌이 지향하고 있는 서구식단의 문제는 펄머터 박사가 주장하는 '고탄수화물 저지방'이 아니라 '정제된 당류, 정제된 지방과 기름, 육류'의 과잉에 있다. 대부분의 나라에서 지난 50년에 걸쳐 소득이 늘어남에 따라 이런 방향으로 식단의 변화가 일어났거나 일어나면서 건강에 적신호가 켜졌다는 말이다. 실제 중국의 사례를 보면 1980년만 해도 당뇨병인 사람이 인구의 1% 미만이었지만 불과 한 세대가 지난 2008년에는 10%에 이르고 있다. 1961년과 2009년을 비교하면 하루 섭취열량이 1000칼로리 이상 늘었고 육류소비량도 열 배가 됐다. 대사질환의 주범은 탄수화물이 아니라 과잉의 칼로리임을 잘 보여주는 데이터다. 정도의 차이는 있겠지만 우리나라도 마찬가지다.

아무튼 오늘날 서구식단을 지향하는 경향은 지구촌 공통의 현상으로 소득증가에 따라 식단이 비슷해진다. 이런 식으로 계속 갈 경우 2050년 식단으로 인한 1인당 온실가스 배출량은 2009년에 비해 32%가 늘게 된다(평균 소득이 올라가므로). 2050년 인구는 2009년에 비해 36%가 늘 것으로 예상되므로, 둘을 곱하면 인류의 식생활로 인한 온실가스 배출량은 이산화탄소로 환산했을 때 23억 톤에서 41억 톤으로 80%나 늘어난다는 말이다. 그렇다면 식단의 서구화가 진행될 때 온실가스 배출량이 늘게 되는 주요인은 무엇일까.

지구와 인간을 위한 식단

연구자들은 식재료에 따라 같은 칼로리를 낼 때 나오는 온실가스 배출량을 산출했다. 그 결과 예상대로 동물성 식재료가 주범이었다. 특히 되새김질 가축(소와 양)과 저인망어업, 재순환여과양식(물을 연속적으로 정화해 물고기를 키우는 방식)에서 온실가스 배출량이 많았다. 반

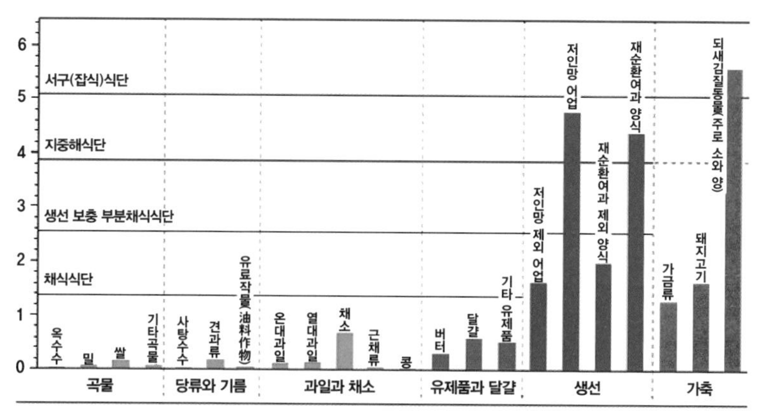

칼로리(Cal 또는 kcal)를 낼 때 배출되는 온실가스의 양(g 이산화탄소로 환산). 식재료에 따라 차이가 커서 곡류에 비해 가축이 훨씬 많다. 가로 선은 식단에 따른 허용 식재료의 범위로 위로부터 서구(잡식)식단, 지중해식단, 부분채식식단, 채식식단이다. (제공「네이처」)

면 곡류가 가장 낮았고 동물성 식재료에서는 유제품과 달걀이 상대적으로 낮았다. 결국 현재 서구식단에서 동물성 식재료를 줄여야 지속가능한 식단이 나온다는 말이다. 그렇다면 서구식단을 이런 방향으로 바꾸면서도 건강에 더 좋은 식단이 나올 수 있을까.

연구자들은 서구식단(논문에서는 '잡식식단'으로 표현)과 다양한 식단의 건강효과를 비교한 논문을 분석해 가능성을 제시하고 있다. 즉 올리브유 같은 식물기름은 풍부하면서 육류는 적은 지중해식단과 생선까지는 먹는 부분채식식단, 달걀과 유제품까지는 먹는 채식식단을 서구식단과 비교할 경우 당뇨병은 16~41%, 암은 7~13%, 관상동맥심장질환으로 인한 사망률은 20~26% 낮아졌고 전체적인 사망률도 0~18% 줄어들었다. 그렇다면 이들 식단이 환경에 미치는 영향은 어떨까.

식단에서 육류가 차지하는 비율이 줄거나(지중해식단) 제로가 되므로(부분채식과 채식), 예상대로 한 사람이 식사로 1년 동안 배출한 온실가스의 양이 줄어드는 걸로 나왔다. 특히 채식식단의 감소폭이 커 채식식단이 2050년 인류의 표준이 된다면(그럴 가능성은 없을 것으로 보이지만) 먹을거리와 관련된 온실가스배출량은 2009년보다도 줄어든다(인구가 36%나 늘었음에도). 지중해식단과 부분채식, 채식의 평균이 2050년의 표준식단이 되더라도 지금의 배출량을 유지할 수 있게 된다. 또 5억4000만 헥타르에 이르는 경작지를 자연으로 돌려줄 수 있을 것으로 예측됐다(육류 소비가 크게 줄므로).

얼핏 생각하면 인류가 지속가능하면서도 건강에도 좋은 식단으로 바꾸는 게 별로 어려운 일도 아닐 것 같지만(필자처럼 이미 부분채식에 가까운 식생활을 하고 있는 입장에서는), 막상 주변을 보면 '정제된 당류, 정제된 지방과 기름, 육류'의 과잉에 절어 있는 습관을 고치기가 쉽지 않을 것 같다는 생각이 들기도 한다.

2-2

보톡스 맞으면 뇌도 마비된다

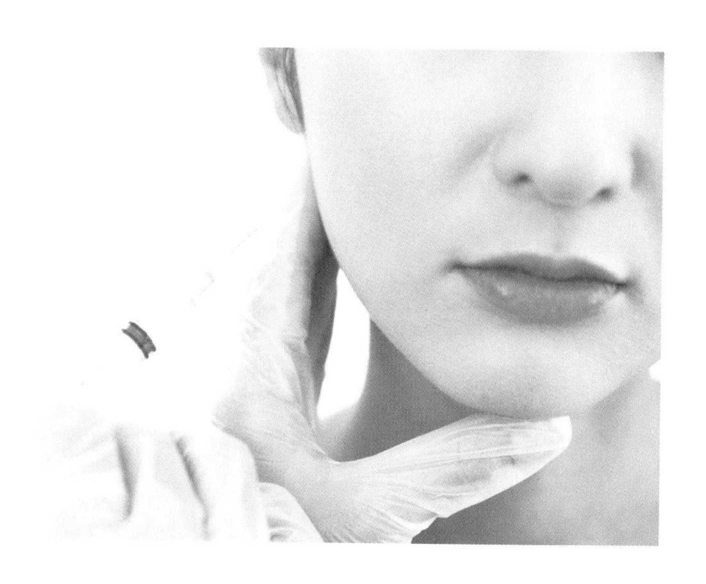

'어떤 물질이 독이 되느냐 약이 되느냐는 용량의 문제'라는 유명한 약리학의 명제가 있다. 독 가운데 가장 강력한 독이라는 보툴리눔톡신botulial neurotoxin도 예외는 아니다. 보툴리눔톡신은 1kg당 3나노그램꼴의 용량(몸무게 50kg인 경우 150나노그램)으로도 복용한 사람의 절반이 죽는다고 한다. 즉 70억 지구촌 사람들이 보툴리눔톡신 1kg를 몸무게에 비례해 골고루 나눠먹는다면 35억 명이 죽는다는 말이다.

이처럼 어마어마한 맹독임에도 요즘 보툴리눔톡신은 많은 사람들(대다수는 여성)의 사랑을 독차지하고 있다. 얼굴의 주름을 펴준다는 보톡스가 바로 보툴리눔톡신으로 만든 약물로, 물론 피코그램 수준(피코는 10의 -12승)으로 용량을 낮춘 상태다. (보톡스Botox는 성형수술용 보툴리눔톡신 주사제의 제품명이지만 스카치테이프처럼 일반명사화돼 쓰이고 있다.)

지난주 한 신문에는 최근 미국의 성형산업이 뜨고 있다는 기사가 실렸다. 페이스북으로 대표되는 SNS가 성형 수요를 끌어올리고 있다는 것이다. 미국의 2015년 성형수술 건수는 전해에 비해 23%나 늘어난 1590만 건에 이르렀다. 유형별로 보니 보톡스 주사가 680만 건으로 단연 1위다. 아무래도 비용이 덜 들고 시술이 간단하기 때문일 것이다. 사람들은 어떻게 이런 맹독을 주름을 펴는 주사제로 쓸 생각을 하게 됐을까.

200년 전 증상 처음 보고

보툴리눔톡신은 심각한 식중독을 일으키는 독소로 1820년 독일의 의사 저스티누스 케르너Justinus Kerner가 소시지를 먹고 탈이 난 사람들의 임상사례를 자세히 보고하면서 처음 존재가 감지됐다. 당시 케르너는 환자들의 증상이 운동신경계가 마비된 결과라는 걸 파악했고, 독소의 실체는 몰랐지만 신경계의 과도한 흥분으로 인한 질병을 고치는 데 쓰일 수 있을지도 모른다고 언급했다. 지금 생각하면 대단한 선견지명이다.

1897년 독일의 세균학자인 에밀 반 에르멘겜Émile van Ermengem은 클로스트리디움 보툴리눔*Clostridium botulinum*이라는 세균이 이 독소를 만든다는 사실을 밝혀냈다. 보툴리눔톡신은 1928년에야 실체가 밝혀졌는데 꽤 덩치가 큰 단백질로 효소활성을 띠고 있었다. 즉 클로스트리디움에 오염된 식품을 먹을 경우, 보툴리눔톡신이 소장에서 혈관을 타고 들어가 근육의 신경계 말단에 침투해 아세틸콜린acetylcholine이라는 신경전달물질의 방출에 관여하는 단백질을 파괴한다. 그 결과 신경신호가 전달되지 않아 근육이 마비된다. 섭취량이 어느 선을 넘으면 심장이나 호흡기 근육이 멈추면서 사망에 이르기도 한다.

보툴리눔톡신이 약물로 적용된 건 1970년대로 미국의 안과의사들이 사시를 치료하기 위해 도입했다. 사시는 안구의 움직임에 관여하는 근육들이 제대로 조율이 안 돼 생기는 질환인데, 안구를 지나치게 당기는 근육에 보툴리눔톡신을 주입하자 근육의 밸런스가 돌아와 증상이 완화됐다. 그 뒤 다양한 근육계 이상 질환에 보툴리눔톡신이 적용됐다.

이 가운데 하나가 안검경련이라는 질병으로, 눈 주위 근육(눈둘레근)의 과도한 활동으로 눈꺼풀이 자꾸 닫혀 심할 경우 (눈은 멀쩡함에도) 반 실명상태가 된다. 1990년대 초 의사들은 근육의 활동을 줄이기 위해 보툴리눔톡신을 주사했는데 많은 환자에서 눈가 잔주름이 없어지는 '부작용'을 발견했다. 그 뒤 보툴리눔톡신이 눈둘레근이나 추미근(미간의 세로주름에 관여) 등 표정근육의 주름을 펴준다는 보고가 이어지면서 2002년 '보톡스' 주사가 미 식품의약국의 승인을 받기에 이르렀다. 오늘날 성형수술을 대표하며 널리 쓰이는 보톡스 주사도 알고 보면 그 역사가 십여 년에 불과한 것이다.

하지만 모든 약에는 부작용이 따르는 법이다. 보톡스 역시 알레르기 반응을 비롯해 다양한 부작용이 보고되고 있고, 특히 전문가가 아닌 사람이 시술해 용량을 제대로 지키지 않을 경우 심각한 부작용이 나타날 수도 있다.

표정에 담긴 미묘한 감정 파악하는 능력 떨어져

독성학 분야 학술지인 「톡시콘Toxicon」 2016년 8월호에는 보톡스에 관한 예상치 못한 부작용의 가능성을 제기한 논문이 실렸다. 이탈리아 고등연구국제대학SISSA 연구자들은 보톡스 주사를 맞은 사람은 그렇지 않은 사람에 비해 타인의 말이나 얼굴표정에서 감정을 읽는 능력이 떨어진다는 사실을 발견했다고 보고했다.

연구자들은 미간과 눈가 근육에 보톡스 주사를 맞기로 한 여성 11명을 대상으로 수술 전후에 인지심리 테스트를 했다. 슬픔 또는 행복에 관련된 문장이나 얼굴표정을 보여준 뒤 이를 평가하게 한 것이다. 예를 들어 모니터에서 '당신 친구가 불치의 병 진단을 받았다'는 문구를 읽고 난 뒤 그 아래 가로 막대에서 자신의 감정상태에 해당하는 위치를 클릭한다. 막대 왼쪽 끝은 '아주 슬픔', 오른쪽 끝은 '아주 행복함'이라고 표시돼 있다. 한편 얼굴표정의 경우 화면에 뜨는 남성 얼굴을 보고 역시 마찬가지로 막대에 감정상태를 체크한다.

테스트 결과 동일인임에도 수술을 전후해 평가에 미묘한 변화가 있었다. '당신 친구가 불치의 병 진단을 받았다'나 명백히 슬프거나 행

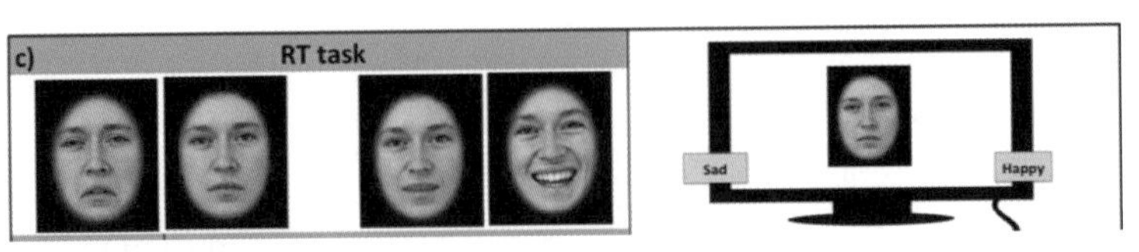

얼굴표정을 보고 '슬픔'과 '행복함' 가운데 감정상태를 선택하는 데 걸리는 시간을 측정하는 테스트다. 맨 왼쪽이나 맨 오른쪽의 경우 보톡스 수술 여부가 영향을 주지 않지만 그 사이 두 사진의 경우 보톡스를 맞고 난 뒤 결정하는 데 시간이 더 많이 걸렸다. 즉 얼굴표정에서 감정을 파악하는 능력이 떨어졌다는 말이다. (제공 「톡시콘」)

복한 표정의 경우는 보톡스 주사가 영향을 주지 않았지만, '당신은 자신이 친구의 기분을 낫게 해줄 수 없다는 사실을 깨달았다' 같은 '약간 슬픈' 문장이나 감정이 약간 실린 표정을 접했을 때는 보톡스 주사를 맞고 2주 뒤 실시한 테스트에서 이에 대한 감정상태를 훨씬 약하게 평가했다. 즉 막대에 표시한 지점이 중앙(중성 감정)에 더 가까워졌다.

얼굴을 보고 '슬픔'과 '행복함' 가운데 감정 상태를 선택하는 데 걸리는 시간을 측정하는 테스트에서도 비슷한 결과가 나왔다. 명백하게 슬프거나 행복한 표정에서는 보톡스 수술 여부가 선택에 걸리는 시간에 영향을 주지 않았지만, 약간 슬프거나 약간 행복한 표정에서는 수술 뒤가 선택하는 데 시간이 더 걸렸다.

즉 보톡스 주사를 맞으면 타인의 말이나 표정에 실린 미묘한 감정을 제대로 읽을 수 없게 된다는 말이다. 그런데 보톡스를 맞아 얼굴 근

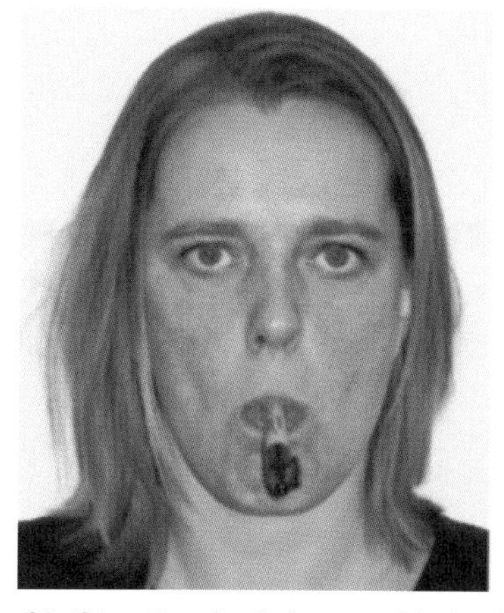

펜을 입술로 물고 있으면 이로 물고 있을 때보다 코믹한 카툰이 덜 재미있게 느껴진다는 연구결과는 체화된 인지 이론으로 설명할 수 있다. 입술로 물고 있을 경우 웃는 표정을 지을 수 없기 때문에 재미있다는 감정을 피드백해주지 못하기 때문이다. (제공 「사이언스」)

육이 약간 마비되는 게(그 결과 주름이 펴진다) 왜 타인의 감정을 파악하는 능력을 손상시키는 부작용을 낳은 것일까.

연구자들은 '체화된 인지embodied cognition'라는 심리현상으로 이 결과를 설명했다. 체화된 인지란 우리 몸의 감각 또는 행동이 정신에 영향을 미치는 현상이다. 슬픈 얼굴을 보면 우리도 모르게 슬픈 표정을 띠게 되면서 상대가 슬프다는 사실을 보다 확실히 인지하게 된다는 말이다. 즉 얼굴의 표정근육이 작동해 피드백을 해줘야 우리는 상대의 감정을 제대로 파악할 수 있다.

'좀 엉터리 같은데….' 체화된 인지 이론을 처음 접하면 이런 생각이 떠오르기 마련인데 뜻밖에도 이를 뒷받침하는 실험들이 많다. 예를 들어 한 그룹은 펜을 입술로 고정하게 하고(약간 화난 표정이 된다) 다른 그룹은 이로 물게 한 뒤(웃는 표정이 된다) 같은 카툰을 보게 한 뒤 평가하게 하면 펜을 이로 문 그룹이 더 재미있다고 평가한다. 펜을 입술로 고정한 그룹은 재미있는 내용을 봐도 웃음을 지을 수 없게 근육이 배치돼 있기 때문에 표정근육에서 피드백이 오지 않아 뇌가 덜 재미있다고 느낀다는 말이다.

연구자들은 보톡스도 비슷한 작용을 한다고 설명한다. 즉 눈살을 찌푸리는 데 관여하는 근육(추미근과 비조근)이나 웃음을 짓는 데 관여하는 근육(눈둘레근)에 보톡스 주사를 맞을 경우, 슬픔이나 행복감에 관련된 자극을 접했을 때 표정근육이 제대로 피드백을 못하게 된다. 이 경우 감정 상태가 명백한 자극일 경우는 큰 문제가 안 되지만 미묘할 경우는 이를 제대로 파악하지 못할 수도 있다. 연구자들은 "사람들 사이의 의사소통에서 문제가 되는 건 미묘한 말이나 표정을 제대로 해

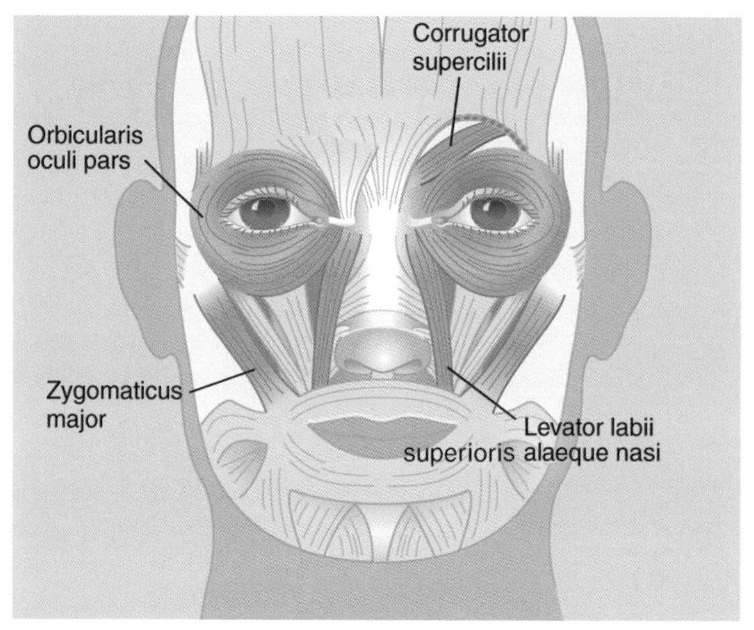

표정에 관여하는 근육들. 추미근corrugator supercilii은 부정적인 감정일 때 찌푸린 표정을 띠게 하고 눈둘레근orbicularis oculi pars과 큰광대근zygomaticus major은 웃음을 지을 때 작용한다. 윗입술콧방울올림근levator labii superioris alaeque nasi은 혐오감을 나타낼 때 쓰인다. (제공「사이언스」)

석하지 못할 경우"라며 보톡스 주사의 인지심리학 측면을 간과해서는 안 된다고 주장했다.

독일의 정신과 의사 미하엘 빈터호프Michael Winterhoff는 최근 번역된 책 『미성숙한 사람들의 사회』의 2장 '이미지에 집착하는 세상'에서 "사람이 이미지를 우선시할 경우, 오직 자신의 주위만 맴돌 위험이 크다"며 오늘날 "이미지를 최상의 가치로 만든 사회가 나르시시스트를 길러낸다"고 진단하고 있다. 보톡스 역시 나르시시스트 양산에 한 몫을 하는 건 아닐까.

2-3

시험관난자로 시험관아기 만드는 날 올까?

합쳐져야 할 요소가 단일 세포로 남아 있으면 죽음을 맞이하지만, 이들이 합쳐지면 젊어진 개체로 태어나 생명의 끊임없는 과정의 한 고리를 이룬다.

- 프랭크 릴리Frank Lillie

요즘 「월계수 양복점 신사들」이라는 주말드라마가 인기다. 필자도 챙겨 보는데 남자(신사들) 넷의 개성이 제각각이라 보는 재미가 있다. 특히 재단사 배삼도 역의 차인표 씨의 변신이 놀라운데 아내 복선녀 역인 라미란 씨와 호흡이 잘 맞는 것 같다. 두 사람이 워낙 코믹 연기를 잘 하다 보니 원래는 안타까운 이야기인데도 웃음이 나온다. 바로 상상임신으로, 마흔이 넘도록 아이가 없던 두 사람은 복선녀가 태몽을

꾸고 입덧을 해 좋아하다가 막상 임신이 아닌 걸로 진단이 나오자 크게 실망한다.

사실 아이를 기다리는 부부가 이 장면을 본다면 필자처럼 속없이 웃지는 못할 것이다. 인공수정 기술이 확립되면서 많은 불임 부부가 자녀를 보게 됐지만 생식세포를 만들지 못하는 경우는 소용이 없다. 그러나 줄기세포 연구가 나날이 발전하면서 언젠가는 이런 부부들도 아이를 갖게 될지도 모른다. 줄기세포를 정자나 난자로 분화시켜 인공수정을 하면 아이를 볼 수 있기 때문이다. 그런데 과연 이런 일이 가능할까.

시험관정자로 생쥐 임신 성공

난징의대를 비롯한 중국의 공동연구팀은 학술지 「셀 줄기세포」 2016년 3월 3일자에 발표한 논문에서 생쥐의 배아줄기세포를 정세포spermatid로 분화시킨 뒤 난자에 넣어 수정란을 만들어 새끼를 보는 데 성공했다고 밝혔다. 정세포는 정자로 분화하는 직전 단계로 편모(꼬리)가 완전히 발달하지 않아 운동성이 없다.

연구자들은 먼저 배아줄기세포를 원시생식세포primordial germ cell로 분화시켰다. 원시생식세포는 수정란이 착상해 배아로 자랄 때 만들어지는데, 훗날 정자나 난자가 되는 세포다. 이렇게 만든 원시생식세포를 갓 태어난 생쥐 새끼의 고환에서 얻은 체세포와 형태형성인자morphogen, 성호르몬을 적절히 배합한 배양액에 넣어줬다. 그 결과 감수분열이 성공적으로 일어나 정세포와 비슷한 세포가 됐다.

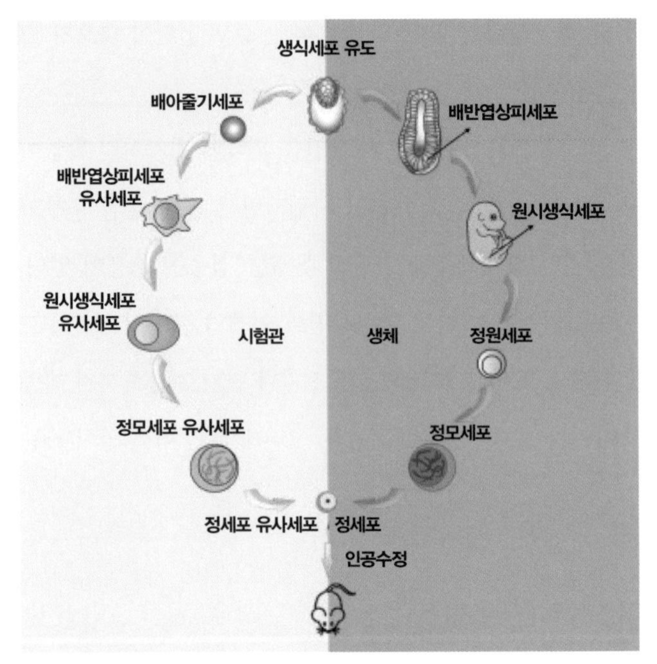

자궁에서 배아가 태아로 발생하는 과정에서 원시생식세포가 만들어진다. 새끼가 태어난 뒤 자라 성적으로 성숙해지면 정세포를 거쳐 정자가 만들어진다(오른쪽 반원). 2016년 중국의 연구자들은 배아줄기세포를 분화시켜 얻은 원시생식세포에 적절한 자극을 줘 정세포로 만들어 생식력이 있는 새끼를 얻는 데 성공했다(왼쪽 반원). (제공「셀 줄기세포」)

이렇게 얻은 정세포를 난자에 넣어 만든 수정란 가운데 90% 정도가 세포분열을 했다. 연구자들은 한 번 분열해 세포 두 개 상태인 수정란 317개를 대리모 생쥐의 자궁에 착상했고 그 중 9개가 성공적으로 발생을 해 새끼가 태어나 2.8%의 성공률을 보였다. 비교를 위해 수컷 생쥐의 고환에서 얻은 정세포로 만든 수정란 148개를 자궁에 착상했고 14개가 성공적으로 발생해 성공률이 9.5%였다. 진짜 정세포의 경우도 완전한 정자가 아니라서 성공률이 낮은 것 같다.

만일 배아줄기세포 대신 체세포를 역분화시켜 만드는 유도만능줄기세포iPSC로도 같은 실험에 성공한다면, 원리상으로는 무정자증인 남성도 자기 아이를 가질 수 있다는 뜻이다. 물론 사람에게 적용하려면 아직 갈 길이 멀다. 그렇다면 난자를 제대로 못 만들어 불임인 경우는 어떨까.

아직 완벽한 성공은 아냐

학술지 「네이처」 2016년 11월 10일자에는 생쥐의 배아줄기세포와 체세포에서 난자를 만드는 데 성공했다는 연구결과가 발표됐다. 일본 규슈대 연구자들은 이렇게 만든 난자에 정자를 수정시켜 얻은 수정란에서 정상적인 새끼들이 태어났고 이 새끼들이 커서 정상적인 새끼를 낳았다고 보고했다. 역시 아직은 갈 길이 멀지만 난자를 못 만들어 불

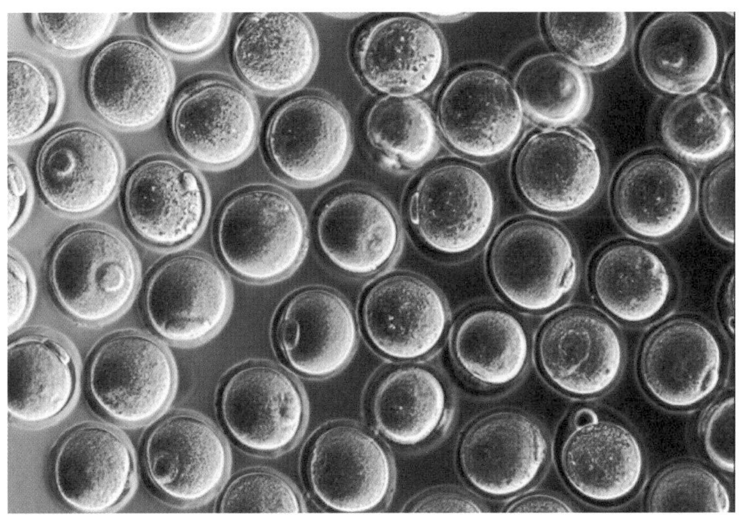

배아줄기세포로 만든 난자. 체세포를 역분화시켜 만든 유도만능줄기세포로 난자를 만드는 데도 성공했다. (제공 규슈대)

임인 여성도 아이를 갖게 될 희망이 생긴 것이다.

사실 정자보다 난자를 만드는 게 훨씬 더 어려운 작업이다. 난자는 염색체만 온전히 보전한다고 해서 제대로 기능할 수 있는 게 아니기 때문이다. 일본 규슈대의 생식생물학자 하야시 카추히코林克彦 교수는 수년 전 '시험관난자'를 만들겠다는 야심찬 프로젝트를 시작했고 이번 연구로 거의 목표에 도달했다.

하야시 교수팀은 지난 2012년 체세포로 만든 유도만능줄기세포를 원시생식세포로 분화시키는 데 성공했다. 그러나 당시에는 원시생식세포를 살아 있는 생쥐의 난소에 넣어줘야 난자로 성숙할 수 있었다. 그런데 2016년 7월 일본 도쿄농업대 오바타 야오이尾畑やよい 교수팀이 생쥐의 배아에서 추출한 원시생식세포를 시험관에서 난자로 성숙시키는 데 성공했다. 하야시 교수는 오바타 교수와 손을 잡았고, 배아줄기

배아줄기세포로 만든 난자에 정자를 수정시켜 얻은 수정란을 착상해 태어난 생쥐들. 유도만능줄기세포로 만든 난자로도 새끼를 얻는 데 성공했다.(제공 규슈대)

포와 체세포에서 난자를 만드는 이번 연구에 바로 성공했다.

다만 시험관난자는 생쥐의 난소에서 성숙한 난자에 비해 여전히 좀 시원찮다. 시험관에서 성숙시킨 난자로 만든 수정란을 착상시켜 새끼를 본 성공률이 3.5%에 불과해 난소에서 성숙시킨 난자로 만든 수정란의 60%에 한참 못 미치기 때문이다. 그러나 다른 경우도 그랬지만 성공률은 시간이 지나면 높아지기 마련이다.

다만 시험관난자 프로젝트는 아직 완성된 게 아니다. 체세포로 만든 원시생식세포를 시험관에서 난자로 성숙시키기 위해서는 배아에서 추출한 생식선체세포가 꼭 있어야 하기 때문이다. 즉 원시생식세포와 생식선체세포를 섞어준 뒤 배양액에 넣어줘야 한다. 연구자들은 줄기세포를 생식선체세포로 분화시킬 수 있다면 진정한 시험관난자를 얻을 수 있을 것이라고 전망했다. 시험관난자 연구는 「사이언스」가 선정하는 '2016년 10대 연구성과' 가운데 하나로 뽑히기도 했다.

동성애 부부도 친자식 얻을 수 있다는 얘기

줄기세포 분야의 새로운 연구결과가 늘 그렇듯이 이들 연구 역시 사람에 적용할 때 윤리적 문제가 생기기 마련이다. 필자가 앞에서 예를 든 부분은 별 논란이 없을 수도 있지만, 레즈비언 부부 사이에 낳은 아기(한 여성의 체세포로 만든 정자를 이용한 인공수정)와 남성동성애 부부 사이에 낳은 아기(한 남성의 체세포로 만든 난자를 이용한 인공수정으로 이 경우는 물론 대리모(여성)를 써야 한다) 등 생각만 해도 머리가 아프다.

반면 흥분이 되는 일도 있다. 현재 야심차게 추진하고 있는 매머드

부활 프로젝트의 경우 매머드의 게놈을 담고 있는 세포핵(엄밀히 말하면 매머드의 특징을 지니게 편집된 아시아코끼리의 게놈)을 아시아코끼리의 탈핵한 난자에 넣어줘야 하는데, 현실적으로 코끼리의 난자를 얻을 수 있겠느냐에 대해 회의적인 시각이 많다.

그런데 코끼리의 체세포로 난자를 만들 수 있다면 이 문제가 저절로 해결되는 것이다. 즉 다른 동물실험으로 '품질'이 높은 난자를 만드는 기술이 확립되면, 수정란을 착상시킬 암코끼리 몇 마리만 있어도 매머드화한 코끼리 새끼가 정말 태어날 수도 있다는 말이다. 과연 언제쯤 그런 일이 성공할 수 있을까.

2-4

세 부모 아기 이미 태어났다!

학술지 「네이처」는 매년 마지막 호에 그해에 과학계에서 화제가 된 인물 열 명을 선정해 발표한다. 2016년 화제의 인물들을 보면 알파고의 아버지인 구글 딥마인드의 데미스 허사비스Demis Hassabis 대표를 비롯해 다들 해당 분야에서 큰 역할을 한 사람들이다. 그런데 이 가운데 긍정적인 시각으로만 볼 수 없는 사람이 한 명 있으니 바로 미국 뉴호프출산센터New Hope Fertility Center의 존 장John Zhang 박사다.

영국의 주간과학지 「뉴 사이언티스트」는 2016년 9월 27일 장 박사팀이 멕시코에서 그해 4월 미토콘드리아치환요법으로 남자 아이를 태어나게 했다는 사실을 단독 보도했다. 미토콘드리아치환요법mitochondria replacement therapy, MRT이란 엄마의 미토콘드리아에 문제가 있을 경우 건강한 여성의 미토콘드리아로 바꿔치기하는 방법이다.

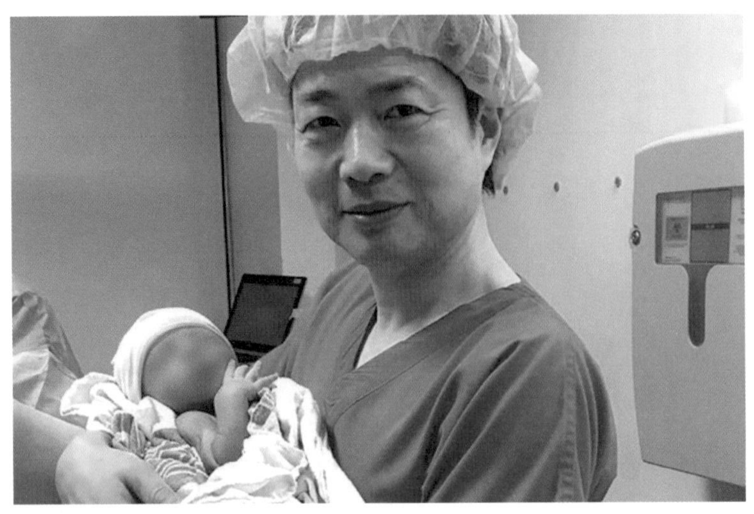

2016년 4월 멕시코의 한 병원에서 미토콘드리아치환요법 인공수정으로 남자 아기가 태어났다. 이 임상을 주도한 미국 뉴호프출산센터의 존 장 박사가 아기를 안고 있다. (제공 뉴호프출산센터)

세포소기관인 미토콘드리아는 세포호흡, 즉 포도당을 태워(산화시켜) 아데노신삼인산ATP이라는 에너지 분자를 만들어내는 세포 내 발전소다. 특이하게도 미토콘드리아에는 세포의 핵 게놈과 별도로 자신만의 작은 게놈을 지니고 있다. 따라서 MRT로 태어난 아이는 게놈의 관점에서 부모가 셋인 셈이다(핵 게놈을 준 엄마와 아빠, 미토콘드리아 게놈을 준 엄마).

미토콘드리아의 게놈은 크기가 1만6000여 염기이고 유전자도 37개에 불과하지만 워낙 중요한 기능을 하기 때문에 문제가 생기면 생명체에 심각한 영향을 미친다. 보통 세포 하나에는 미토콘드리아가 수백~수천 개 있고 덩치가 큰 난자의 경우 수십만 개에 이른다. 반면 정자에는 미토콘드리아가 없다. 따라서 아이에게는 엄마의 미토콘드리아 상태가 중요하다.

규제 허술한 나라 택해

사실 미토콘드리아치환요법은 이미 1990년대 미국에서 행해져 아이 수십 명이 태어났다. 당시는 핵을 뺀 난자를 통째로 바꿔치기하는 게 아니라 미토콘드리아가 부실한 난자에 건강한 미토콘드리아를 보충해주는 방식이었다. 즉 아이는 두 여성으로부터 미토콘드리아를 받는 것이다. 그러나 안전성과 윤리성 문제가 떠오르며 금지됐다. 그런데 이번에 장 박사팀은 미토콘드리아를 통째로 바꾸는 난이도가 높은 방식으로 성공한 것이다.

이들이 멕시코를 택한 건 물론 미국에서는 이런 시술이 불법이기 때문이다. 멕시코는 아직 MRT에 대한 규제 여부를 결정하지 못한 상태라 멕시코 중서부의 도시 과달라하라에 진출한 뉴호프병원에서 결행을 했다. 시술을 받은 부부는 요르단 사람들로 여성의 미토콘드리아 게놈에서 리 증후군Leigh syndrome이라는 희귀질환을 유발하는 돌연변이가 생겨 이미 두 아이를 잃은 상태였다. 리 증후군은 4만 명당 한 명 꼴로 나타나는 신경계질환으로 생후 2~3년 내 사망한다. 두 아이 역시 돌을 넘기지 못하고 죽었다.

세 부모 아이가 태어났다는 소식이 들린 지 한 달 만에 이번엔 우크라이나에서 역시 MRT로 두 여성이 아이를 임신한 상태라는 뉴스가 나왔다. 이 경우는 미토콘드리아 이상으로 인한 치명적인 질환이 아니라 불임이 이유다. 어찌 보면 미토콘드리아 게놈의 변이가 더 심각한 상태인데 아기가 배아 초기 또는 자궁 안에서 태아로 발생하는 과정에서 죽는 것이기 때문이다. 불임의 원인은 무척 다양하고 그 가운데 미토콘드리아 이상도 일정 부분을 차지한다. 2017년 1월 이 가운데 한 여성이 여자 아이를 낳았다는 뉴스가 나왔다.

결국 서구의 선진국들이 안전성 확보와 윤리적 논란을 정리하느라 시간을 보내는 사이 규제가 느슨한 나라들에서 하나둘 MRT 인공수정이 실시돼 세 부모 아기들이 태어나고 있는 게 현실이다. 그렇다면 의료 선진국이 승인을 망설이게 하는 MRT의 안전성 문제란 무엇일까.

문제 있는 미토콘드리아 일부 딸려가

먼저 미토콘드리아의 치환이 완전하지 못하다는 점이다. 난자에는 미토콘드리아가 수십만 개나 있기 때문에 엄마의 난자에서 핵을 꺼낼 때 미토콘드리아가 불가피하게 딸려온다. 이를 핵을 뺀 건강한 난자에 넣으면 결국 문제가 있는 미토콘드리아가 약간이나마 남아 있게 된다. 실제 장 박사팀이 분석한 결과 아이의 미토콘드리아 가운데 5% 정도가

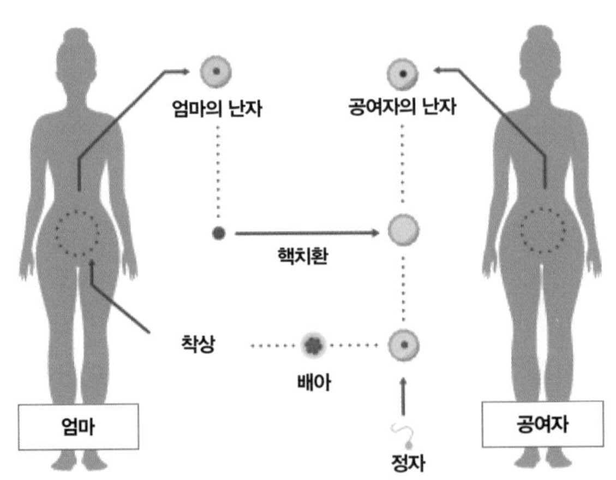

미토콘드리아치환요법의 개념도. 미토콘드리아 게놈에 문제가 있는 여성(왼쪽)이 이런 문제가 없는 아이를 낳기 위해 미토콘드리아 게놈에 문제가 없는 여성(오른쪽)의 탈핵한 난자에 자신의 핵을 넣은 뒤 수정을 시켜 자궁에 착상시키는 방법이다. (제공「사이언스」)

엄마(핵 게놈을 준)의 문제가 있는 미토콘드리아인 것으로 확인됐다.

물론 이런 미토콘드리아가 소량 섞여 있다고 해서 문제가 되지는 않는다고 생각하는 사람들도 있다. 즉 전체 미토콘드리아에서 비율이 20% 미만일 경우는 별 영향력이 없고 따라서 5% 정도면 신경쓸 게 아니라는 것이다. 그러나 일부에서는 시간이 지날수록 비율이 바뀔 수도 있으므로 좀 더 연구가 필요하다는 입장이다.

다음으로 미토콘드리아 게놈과 핵 게놈의 궁합 문제다. 미토콘드리아가 제대로 작동하려면, 핵 게놈의 유전자가 발현해 만든 단백질이 미토콘드리아로 이동해 미토콘드리아 게놈에 있는 유전자가 만든 단백질들과 협력해 한다. 따라서 출처가 다른 단백질들 사이의 궁합이 중요하다. 보통은 모계의 핵 게놈과 미토콘드리아 게놈이 한 쌍이었으므로 별 문제가 없지만 MRT로 서로 출신이 다를 경우 삐거덕거릴 수도 있다.[5] 물론 지나친 걱정이라는 시각도 있다.

10년 동안 준비한 결과

물론 서구의 선진국들이 MRT를 무조건 외면하는 건 아니다. 특히 영국은 MRT의 허용 여부를 두고 10여 년 전부터 검토를 해왔고 정책에 반영하고 있다. 따라서 많은 나라들이 영국의 상황을 주시하고 있다.

영국 인간생식배아관리국HFEA이 MRT의 임상적용 검토를 시작한 건 2005년으로 거슬러 올라간다. 1990년 인간생식배아법률에 따라 보

5 핵 게놈과 미토콘드리아 게놈의 궁합에 대한 자세한 내용은 92쪽 '네안데르탈인과 Y염색체' 참조.

건부 산하 기관으로 설립된 HFEA는 2005년 뉴캐슬미토콘드리아연구센터에 "시험관아기 기술에 기초해 미토콘드리아 유전질환을 막을 수 있는 가능성을 검토해달라"고 요청했다. 그리고 2011년부터 본격적으로 미토콘드리아 치환의 효용성과 안전성에 대한 검토에 들어갔다. 참고로 2008년부터 2014년까지 HFEA의 국장을 지낸 사람은 2015년 타계한 저명한 역사학자이자 저술가인 리사 자딘Lisa Jardine이다.[6]

이런 과정을 거쳐 이 기술이 안전하다고 판단한 HFEA는 2012년부터 대중을 상대로 MRT의 사회적, 윤리적 함의를 논의했고 긍정적인 방향으로 의견수렴이 이루어졌다. 2015년 2월 마침내 관련 법안이 영국 하원과 상원에서 잇달아 통과됐다. 즉 영국은 세계 최초로 미토콘드리아 게놈에 결함이 있는 여성이 임신을 하려고 할 때 MRT를 시도할 수 있게 허용한 나라다. HFEA는 그 뒤로도 좀 더 확신을 갖기 위해 추가 검토를 진행했고 마침내 2016년 12월 15일 MRT를 승인한다고 발표했다. 따라서 빠르면 2017년 말 영국에서 MRT 시험관 아기들이 태어날 것으로 보인다.

흥미롭게도 영국의 법에 따르면 MRT로 태어난 아이는 적어도 법적으로는 부모가 셋이 아니라 둘이다. 미토콘드리아 게놈을 준 여성의 친권을 둘러싼 논란을 원천 차단하기 위해 미토콘드리아를 제공한 여성은 어머니로서 권리가 없다고 규정하고 있기 때문이다. 황우석 사태 이후 민감한 생명과학 문제에는 한발 물러서 다른 나라(주로 서구) 동향을 지켜보는 데 익숙해진 우리나라에서는 언제쯤 MRT가 이슈가 될까.

---

6 자딘의 삶과 업적에 대해서는 『티타임 사이언스』 326쪽 '영국의 생명윤리 정책에 영향을 준 역사학자' 참조.

Part 3

과거는 언제나 궁금해

3-1

37억 년 전 지구엔 이미 생물이 번성했다!

'지구 생명 35억 년 역사에서…'

생명의 기원이나 진화를 다루는 책이나 논문을 보면 위와 같은 문구로 시작하는 경우가 많은데, 그 근거가 바로 호주의 35억 년 전 암석에서 발견한 스트로마톨라이트 화석이다. 스트로마톨라이트stromatolite는 미생물 군집이 퇴적물의 표면을 덮으며 엉겨 붙은 매트에 고운 입자가 달라붙고, 여기에 또 미생물 매트가 형성되는 과정이 반복돼 생긴 덩어리로 형성 당시 환경에 따라 기둥, 원뿔, 판 등 다양한 형태를 띤다.

서호주 샤크만에 있는 스트로마톨라이트. 현존하는 스트로마톨라이트는 스트로마톨라이트 화석의 진위 여부를 결정하는 데 큰 도움을 주고 있다. (제공 위키피디아)

엄밀히 말하면 암석에 박혀 있는 스트로마톨라이트는 박테리아 같은 미微화석이 모여 있는 덩어리이지만 그 자체를 화석으로 본다. 따라서 화석 가운데 가장 가치가 떨어지는 것 같지만(맨눈엔 개별 생명체가 보이지도 않으므로) 다른 관점에서 매우 중요한 화석이다. 바로 지구의 생명이 언제 시작했는가를 알려주는 증거이기 때문이다.

지구 생명 35억 년 역사의 근거

호주 북서부 노스 폴에는 화산암과 퇴적암으로 이루어진 두터운 지층인 와라우나층군Warrawoona Group이 있다. 1980년 학술지 「네이처」에는 무려 35억 년 전 형성된 와라우나층군에서 스트로마톨라이트 화석

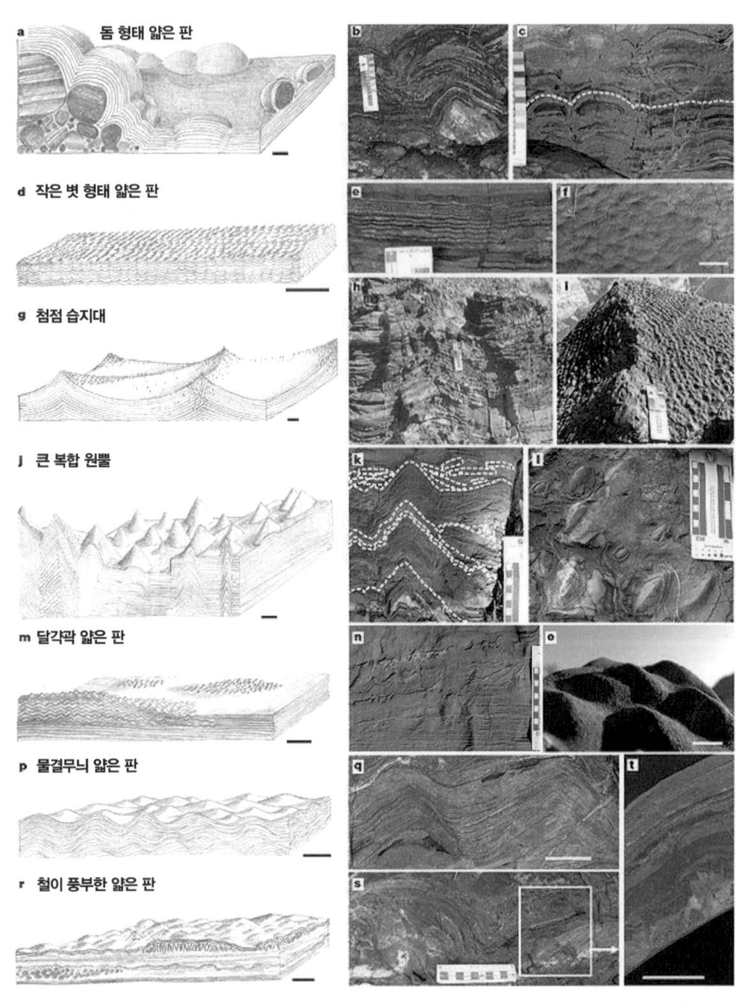

2006년 학술지 「네이처」에는 34억3000만 년 전 암석에서 무더기로 발견한 스트로마톨라이트 화석을 일곱 가지 유형으로 분류한 논문이 실렸다. 이후 당시 스트로마톨라이트가 진짜인가 여부를 둘러싼 논쟁이 잦아들었다. (제공 「네이처」)

을 발견했다는 논문이 실렸다.

지구에서 생물의 역사를 획기적으로 늘린 연구결과였음에도 회의적인 시각도 만만치 않았다. 무엇보다도 현미경에서 미화석이 보이지 않았기 때문이다. 사실 스트로마톨라이트 화석에서 미생물이 보이는 경우가 드물기 때문에 이렇게 오래 된 암석에서는 더 기대하기 어렵다. 몇몇 학자들은 단순히 물리적 현상으로도 스트로마톨라이트 비슷한 구조가 형성될 수 있다고 주장하기도 했다. 그럼에도 형태가 현생 스트로마톨라이트와 비슷할 뿐 아니라 암석을 이루는 원소의 조성을 분석한 결과 주위 퇴적층과 차이가 뚜렷해 스트로마톨라이트 화석으로 보는 견해가 우세했다. 따라서 지구 생명의 역사를 35억 년이라고 부르게 된 것이다.

지난 2006년 「네이처」에는 서호주 스트렐리 풀 지역의 길이가 10km도 넘는 범위에 분포한 34억 3000만 년 전 암석에서 스트로마톨라이트를 무더기로 찾아내 유형별로 분석한 논문이 실렸다. 비록 확실한 증거인 미화석은 없었지만 진짜 여부에 대한 논쟁을 사실상 끝낸 발견이었다.

이 논문 이후 관심은 생명의 기원이 얼마나 더 거슬러 올라갈 수 있는가 하는 쪽으로 바뀌었다. 35억 년 전 이처럼 다양한 형태의 스트로마톨라이트가 형성됐다는 것은 이미 여러 미생물이 살고 있었음을 강력히 시사하기 때문이다. 또 다양한 생물에 대한 게놈을 분석해 공통조상, 즉 최초의 생명이 언제 나타났는가를 계산한 결과 40억 년이 넘는 것으로 나왔다.

더 오래된 생명의 흔적을 찾으려면 호주나 남아공에서 발견되는 35억 년 전 퇴적암보다 더 오래 된 퇴적암을 찾아야 한다. 화석은 퇴적암에서나 존재할 수 있기 때문이다. 그런데 아직까지 더 오래된 퇴적암을 찾지 못하고 있다. 대신 그린란드에서 37억 년 전 암석을 찾긴 했다. 다만 퇴적암이 아니라 변성암이다.

변성암은 지각변동으로 땅속으로 들어간 암석이 열과 압력으로 변형돼 만들어진 암석이다. 그 뒤 지각변동이 또 일어나면 지표면으로 다시 올라올 수 있다. 변형되는 과정에서 화석이 파괴되기 때문에 고생물학자들에게는 인기가 없다. 그런데 그린란드 이수아 그린스톤 벨트Isua Greenstone Belt의 37억 년 된 변성암은 변성 과정이 상대적으로 온화한 상태에서 일어난 것으로 밝혀져(최고 온도가 550도) 스트로마톨라이트 같은 화석이 남아 있을 가능성이 있다고 여겨졌다. 그럼에도 아직까지 화석을 찾았다는 보고는 없었다.

그린란드 얼음 녹으며 암석 드러나

「네이처」 2016년 9월 22일자에는 지구온난화로 얼음이 녹으면서 최근 드러난 이수아 그린스톤 벨트의 암석에서 스트로마톨라이트로 보이는 구조를 발견했다는 논문이 실렸다. 암석의 특정 부분을 보면

그린란드 이수아 선지각 벨트(Isua supracrustal belt)에서 발견된 37억 년 전 스트로마톨라이트 화석으로 원뿔 형태다. (제공 Allen Nutman)

수cm 크기의 원뿔 모양의 구조물이 잘 드러난다. 호주 울런공 대학 연구자들은 이런 형태가 전형적인 스트로마톨라이트일 뿐 아니라 원소조성을 분석한 결과 주변 암석과 차이가 두드러졌다고 보고했다.

이 암석에는 원래 금운모라는 광물이 풍부했고 따라서 티타늄과 칼륨의 함량이 높다. 그런데 X선 형광법으로 원소함량을 분석한 결과 스트로마톨라이트로 추측되는 부분의 티타늄과 칼륨 함량이 주변 암석의 10분의 1 수준이었다. 이는 이 구조가 미생물의 활동으로 만들어졌음을 시사한다.

연구자들은 이 스트로마톨라이트가 얕은 바다에서 형성된 것으로 추측했다. 탄산염이 풍부한 환경에서 미생물이 군집을 이뤄 살았고 여

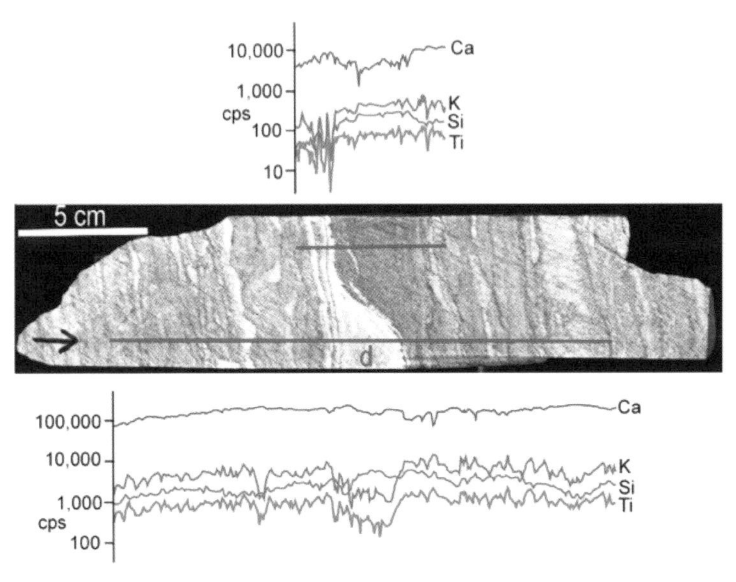

37억 년 전 스트로마톨라이트에는 미생물의 존재를 보여주는 미화석이 존재하지 않기 때문에 100% 진짜라고 입증할 수 없다. 다만 형태와 함께 원소조성이 이를 뒷받침하고 있다. 데이터를 보면 스트로마톨라이트로 추정되는 부분에서 티타늄(Ti, 파란색)과 칼륨(K, 보라색)의 그래프가 떨어짐을 알 수 있다. 농도를 나타내는 세로축은 로그척도다. (제공「네이처」).

기에 퇴적물과 미네랄이 침착해 마치 결정이 자라듯 스트로마톨라이트를 형성했다는 얘기다. 그 뒤 지각변동을 겪으며 변성암으로 바뀌면서 세포는 물론 유기물의 흔적도 사라졌지만 운 좋게 전반적인 형태는 보존됐다.

연구자들은 그린란드 이수아의 스트로마톨라이트가 그보다 2억 년 뒤 서호주의 스트로마톨라이트와 구조적으로 별 차이가 없기 때문에 37억 년 전도 생명체가 지구에 나타나고 한참 뒤인 시점일 거라고 추측했다. 즉 지구 생명의 역사가 40억 년이 넘는다는 게놈비교를 통한 계산의 결과가 맞을 가능성이 높다는 것이다. 지구 역사 45억 년에서 90%는 생명체와 함께 했다는 말이다.

3-2

318만 년 전 인류 루시, 나무에서 떨어져 죽은 듯

오늘날 포식자가 많은 환경에서 사는 영장류의 행태로부터 추정해볼 때, 오스트랄로피테쿠스는 나무 위에서 잠을 잔 것이 분명하다. 그들의 서식지에는 나무가 빽빽이 자라 있었는데, 상체의 해부학적 구조를 보면 나무를 잘 탔을 것으로 여겨진다.

– 리처드 랭엄Richard Wrangham

고인류학 발굴로 다양한 인류의 뼈가 나왔지만 그 가운데서도 가장 인상 깊은 화석으로 많은 사람들이 루시를 꼽을 것이다. 1974년 아프리카 에티오피아 북동부 아파르에서 발견된 루시는 연대 측정결과 318만 년 전 인류로 밝혀졌다. 무엇보다도 발굴된 골격이 전체 골격의 40%나 될 정도로 보존도가 높았다. 보통 이나 뼈 한두 조각을 찾는 게 고작인 고인류학 분야에서 한 사람의 뼈가 이 정도로 많은 것도 대단한데 무려 300만 년이 넘었기 때문에 유례가 없는 사건이었다.

키 110cm 내외인 여성으로 추정되는 이 화석에는 발굴 당시 캠프에서 흘러나온 비틀즈의 곡명을 따서 '루시Lucy'라는 애칭이 붙었다. 정식 학명은 오스트랄로피테쿠스 아파렌시스*Australopithecus afarensis*다. 그 뒤 다른 개체들의 화석도 추가로 발굴됐다.

루시가 고인류학의 보석으로 여겨지는 건 오래된 시기, 높은 보존성과 함께 인류 진화의 '잃어버린 고리'의 하나로 자리하기 때문이다. 루시는 침팬지와 인류의 공통조상에서 현생인류로 진화하는 과정에서 존재했을 것으로 추정된 과도기적 형태를 보인다. 오스트랄로피테쿠스 아파렌시스의 두개골 용적이나 이의 크기 등은 침팬지에 가깝지만 골반 형태는 사람에 더 가까워 직립보행이 확실시된다. 다만 이들이 두 다리로 얼마나 잘 걸었는지 또 나무 위에서의 생활을 병행했는지는 여전히 논란의 대상이다.

골절상 치유 흔적 없어

학술지 「네이처」 2016년 9월 22일자에는 루시가 나무에서 떨어져 죽었을 가능성이 높다는 연구결과가 실렸다. 미국 텍사스대 인류학과 존 카펠만John Kappelman 교수팀은 지난 2008년 컴퓨터단층촬영CT으로 루시의 진본 화석을 찍어 3D 데이터베이스를 만드는 작업을 진행했다. 당시 연구자들은 무려 3만 5000장이 넘는 사진을 찍었다. 현재 이 데이터는 공개돼 있어 누구나 다운로드 하여 3D 프린터로 루시의 화석 복제본을 만들 수 있다.

카펠만 교수는 이 과정에서 루시의 뼈를 자세히 살펴보다 특이한 점을 발견했다. 오른쪽 위팔뼈(상완골) 말단이 압착되면서 골절된 형태를 띠고 있었고 그 부위가 자연치유된 흔적이 없었다. 즉 루시가 죽는 시점에 골절이 일어났다는 뜻이다. 왼쪽 위팔뼈도 정도가 덜할 뿐 비슷했다. 한편 왼쪽 넙다리뼈(대퇴골)와 왼쪽 정강뼈(경골) 역시(아쉽게도 오른쪽 넙다리뼈와 왼쪽 정강뼈 화석은 없다) 말단이 압착되면서 부서진 상태였다. 뼈들이 길이 방향으로 상당한 충격을 받아 관절 부근에서 충돌해 부서졌다는 말이다.

카펠만 교수는 정형외과 의사인 스티븐 피어스Stephen Pearce 박사에게 조언을 구했고 상당한 높이에서 떨어졌을 때 입는 골절상과 비슷하다는 답변을 들었다. 이를 바탕으로 카펠만 교수는 318만 년 전 여성

루시가 나무에서 떨어져 골절상을 입고 죽는 과정을 재현한 그림이다. 저자들이 제시한 시나리오에 따르면 10m가 넘는 나무 위에서 선잠을 자던 루시는 선 자세로 떨어졌고, 땅에 부딪친 뒤 앞으로 엎어지는 순간 몸이 오른쪽으로 틀어진 것으로 보인다. 이 과정에서 잠이 깨면서 무의식적으로 두 팔을 뻗었을 것이다. 그러나 충격이 워낙 커 전신 골절로 사망한 것으로 보인다. (제공 「네이처」)

루시가 추락사하는 과정을 재구성했다.

당시 아파르 지역은 완전히 사바나로 바뀌기 전으로 큰 나무도 꽤 있는 숲이었을 것이다. 따라서 루시는 오늘날 침팬지와 비슷한 패턴으로 살았을 것이다. 즉 땅에서 생활하는 시간이 좀 더 많았을지는 몰라도 나무에서도 상당 시간을 보냈고 특히 밤에는 침팬지처럼 나무 위에서 잤을 것이다. 아직 불도 쓸 줄 모르는 데다 덩치도 작아 잠을 자기에 땅은 너무 위험했다. 오늘날 침팬지의 수면 행동을 조사한 결과를 보면 나무 위 잠자리의 평균 높이는 13m 정도 된다.

나뭇가지와 잎으로 잠자리를 꾸미고 누워 스르르 잠이 드는데 아차 하는 순간 루시는 나무에서 10여 m 아래로 떨어졌다. 먼저 발이 부딪쳤고 튕겨져 앞으로 넘어지는 순간 잠이 깬 루시는 무의식적으로 팔을 뻗었다. 그러나 추락 속도가 시속 60km에 이를 정도였기 때문에 온몸에 골절상을 입고 죽은 것으로 보인다. 실제 침팬지도 나무에서 떨어지는 일이 가끔 일어나고 바로 땅에 부딪칠 경우 심각한 골절상을 입는 것으로 알려져 있다.

TV에서 군대체험 프로그램을 보면 출연자들이 사람이 제일 두려워하는 높이라는 12m에서 뛰어내리는 막타워 훈련 장면이 빠지지 않는다. 별난 사람이 아닌 다음에야 현생인류는 그 높이의 나무 위에 마련한 '엉성한' 잠자리에서는 좀처럼 잠이 오지 않을 것이다. 카펠만 교수의 주장처럼 루시가 침팬지처럼 그 높이에서 잠을 잔 게 맞다면 아마도 나무에서 생활하는 습관을 여전히 버리지 않았을 것이라는 생각이 든다. 현생인류가 느끼는 고소공포증은 호모속의 출현 이후에나 나타난 게 아닐까.

3-3

석기石器의 재조명

요리가 먹을거리에 있는 박테리아와 기생충을 줄여주고 소화효율을 높이는 등 많은 이득을 준 게 사실이지만, 호모 에렉투스의 진화과정에서 나타나는 턱근육과 치아 크기의 축소에 요리가 필요했던 건 아니고 육식의 도입과 고기 및 뿌리채소의 기계적 가공의 효과만으로도 가능했을 것이다.

- 다니엘 리버만Daniel Lieberman

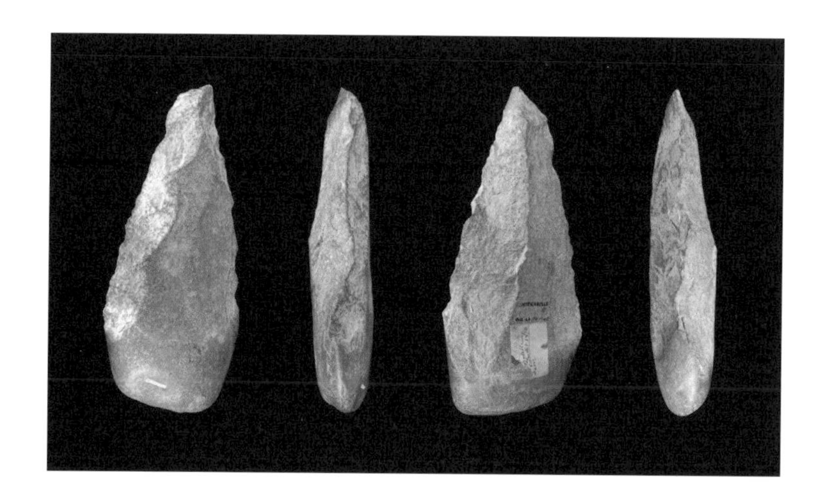

필자가 어렸을 때만 해도 도구사용과 직립보행이 인류 진화를 상징하는 두 가지 특징이었다. 그런데 어느 순간부터 도구의 위상이 떨어진 감이 있다. 침팬지나 까마귀처럼 머리 좋은 동물이 도구를 사용하는 건 물론이고 TV다큐멘터리에서는 해달이 배영 자세로 누워 돌멩

이로 조개를 깨는 장면도 나온다. 즉 도구사용이 인류만의 발명이 아니라는 사실이 알려지면서 색이 바랬다.

게다가 미 하버드대 인간진화생물학과의 영장류학자 리처드 랭엄Richard Wrangham은 불을 이용한 요리가 진정한 인류 진화의 원동력이라는 '요리가설'을 내놓으며 요리인류학 붐을 일으켰다. 불의 힘을 빌림으로써 음식을 먹기가 쉬워졌고 소화효율도 높아져 뇌가 팽창하고 소화장기가 들어 있는 몸통이 작아질 수 있었다. 호모 에렉투스의 체형이 현생인류와 가깝게 바뀐 게 요리 때문이라는 말이다. 고고학적 증거에 논란이 있지만 랭엄 교수는 호모 에렉투스가 요리를 시작한 게 100만 년 전까지 거슬러 올라간다고 봤다. 아무튼 도구와 불의 사용이 요리로 이어지지 않았다면 지금처럼 똑똑한 인류는 탄생하지 못했을 거라는 주장이다.

330만 년 전으로 거슬러 올라가

그런데 도구, 즉 석기의 사용이 인류 진화의 원동력이었음을 보여주는 글이 미국의 과학월간지 「사이언티픽 아메리칸」 2016년 4월호에 실렸다. 2007년 랭엄 교수의 논문을 읽고 깊은 감명을 받아 요리가 인류진화의 원동력이라며 '직립 인간' 호모 에렉투스*Homo erectus*에게 '요리하는 인간', 즉 호모 코쿠엔스*Homo coquens*라는 학명 형식의 별명까지 지어준 필자에게는 반갑지 않은 글이라고 생각할지 모르겠지만 꼭 그렇지도 않다.

수년 전 TV에서 우연히 본 다큐멘터리에서 석기가 쉽게 만들 수 있는 도구가 아니라는 사실을 알게 됐기 때문이다. 사람들은 타제석기, 즉 구석기인들이 만든 돌도끼 같은 도구는 고사하고 몸돌에서 박편도 제대로 떼어내지 못했다. 대충 돌을 깨 만든 건 줄 알았던 타제석기도 기술이 없으면 만들 수 없다는 걸 알았다.

여기서 잠깐 구석기에 대해 알아보면 오늘날 칼의 역할을 하는 박편을 주로 만들던 시대를 '올도완Oldowan 문화'라고 부르는데 260만 년 전으로 거슬러 올라간다. 그리고 손도끼처럼 진일보한 타제석기를 만들던 시대를 '아슐리안Acheulean 문화'라고 부르는데 이는 170만 년 전으로 거슬러 올라간다. 그런데 2015년 학술지 「네이처」(5월 21일자)에 기존에 알려진 가장 오래된 석기보다 무려 70만 년이나 더 오래된 330만 년 전 석기가 케냐 서부에서 발견됐다는 논문이 실리면서 인류학계를 깜짝 놀라게 했다.

유물 대다수는 몸돌과 모루, 돌망치 등이고 박편은 많지 않았지만(반면 올도완 유물은 박편이 대부분이다), 몸돌과 거기서 떼어낸 박편이 함께

케냐에서 발굴한 330만 년 전 인류가 만든 석기가 2015년 공개돼 화제가 됐다. 사진은 발굴된 몸돌로 박편을 떼어낸 흔적이 선명하다. (제공 MPK-WTAP)

출토되는 등 단순히 돌을 이용해 견과류를 깨먹는 수준(침팬지도 하는)을 넘은 단계다. 즉 올도완 문화가 시작되는 시점이라고도 볼 수 있다.

돌도끼 제대로 만들려면 300시간 연습해야

「사이언티픽 아메리칸」에 실린 글은 미 에모리대에서 구석기기술 실험실을 이끌고 있는 인류학자 디트리히 스타우트Dietrich Stout 교수의 기고문이다. 스타우트 교수 역시 요즘 도구사용이 인류 진화에 미친 영향력이 과소평가됐다면서도 다른 이유를 들었다. 즉 복잡한 사회관계에 적응하는 과정에서 뇌가 진화해 인지능력이 좋아졌다는 소위 '마키아벨리적(교활한) 지능' 또는 '사회적 뇌' 가설이 득세하면서 도구의 위상이 추락했다는 설명이다.

아무튼 이런 분위기가 우세하던 1990년대 스타우트 교수는 우연히 석기의 제작기술을 연구하는 학자들을 알게 됐고 스스로 석기를 만들어보다가 너무 어려워 당황했다. 인간만의 '독특한 능력'은 석기 디자인이라는 추상적 사고가 아니라 실제로 그것을 만드는 데 있음을 깨달았던 것이다. 몸돌에서 칼 역할을 할 수 있는 제대로 된 박편을 떼어내는 데도 돌망치를 내려칠 때 정교한 힘 조절과 각도 조절이 필요했다. 수많은 박편을 떼어내 만드는 손도끼는 더 말할 것도 없다.

이런 경험을 통해 인류의 진화는 도구제작능력과 밀접한 관계가 있고 따라서 스타우트 교수는 호모 에렉투스에게 '호모 아티펙스*Homo artifex*'라는 별명을 지어줬다. 아티펙스는 라틴어로 기교, 창의성, 장인정신을 뜻한다.

인류의 인지능력 진화에서 도구의 중요성을 입증하기 위해 스타우트 교수는 도구를 제작할 때 뇌의 활동을 측정했다. 그 결과 박편(올도완 석기)을 제대로 만들 수 있게 된 사람의 뇌에서 공간적인 환경에서 몸의 위치를 인식하는 데 관여하는 측두엽의 모서리위이랑의 활동이 컸다. 한편 손도끼(아슐리안 석기) 같은 고난이도의 작업을 수행할 때는 전전두엽의 우측 하전두엽이랑도 활성화됐는데, 어려운 과제 사이를 오갈 때 인지적 조절에 관여한다고 알려진 부분이다.

스타우트 교수의 구석기기술실험실에서는 일반인을 대상으로 100시간짜리 손도끼 제작 프로그램을 운영한다. 여기서 1주일에 20시간씩 5주는 배워야 손도끼라고 부를 만한 석기를 만들 수 있다고 한다. 스타우트 교수는 300시간을 연습한 뒤에야 아슐리안 석기제작자들에게 부끄럽지 않을 손도끼를 만드는 수준에 도달했다고 한다. 이 과정은 무척 지루하고 진이 빠지는 과정이라 상당한 동기부여와 자기통제력이 없으면 마스터할 수 없다고 한다.

석기제작의 또 다른 중요한 측면은 가르침을 받지 않고서는 사실상 기술을 습득하기가 불가능하다는 점이다. 아슐리안 석기는 말할 것도 없고 간단해 보이는 올도완 석기도 그렇다. 따라서 도구제작 과정에서 가르침을 주고받으며 인류는 언어구사능력을 진화시켰다고(공진화) 스타우트 교수는 주장한다. 2015년 1월 학술지 「네이처 커뮤니케이션스」에는 이와 관련해 흥미로운 논문이 실렸다.

실험참가자들은 몸돌에서 박편을 떼어내는 작업을 하는데, 다섯 가지 조건이 있다. 남이 만들어놓은 박편을 보고 혼자 작업하는 경우, 옆의 숙련자가 하는 걸 보고 작업하는 경우, 기본 가르침(손으로 돌망치

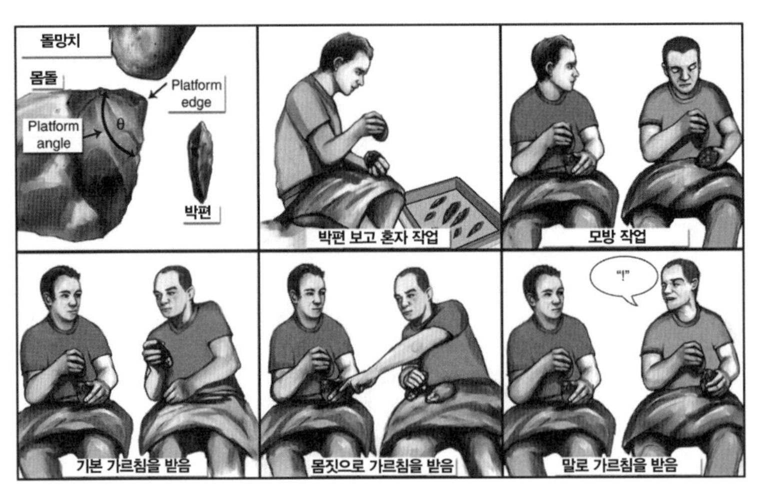

제대로 배우지 않으면 박편 같은 간단한 석기를 만드는 일도 제대로 할 수 없다. 박편을 만드는 작업을 할 경우 말로 가르침을 받을 때 완성도가 가장 높았다. (제공 「네이처 커뮤니케이션스」)

를 제대로 잡게 해주는 등 약간의 도움을 줌)을 받는 경우, 몸짓으로 가르침을 받는 경우, 말로 가르침을 받는 경우다.

184명이 만든 6000개가 넘는 박편을 분석한 결과 쓸 만한 박편을 만든 비율이 뒤로 갈수록 높아졌다. 즉 말로 가르쳤을 때 가장 빨리 완성도가 높은 석기를 제작했다는 말이다. 연구자들은 논문에서 올도완 석기 문화가 70만 년 이상 정체된 채 아슐리안 석기로 넘어가지 못한 것도 언어구사능력의 진화가 뒷받침되지 않았기 때문이라고 추정했다.

음식, 사전 가공만 해도 씹는 일 한결 편해 져

「네이처」 2016년 3월 24일자에는 또 다른 측면에서 도구사용의 중요성을 보여주는 논문이 실렸다. 하버드대 인간진화생물학과(즉 랭엄 교수의 동료다) 다니엘 리버만 교수는 랭엄 교수의 '요리가설'을 반박하는 실험결과를 발표했다. 즉 호모 에렉투스가 식생활에서 요리를 본격적으로 도입한 50만 년 전보다 훨씬 이전부터 현생인류의 해부적 특징, 즉 턱과 치아, 저작 근육, 소화 장기가 작아진 게 확실하기 때문에 여기에는 다른 원인이 있고, 리버만 교수는 바로 육식 비중의 증가와 도구를 써서 식재료를 가공한 게 정답이라고 주장했다.

리버만 교수는 실험참가자를 대상으로 다양한 조건의 먹을거리를 내놓았다. 먹을거리는 뿌리채소(얌, 당근, 비트)가 칼로리의 3분의 2, 육류(염소고기)가 3분의 1을 차지한다. 소고기나 돼지고기 대신 염소고기를 택한 건 육질이 과거 인류가 사냥한 야생동물과 비슷하기 때문이다.

실험참가자들이 아무런 가공도 하지 않은 상태의 음식을 먹는 경우와 으깬 음식을 먹는 경우, 칼로 썬 음식을 먹는 경우, 구운 음식을 먹는 경우에 따라 음식을 삼킬 때까지 씹는 횟수와 씹을 때 들어간 힘을 측정한다. 각각은 도구를 전혀 쓰지 않는 상태, 침팬지 수준의 도구 사용(으깨는 경우), 올도완 석기를 쓰는 수준(자르는 경우), 불을 쓰는 수준을 나타낸다.

데이터를 분석한 결과 뿌리채소의 경우 자르는 건 별 효과가 없었지만 으깬 경우 그대로 먹을 때에 비해 씹는 데 힘이 덜 들어갔고, 염소고기의 경우 으깨는 건 별 효과가 없었지만 자르는 건 씹는 횟수와 씹는 데 들어가는 힘이 꽤 줄어들었다. 구운 경우 둘 다 가장 효과가 좋았지만 으깨거나(뿌리채소) 자른(고기) 경우와 큰 차이는 없었다.

이 결과를 바탕으로 하루 2000칼로리를 섭취하고 그 가운데 3분의 1을 고기에서 얻을 경우를 보면, 가공하지 않은 뿌리채소만을 먹을 때에 비해 씹는 횟수가 13% 줄어들고 들어가는 힘은 15% 주는 것으로 나타났다. 만일 뿌리채소를 으깨 먹고 고기를 썰어 먹을 경우 씹는 횟수가 17% 줄어들고 들어가는 힘은 26% 줄게 된다. 또 삼킬 때 고기 조각이 41%나 더 작아 소화효율이 더 높을 것으로 추정했다.

즉 육식의 도입과 도구(칼 역할을 하는 박편) 사용으로 턱과 치아의 부담이 많이 줄어들었고 그 결과 호모 에렉투스의 특징적인 진화가 가능했다는 말이다. 물론 그 뒤에 불을 이용한 요리를 발명하면서 저작의 부담이 더 줄어들고 소화효율이 더 높아진 건 사실이지만 결정적인 진화요인은 도구사용을 통한 식재료의 가공이라는 말이다.

논문에 인용된 참고문헌 30편 가운데 리버만 교수의 논문이 여러 편이고 랭엄 교수의 논문도 몇 편 있지만 두 사람의 공저는 한 편도 안 보였다. 같은 과에 있으면서도 서로 다른 주장을 펼치는 학계의 라이벌이 확실한 것 같다.

3-4

현생인류 Y염색체에 네안데르탈인의 흔적 없다

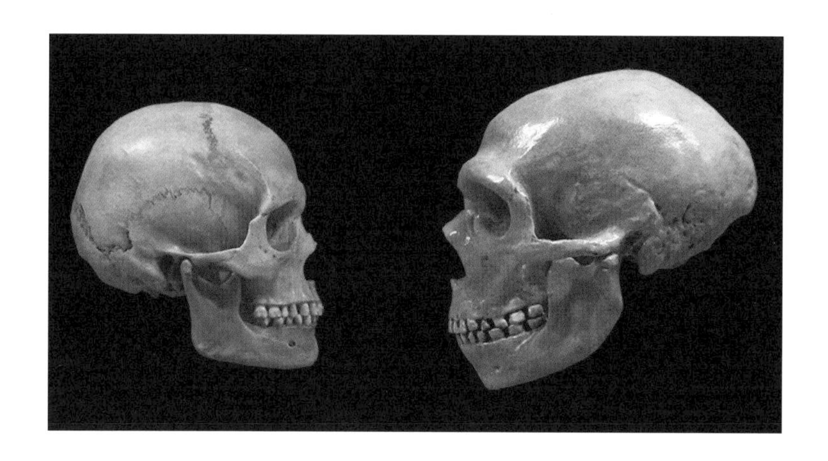

과학자가 되려고 했지만 결국 과학에 대한 글을 쓰는 일을 하게 된 필자는 가끔 씁쓸한 상념에 젖곤 한다. 그러다가도 최근 발표된 논문이나 관련 기사를 읽다가 기존 지식과 모순되거나 불분명한 내용을 접하면 '이 문제를 어떻게 해결해야 하나?'라며 사서 고민을 하기도 한다.

네안데르탈인 게놈 분석 연구결과가 그런 예다. 2010년 네안데르탈인 핵 게놈이 처음 해독됐을 때 현생인류의 게놈에 네안데르탈인의 게놈이 2% 정도 섞여 있다는 놀라운 사실이 밝혀졌다. 즉 대략 5만 년 전을 전후해 두 종 사이에 혼혈이 있었다는 시나리오다. 그런데 그 이전 네안데르탈인 미토콘드리아 게놈 해독의 결과는 이와 정반대였다. 미토콘드리아 게놈 서열을 토대로 두 종이 40만~80만 년 전에 갈라졌고 그 뒤 만나지(혼혈이 되지) 않은 것으로 나왔기 때문이다.

약 30억 염기쌍인 핵 게놈은 1만7000 염기쌍도 안 되는 미토콘드리아 게놈과 비교할 수 없을 정도로 크기 때문에 핵 게놈을 비교해 내린 결과가 정설이 됐지만, 지금까지도 현생인류의 미토콘드리아 게놈에서 네안데르탈인의 서열이 발견되지 않았다는 건 영 찜찜한 일이다. 미토콘드리아는 모계를 통해서만 전달되므로(난자의 세포질에 존재) 우리 가운데 누군가는 네안데르탈인의 미토콘드리아를 지니고 있을 것이기 때문이다. 언젠가는 이런 사람이 나올 수 있다고 볼 수도 있지만, 지금까지 수천 명 어쩌면 수만 명의 미토콘드리아 게놈이 해독됐을 텐데 이런 사례가 보고되지 않은 것으로 보아 앞으로도 나올 것 같지 않다는 생각이 든다.

핵 게놈과 미토콘드리아 게놈 궁합 맞아야

그런데 2015년 9월 24일자 학술지 「네이처」에 실린 기사를 보다 문득 이런 모순을 설명할 수 있을지도 모르겠다는 생각이 들었다. 기사는 네안데르탈인의 미토콘드리아에 대한 건 아니고 미토콘드리아치환요법, 즉 세 부모 아이의 잠재적인 위험성에 대한 내용이다. 미토콘드리아치환요법은 미토콘드리아 게놈에 심각한 결함을 지닌 여성이 아이를 갖고 싶을 때 미토콘드리아 게놈이 정상인 여성의 난자에서 핵을 제거하고 여기에 자신의 핵을 넣은 뒤 인공수정을 하는 방법이다.

기사는 이와 비슷한 처리를 해 태어난 새끼가 결함을 지니고 있다는 동물실험 결과들을 소개하고 있다. 같은 종이지만 유전적으로 거리가 꽤 있는 초파리나 생쥐의 경우 미토콘드리아를 바꿔치기할 때 생식

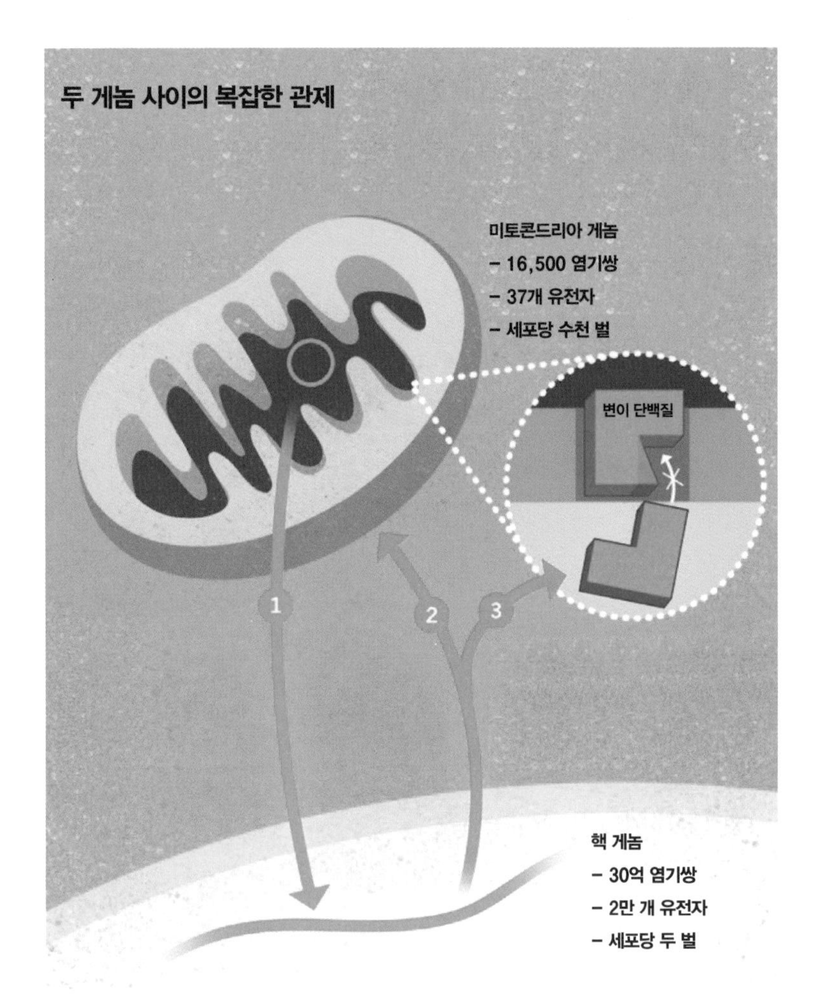

사람의 미토콘드리아 게놈은 크기가 1만 7000염기쌍도 안 되고 유전자는 37개에 불과하지만 많은 핵 게놈 유전자의 발현에 영향을 준다(1). 한편 핵 게놈 유전자 1500여 개가 미토콘드리아 기능에 관여한다(2). 이 가운데 76개는 미토콘드리아 게놈 유전자가 발현한 단백질과 복합체를 이루는데, 만일 미토콘드리아 유전자에 변이가 생겨 복합체가 제대로 만들어지지 않을 경우 개체의 생존과 번식에 심각한 장애를 일으킬 수 있다(3). (제공「네이처」)

력이 떨어지거나 대사증후군이 나타나고 때로는 면역반응도 유발된다는 내용이다. 미토콘드리아는 세포호흡, 즉 에너지를 생산하는 세포소기관인데 미토콘드리아 게놈과 핵 게놈 사이에 일종의 궁합이 존재한다는 말인가.

최근 연구결과들에 따르면 그런 것 같다. 미토콘드리아는 원래 박테리아가 세포내공생을 통해 진화한 소기관으로 이 과정에서 수천 개였던 유전자가 소실되거나 핵 게놈으로 옮겨가면서 지금은 수십 개만 남아 있다. 사람의 경우 핵 게놈의 유전자 2만여 개 가운데 약 1500개가 미토콘드리아 기능에 관여하는 것으로 알려져 있다. 특히 단백질 76종은 미토콘드리아에서 미토콘드리아 게놈의 유전자가 발현해 만들어진 단백질과 결합해 작용한다. 따라서 이들 공동작업을 하는 단백질 가운데 어느 한쪽의 아미노산이 바뀌어 구조가 달라질 경우 복합체를 제대로 이루지 못해 미토콘드리아 기능에 문제가 생길 수 있다는 말이다.

이 기사를 읽다가 필자는 이 관계를 현생인류와 네안데르탈인에 적용할 수 있지 않을까 하는 생각을 떠올렸다. 즉 N단백질(네안데르탈인 핵 게놈 유래)과 n단백질(네안데르탈인 미토콘드리아 게놈 유래)이 복합체 Nn를 이루면 문제가 없고, S단백질(현생인류(호모 사피엔스) 핵 게놈 유래)과 s단백질(현생인류 미토콘드리아 게놈 유래)이 복합체 Ss를 이루면 문제가 없다. 그런데 혼혈이 일어나 S단백질과 n단백질 조합이 되면 제대로 복합체를 만들 수 없게 될 수도 있다는 말이다.

네안데르탈인 여성(NNn)과 현생인류 남성(SSs) 사이에 태어난 아이는 유전자쌍 가운데 하나는 N이므로 별 탈 없이 살 수도 있지만(SNn), 1세대 혼혈 여성과 현생인류 남성 사이에 태어난 아이는 핵 게놈 유전자의 4분의 1만이 네안데르탈인의 것이다. 2세대 혼혈 여성과 현생인류 남성 사이에 태어난 아이는 핵 게놈 유전자의 8분의 1만이 네안데르탈인 것이다.

이런 식으로 세대가 진행돼 핵 게놈이 희석될수록 Sn 조합의 비율이 늘어날 것이고 그 결과 미토콘드리아 기능에 치명적인 결함이 생겨 결국 이런 여성은 생식력이 떨어져 자손을 남기지 못할 것이다. 즉 현생인류에서 네안데르탈인의 미토콘드리아가 솎아지게 된다. 현재 확보한 게놈데이터에 빅데이터 분석 기법을 쓰면 이런 시나리오가 맞는지 확인해볼 수 있지 않을까.

혼혈 남아 유산됐을 가능성

학술지 「미국인간유전학저널」 2016년 4월 7일자에는 위의 필자 가설과 맥을 같이 하는 것일지도 모르는 흥미로운 연구결과가 실렸다. 현생인류의 Y염색체에는 네안데르탈인의 흔적이 없을 가능성이 높고 그 원인은 다른 상염색체의 유전자들과 궁합이 맞지 않아서일 것이라는 주장을 담은 논문이다.

미토콘드리아 게놈이 모계를 통해서만 전달된다면 Y염색체는 부계를 통해서만 전달된다. 다만 감수분열 과정에서 일부 영역이 X염색체와 교차되기는 한다. 따라서 두 종의 혼혈이 일어났으므로 현생인류 가운데는 네안데르탈인의 Y염색체를 지닌 사람이 있을지도 모른다.

논문은 약 4만 9000년 전 스페인 지역에서 살았던 네안데르탈인 남성의 Y염색체 게놈을 해독한 결과 현생인류와 약 59만 년 전 갈라졌고 그 뒤 교류가 없었다는 결론을 내리고 있다. 2010년 처음 핵 게놈이 해독된 뒤 지금까지 다섯 명의 네안데르탈인 게놈이 해독됐지만 공교

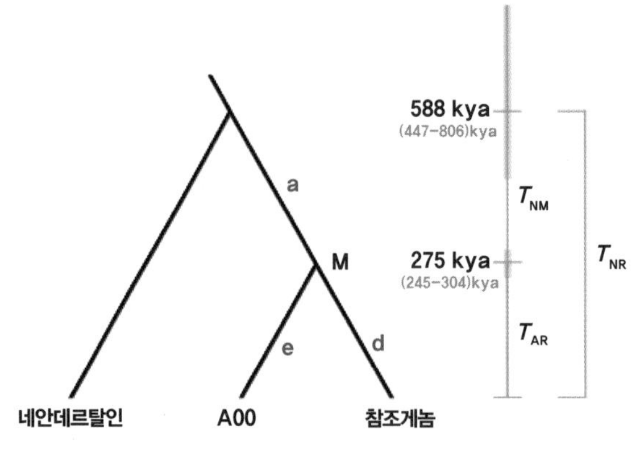

최근 네안데르탈인 Y염색체 게놈을 분석한 결과 현생인류와 약 59만 년 전 갈라진 뒤 교류가 없었다는 결과가 나왔다. 비교한 현생인류 게놈은 유럽인인 참조게놈과 일부 아프리카인에게 발견되는 A00으로, 둘은 현생인류 등장 초기인 약 28만 년 전 갈라졌다. (제공「미국인간유전학저널」)

롭게도 다 여성이었기 때문에 Y염색체 게놈에 대한 정보는 없었다.

그런데 이번 해독 결과 흥미롭게도 미토콘드리아 게놈과 같은 결론이 나온 것이다. 현생인류의 Y염색체를 조사하다 보면 언젠가는 네안데르탈인의 Y염색체를 지닌 사람이 나올 수도 있겠지만 역시 이럴 가능성은 낮아 보인다. 연구자들은 논문에서 지금까지 해독된 수많은 남성들의 Y염색체 게놈 데이터를 분석했지만 이런 경우가 없었다고 보고했다.

연구자들은 좀 더 가능성이 높은 설명으로 현생인류 여성이 네안데르탈인 남성과 관계해 남아를 임신했을 경우 자연유산이 되거나 생식력이 없는 개체를 낳았을 것이라는 시나리오를 제시했다. 즉 게놈을 비교한 결과 네안데르탈인의 Y염색체에 있는 유전자 가운데 세 개는 현생인류와 아미노산 서열이 다르고 하나는 아예 고장이 난 상태로 밝혀졌다.

그런데 앞의 세 유전자가 모두 'H-Y 유전자'였다. H-Y 유전자란 Y염색체 유전자 가운데 남성세포의 표면에 존재하는 단백질을 만드는 유전자다. 만일 임신한 남아의 H-Y 유전자에 특이한 변이가 있을 경우 엄마의 면역계가 외부항원으로 인식해 면역반응을 일으켜 그 결과 유산이 될 수 있다. 실제 자연유산의 두 번째 원인이 이런 면역반응의 결과인 것으로 알려져 있다.

연구자들은 논문 말미에 "네안데르탈인 Y염색체를 지닌 개체는 생식력 또는 생존력이 떨어졌을 것이라는 가정은 '홀데인 법칙'과도 부합한다"고 주장했다. 영국의 저명한 유전학자 존 홀데인John Haldane이 1922년 한 논문에서 제안한 이 법칙은 다음과 같다. 여기서 이형염색체배우자란 성염색체가 다른 성, 즉 사람의 경우 XY인 남성을 뜻한다.[7]

"두 이종 동물 사이에서 태어난 새끼 가운데 한쪽 성sex이 없거나 드물거나 불임일 경우 그 성은 이형염색체배우자 성이다."

---

7 홀데인 법칙에 대한 자세한 내용은 『사이언스 소믈리에』 20쪽 '새끼 낳은 라이거, 생물학 교과서 바꾸나?' 참조.

3-5

불의 사용이 결핵균 불러들였다?

얼마 전(2016년 7월 18일) 서울의 한 병원 신생아 중환자실에 근무하는 간호사가 건강검진에서 결핵으로 확진돼 이곳을 거쳐간 아기 160명을 대상으로 특별조사를 실시하기로 했다는 뉴스를 접했다. 결핵은 20세기 초 젊은 예술가들의 목숨을 앗아간 질병으로 여겨지지만 여전히 현재형임을 새삼 깨닫게 된다. 사실 우리나라는 OECD 국가 가운데 결핵발생률이 부동의 1위다. 바로 위의 북한 역시 만성적인 영양결핍으로 결핵이 만연돼 있다고 한다.

사실 결핵은 지구촌에서도 여전히 맹위를 떨치고 있고 매년 100만 명 이상이 결핵으로 사망한다. 전염병 가운데 인류의 누적 사망자 1위도 결핵일 것으로 추정된다. 결핵은 결핵균*Mycobacterium tuberculosis*이라는 박테리아가 일으키는 질병이다. 그렇다면 인류는 언제부터 결핵균의 밥이 됐을까.

전염병의 역사를 재구성해보면 대다수가 약 1만 년 전 신석기시대의 농업혁명에서 비롯된다. 즉 농사로 인류가 정착생활을 하고 인구밀도가 높아진 데다 야생동물을 가축화해 같이 살면서 동물의 감염 질환이 사람으로 옮겨와 문제를 일으켰다. 홍역과 천연두가 대표적인 예다. 결국 인류를 괴롭혀온 전염병의 역사는 1만 년이 안 된다는 말이다.

그런데 결핵은 좀 다르다. 농업 이전 인류의 뼈에서 결핵의 흔적이 발견되기도 했고 무엇보다도 가축에 감염하는 결핵균은 모두 사람을 감염하는 결핵균이 진화한 것이라는 사실이 밝혀졌다. 즉 가축 결핵균의 집합은 인간 결핵균 집합의 부분집합이라는 말이다. 따라서 인류는 농사를 짓기 전에도 결핵에 시달려왔을 것이다.

불 피울 때 연기가 폐를 약하게 해

학술지 「미국립과학원회보」 2016년 8월 9일자에는 인류가 불을 사용하면서 오늘날 결핵균의 조상인 박테리아에 취약해졌고 결국 이 박테리아가 변이를 일으켜 인간에 대한 감염성을 획득한 결핵균으로 진화했다는 시뮬레이션 연구결과가 실렸다. 호주 뉴사우스웨일즈대

마크 타나카 교수팀은 결핵균이 속해 있는 마이코박테리움*Mycobacterium* 속屬 박테리아의 감염 패턴에 주목했다.

결핵균을 제외한 마이코박테리아는 사람에 감염되지 못하는데 드물게 면역계가 아주 약하거나 염증성폐질환이 있는 사람에 감염될 수 있고 결핵과 비슷한 증상을 유발한다는 사실이 알려져 있다. 한편 담배를 피우거나 실내에서 장작이나 소똥을 태워 조리를 하는 사람들은 결핵에 걸릴 위험성이 더 높다. 호흡기가 연기에 노출될 경우 대식세포 같은 면역계의 기능이 떨어지고 이물질을 배출하는 점액층도 제 역할을 못하기 때문이다.

이를 바탕으로 연구자들은 인류가 불을 사용하면서 폐가 약해진 게 결핵이 풍토병이 되는 데 결정적인 계기가 됐다고 가정했다. 인류가 불을 사용한 흔적은 최대 100만 년 전까지 거슬러 올라가지만 불을 통제하며 사용했다는 증거는 대략 30만~40만 년 전으로 보고 있다. 바로 현생인류와 네안데르탈인의 공통조상인 호모 하이델베르겐시스*Homo heidelbergensis*가 그 주인공이다.

이들은 주로 동굴에서 살며 불을 피웠기 때문에 연기에 많이 노출됐을 것이다. 실제로 이 무렵 인류의 두개골에 있는 치아의 치석을 분석한 결과 미세한 숯가루가 검출되기도 했다. 즉 환기가 잘 안 되는 상태에서 불을 피우며 옹기종기 모여 살던 사람들 사이에 오늘날 결핵균의 조상인 마이코박테리아가 간헐적으로 감염되는 일이 반복되면서, 어느 순간 돌연변이가 생겨 사람 사이의 전염성을 획득하고 인체 면역계를 회피하는 전략을 발전시켰다는 것이다.

연구자들은 이런 변수를 반영한 수식을 만들어 시뮬레이션을 해

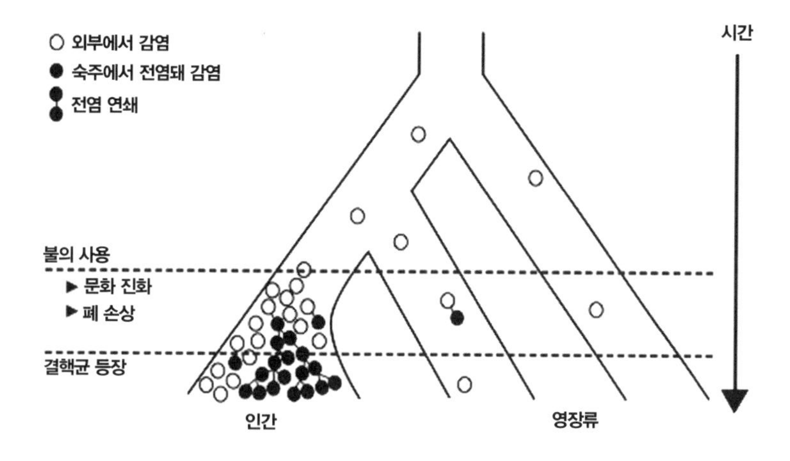

영장류 가운데 인간만이 결핵에 걸린다. 인류가 불을 사용한 게 결핵이 만연하게 된 계기가 됐다는 시뮬레이션 연구결과가 최근 나왔다. 결핵균의 조상(흰 동그라미)은 면역력이 취약한 영장류 개체에 간헐적으로 감염할 뿐 전염력은 없었다. 그런데 인류가 불을 사용하면서 밀집생활을 하고 연기에 노출돼 폐가 약해진 사람이 많아지면서 감염 횟수가 늘어났고 어느 순간 변이가 일어나 사람 사이에 전염력이 있는 결핵균(검은 동그라미)이 등장했다는 시나리오다. (제공「미국립과학원회보」)

봤다. 그 결과 인류가 불을 사용하지 않았을 때는 간헐적으로만 감염이 일어나고 사람 간 전염이 안 되는 상태가 지속됐다. 반면 어느 시점부터 불을 사용하는 것으로 변수를 바꾸자 전염성을 획득하면서 감염자의 비율이 급증했다. 즉 결핵이 토착화한 것이다.

지금까지 불의 사용은 여러 감염질환으로부터 인류를 벗어나게 했다고 평가됐다. 음식을 조리하는 과정에서 자연스럽게 살균이 됐기 때문이다. 불의 사용으로 인한 연기가 폐를 손상시켜 결핵을 토착화했다는 이번 연구결과는 많은 세상사가 선 아니면 악으로 단정 지을 수 없다는 교훈을 다시금 깨닫게 한다. 아울러 미세먼지로 나날이 호흡기가 취약해지고 있는 우리나라 사람들이 당분간 OECD 결핵환자 1위의 자리에서 내려올 것 같지 않다는 우울한 예감도 든다.

Part 4

몸과 마음에 들어 있는 과학

4-1

땀 흘린 뒤 마신 시원한 맥주 맛을 잊을 수 없는 이유

차가운 맥주 한 잔이 성관계보다 더 확실한 쾌락을 준다.

– 마르셀 프루스트Marcel Proust

술을 잘 못하는 필자는 지금도 많은 사람들이 왜 그렇게 소주를 좋아하는지 잘 모르겠다. 와인이나 위스키처럼 다른 풍미가 섞여 있는 것도 아닌 희석한 알코올뿐인데 말이다. 숱한 경험을 통해 적당히 취했을 때의 기분 좋은 상태를 예감하기 때문일까. 이런 필자조차 수십 년 전 술 한 모금을 마셨을 때의 쾌감은 지금도 잊을 수 없다.

대학 4학년 때 봄이었던 걸로 기억하는데 제주도 졸업여행 일정 가운데 한라산 등반이 있었다. 산이라기보다는 경사가 좀 있는 평지를 걷는 셈이었지만 그래도 워낙 거리가 되다 보니 두세 시간 지나서는 꽤 힘들고 목이 말랐다(당시는 페트병 생수가 없었다). 중간에 쉴 때 누군가가 캔맥주를 돌렸고 맥주 한 모금을 들이켜는 순간 엄청난 쾌감과 함께 갈증이 싹 사라졌다. 요즘도 목마를 때 가끔 캔맥주를 마시는데 물론 굉장히 상쾌하지만 그때의 '강도'에는 미치지 못해 아쉬워하곤 한다.

그런데 그때 냉장이 안 된 미지근한 맥주를 마셨더라도 한 모금에 갈증을 날려버린 그런 상쾌함을 느꼈을까. 시도를 해보진 않았지만 아마도 아닐 것이다. 차가운 게 몸에 안 좋다고들 하지만 목마를 때 찬물과 따뜻한 물이 있으면 십중팔구는 찬물을 마실 것이다.

그런데 갈증의 생리학이라는 관점에서 보면 찬물이 따뜻한 물보다 갈증해소에 더 나을 이유가 없다. 어차피 조성은 똑같고 다만 열에너지만 조금 덜할 뿐이다. 우리 몸은 땀을 많이 흘려 체액이 부족해지거나 짠 음식을 먹어 삼투압이 높아졌을 때 갈증을 느낀다. 물을 섭취해야 체액을 보충하고 나트륨 이온 같은 용질을 희석해 삼투압을 낮춰 정상상태로 돌아갈 수 있기 때문이다. 실제 물을 섭취한 뒤 삼투압의 변화 패턴을 보면 찬물이나 따뜻한 물 사이에 차이가 없다. 그렇다면 우리는 왜 찬물을 마셨을 때 갈증이 즉각 해소된다고 '착각'하는 것일까.

찬 음료가 갈증해소효과 커

2013년 학술지 「식욕Appetite」에는 '차가운 즐거움. 우리는 왜 아이스 음료와 아이스크림을 좋아할까'라는 제목의 논문이 실렸다. 이에 따르면 차가운 음료는 따뜻한 음료에 비해 갈증해소효과가 큰데, 이는 구강의 냉각수용체가 뇌의 갈증중추에 신호를 보낸 결과라고 한다. 즉 뇌는 구강 내 차가운 자극을 갈증을 해소할 수 있는 액체, 즉 물이 들어온 것으로 해석한다는 것이다. 그렇다면 물 없이 차가운 자극만으로도 갈증이 완화된다는 말인가.

말이 안 되는 것 같지만 정말 그렇다. 논문을 보면 병원에서 물을 마실 수 없는 환자들이 갈증을 호소할 경우 얼음 한 조각을 입에 넣어주는데 그 자체로 갈증해소효과가 꽤 된다고 한다(우리나라 병원에서도 이렇게 하는지는 모르겠다). 동물실험 결과도 비슷해서 하룻밤 물을 안 준 생쥐는 그런 제한이 없는 생쥐에 비해 차가운 금속 막대(물론 물은 한 방울도 묻어 있지 않다)를 더 열심히 핥는다는 실험결과가 있다.

흥미롭게도 구강에 분포하는 냉각수용체인 TRPM8은 피부에 존재하는 냉각수용체와 동일함에도 그 반응은 꽤 다르다. 즉 서로 역할이 다르다는 말이다. 피부에 있는 냉각수용체의 경우 체온조절이 존재 이유다. 따라서 더울 때 에어컨이 돌아가는 실내에 들어서면 쾌적함을 느끼지만(체온상승을 막을 수 있으므로) 그 온도 범위는 꽤 좁다. 실내온도가 20도만 되도 5분, 10분이 지나면 추워서 소름이 돋고 팔뚝을 비비게 된다(체온하강을 예감하는 불쾌함).

반면 구강 냉각수용체의 존재 이유는 바로 갈증조절이라고 한다.

따라서 얼음물 같은 꽤 차가운 음료를 마시더라도 '몸이 춥다'는 느낌은 들지 않는다. 겨울에도 갈증이 심할 때는 냉수가 더 당기는 이유다. 아마도 자연상태에서 물의 온도가 대체로 주위 온도보다 낮기 때문에 입 안에 들어온 찬 걸 물로 여기게 진화한 것 같다. 결국 냉각수용체는 같지만 이게 뇌의 어디로 연결되느냐에 따라 우리는 전혀 다르게 느끼고 반응하는 것이다. 그렇다면 필자가 한라산에서 마신 시원한 맥주 한 모금은 필자 뇌의 어디로 가서 그런 잊지 못할 쾌감을 유발한 것일까.

물을 마시면 바로 갈증이 사라지는 이유

학술지 「네이처」 2016년 9월 29일자에는 이에 대한 답을 포함한 '갈증뉴런thirst neuron'의 작동 메커니즘에 대한 논문이 실렸다. 미국 캘리포니아대 샌프란시스코 캠퍼스 생리학과 연구자들은 뇌의 시상하부 뇌궁하기관subfornical organ에 존재하는 갈증뉴런이 몸의 수분 상태를 예상해 갈증반응을 조절함을 밝혔다. 즉 필자가 맥주 한 모금을 마시고 갈증이 가셨다고 느낀 것은 그 당시 몸의 수분 밸런스가 회복된 걸 반영한 게 아니라, 머지않아 회복될 것이라는 걸 예측하고 갈증뉴런이 스위치를 꺼버린 결과라는 말이다. 동물실험을 봐도 목마른 생쥐에게 물을 마음대로 마시게 하면 1분 이내에 갈증뉴런이 잠잠해진다.

사람들의 갈증반응이 순전히 몸의 현 상태를 반영하는 건 아니라는 정황증거는 많았다. 갈증을 느낄 때는 몸의 상태를 반영하지만 갈증이 해소됐다고 느낄 때는 꼭 그렇지 않기 때문이다. 찬 음료가 갈증

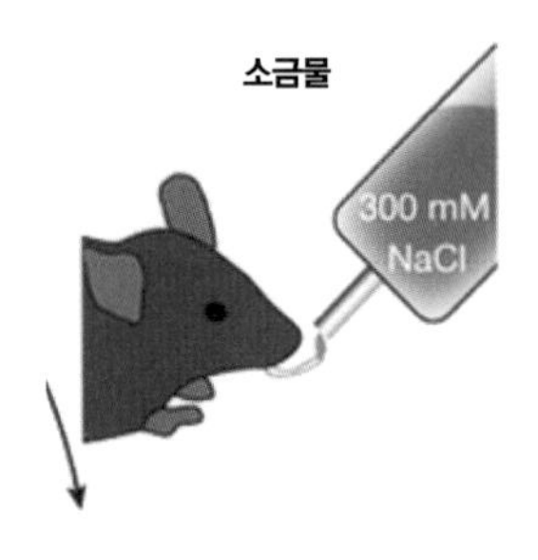

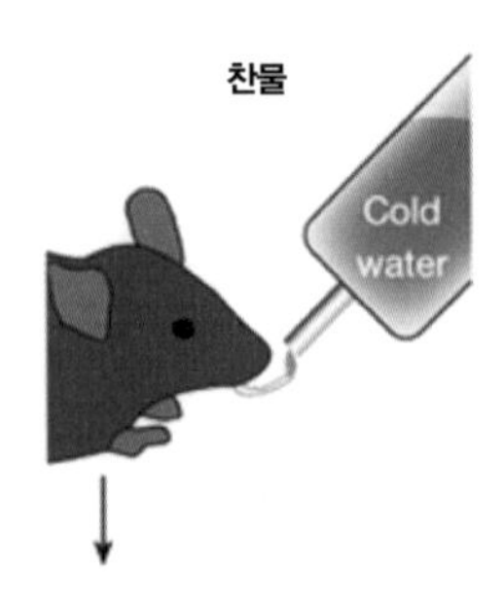

몸에 수분이 부족해지면 갈증뉴런이 발화되면서 갈증을 느껴 물을 찾게 된다. 그런데 갈증해소에 도움이 안 되는 소금물(위)을 마시거나 건조한 찬 금속막대를 핥아도(아래) 갈증뉴런의 스위치가 꺼지며 갈증이 완화된다. 한편 찬물을 마실 경우 같은 양의 따듯한 물보다 갈증해소효과가 더 크다(가운데). 즉 갈증뉴런은 실제 몸의 수분 상태가 아니라 구강에서 오는 감각신호를 바탕으로 갈증해소 여부를 판단한다. (제공「네이처」)

해소에 더 효과적인 것도 그렇고 얼음을 물고만 있어도 갈증을 덜 수 있다는 것도 그렇다. 혈액보다 나트륨 이온 농도가 더 높은 바닷물조차 마신 순간에는 갈증을 확 덜어준다. 물론 바닷물을 마시면 혈액의 삼투압이 더 높아져 결국에는 갈증이 더 심해진다. 영화에서 난파된 선원들이 바다를 표류할 때 극심한 목마름으로 정신이 혼미해져 바닷물을 마시려고 하면 주위에서 말리는 장면을 본 적이 있을 것이다.

그런데 생각해보면 갈증뉴런의 스위치가 몸의 갈증이 해소된 시점이 아니라 물을 마실 때, 즉 갈증해소를 예감할 때 꺼지게 설정돼 있는 게 사실 합리적이다. 섭취한 수분이 소화기를 통해 혈관으로 흘러 들어가려면 시간이 꽤 걸리는데(수십 분), 갈증뉴런이 혈관의 수분 상태에 반응한다면 목마를 때 물을 너무 많이 마시게 되고 결국 몸은 과잉의 물을 빼내는 노동을 해야 한다. 따라서 이번 연구는 이런 합리적인 추론이 맞다는 걸 보여준 실험결과다.

연구자들은 다양한 갈증해소 예감 조건에서 갈증뉴런의 반응을 관찰했다. 예를 들어 물통을 보여주기만 할 경우 갈증뉴런의 스위치는 꺼지지 않았다. 목마를 때 그림 속의 물은 갈증해소에 도움이 안 된다는 말이다. 또 물이 없는 물통을 핥아도 소용이 없었다. 반면 소금물을 마시거나 차가운 금속막대를 핥을 경우 갈증뉴런의 활동이 일시적으로 줄어들었다. 즉 구강에서 액체를 느껴야만(차가운 금속막대의 경우 착각이지만) 갈증뉴런이 억제된다.

음료의 온도에 따른 차이도 갈증뉴런으로 설명할 수 있었다. 12도인 찬물을 마실 경우 24도나 36도 물에 비해 갈증뉴런의 활동이 감소하는 폭이 컸다. 음식을 먹을 때도 갈증뉴런이 발화한다. 음식이 소화될 때 용질 농도가 증가해 삼투압이 올라갈 가능성이 크기 때문이다. 밥에 국이나 최소한 찌개, 햄버거에 콜라가 있어야 하는 이유다.

참고로 소금물의 경우 마신 직후에는 갈증뉴런의 스위치가 꺼지지만 1분 정도 지나고 나면 다시 켜진다. 즉 갈증뉴런이 냉각수용체를 통해 물이 들어온다는 신호를 받지만 뒤이어 그냥 물이 아니라는 또 다른 신호를 받는다는 말이다. 연구자들은 구강인두나 위에 있는 삼투압 센서가 그냥 물이 아니라 이온 농도가 높은, 따라서 체액 균형회복에 도움이 안 되는 액체를 마셨다는 신호를 보내는 것으로 추정했다.

한편 광유전학 기술을 써서 갈증뉴런의 스위치를 꺼버리면 체액이 줄거나 삼투압이 높은 생리 상태에서도 갈증을 느끼지 않아 물을 찾지 않았다. 즉 몸이 항상성을 벗어나도 이를 감지하지 못한다는 말이다.

잠들기 전 목이 마른 이유

한편「네이처」같은 호에 갈증에 대한 또 다른 논문도 실렸는데 역시 흥미로운 내용이다. 우리는 시간대에 따라 '심리적인' 갈증을 느끼기도 한다. 체액은 균형을 이루고 있지만 목이 마를 때가 있는데 바로 잠자기 전이 그렇다. 잘 생각해보면 자기 전에 물 한 잔을 마시는 경우가 많다는 걸 발견할 것이다.

미국 맥길대 연구자들은 역시 동물실험을 통해 이런 갈증이 수면으로 긴 시간 수분을 섭취하지 못할 것이기 때문에 우리 몸이 미리 수분을 섭취하기 위한 적응반응이라는 사실을 밝혀냈다. 생쥐도 사람처럼 자기 전에 갈증을 느껴 물을 마시는데 그런 행동을 하게 만드는 신경회로를 밝혀낸 것이다. 여기에는 뇌에서 일주리듬(생체시계)을 조절하는 시교차상핵SCN도 포함돼 있었다.

사람들이 나이가 들수록 갈증을 잘 못 느껴 물을 잘 마시지 않게 된다는 얘기를 들은 적이 있다. 그래서 노인들은 하루에 마실 물을 담

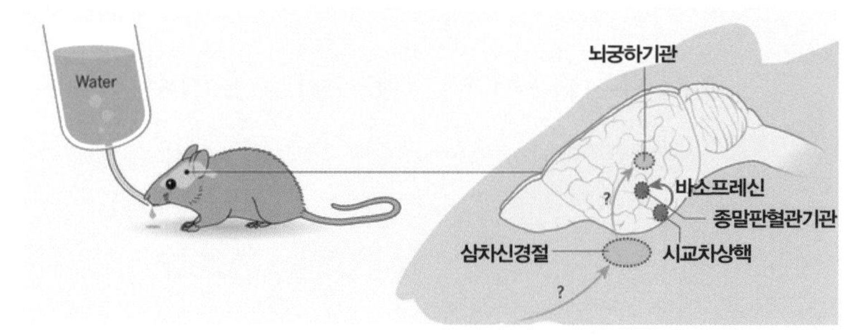

「네이처」 2016년 9월 29일자에는 갈증에 관련된 행동을 조절하는 메커니즘을 밝힌 연구결과 두 편이 나란히 실렸다. 먼저 갈증이 나 물을 마시면 바로 갈증이 사라져 물을 지나치게 섭취하지 않게 조절하는 부위가 뇌궁하기관으로 밝혀졌다. 뇌궁하기관은 물을 마실 때 구강과 삼차신경절이라는 곳을 통해 신호를 받는 것으로 보이는데 아직 확실하지는 않다(파란색). 한편 잠들기 전에 목이 말라 물을 마시는 건 장시간 수분을 섭취할 수 없기 때문에 미리 준비하는 행동으로 밝혀졌다. 여기에는 시교차상핵과 종말판혈관기관, 바소프레신 호르몬이 관여한다(빨간색). (제공「네이처」)

아놓고 적당히 나눠 마시는 게 좋다고 한다. 아마도 노화로 인해 갈증 뉴런의 감도가 떨어진 게 원인이 아닐까 하는 생각이 든다.

4-2

유전자 하나만 꺼도 무더위 못 느낀다

역대 최고였다는 1994년 여름 폭염을 겪었음에도 필자는 올해(2016년) 더위가 가장 심한 것 같다. 망각의 동물에게 22년은 충분히 긴 세월인가 보다. 보통 찜통더위는 7월 하순에 시작해 2~3주 가므로 입추 무렵이면 폭염과 열대야가 사라진다. 그런데 올 여름 기상청은 몇 차례에 걸쳐 이 시기를 늦추더니(그래서 '희망고문'이라는 말까지 나왔다) 8월 20일에야 무더위가 한풀 꺾일 것이라고 했다.

결국 견디다 못해 일거리를 싸들고 강원도의 해발 1100m 지역으로 더위를 피해 도망쳤다. 며칠 동안 쾌적한 초가을 날씨에서 잘 지내며 그동안 축난 몸을 보충하고 돌아올 무렵 믿을 수 없는 소식을 접했다. 고기압이 한반도에 좀 더 머물러 무더위가 25일까지는 갈 거라는 얘기다. 결국 20일 오후 귀가한 순간부터 다시 폭염과 열대야에 시달리는 신세가 됐다. 게다가 다음날엔 서울이 36.6도까지 오르며 올여름 최고온도를 찍었다. 22일까지 서울의 열대야가 30일이라고 하니 '잘하면' 1994년의 36일 기록을 갈아치울지도 모르겠다.[8]

불쾌함 느끼는 건 생존 반응

그런데 생각해보면 사람이란 참 민감한(아니면 나약한(?)) 존재인가 보다. 필자가 지난주 며칠 머문 해발 1100m 지점과 지금 글을 쓰고 있는 해발 100m 지점의 온도차라야 기껏 9도인데(100m 높아질 때마다 0.9도씩 낮아진다고 한다), 한 곳은 그렇게 쾌적할 수 없고 다른 한 곳은 냉방기 없이는 견딜 수 없을 정도로 불쾌하니 말이다.

보통 실온room temperature이라고 부르는 온도는 20~25도 범위인데 바로 우리가 쾌적하다고 느끼는 온도다. 즉 특별한 냉난방장치 없이도 기온 때문에 불편함을 느끼지 않고 일상적인 활동을 할 수 있는 범위가 불과 5도인 셈이다. 물론 옷을 어떻게 입느냐에 따라 그 범위가 약간 넓어질 수는 있지만, 그렇다고 늘 벗고 살 수도 없고 움직이기 불편할 정도로 옷을 껴입으면 쾌적함이 상쇄될 것이다.

우리가 주변 온도에 이렇게 민감한 건 생존에 큰 영향을 받기 때문이다. 정온동물에게 체온조절은 하루 24시간 내내 놓쳐서는 안 되

8 아쉽게도 33일에 그쳤다.

는 중요한 일이지만 여기에 너무 많은 투자를 하면 안 된다. 따라서 체온조절에 에너지를 가장 덜 쓰는 상태를 쾌적하다고 느끼게 진화했다. 즉 일상적인 활동을 할 때 몸 안에서 발생하는 열이 빠져나가는 속도가 체온을 변화시키지 않는 수준이라 몸이 따로 수고(땀을 흘리거나 몸을 떠는)를 하지 않아도 되는 상태다. 사실 벌거벗은 상태에서는 실온이 아니라 28~30도가 쾌적한 온도다.

생각해보면 우리는 나름 꽤 정확히 온도를 느낀다. 0도, 10도, 20도, 30도, 40도의 물이 담긴 그릇에 손을 넣어보고 온도가 높은 순서로 놓아보라고 하면 다들 맞힐 것이다. 온도가 중요한 분야의 장인들은 심지어 1도가 안 되는 온도차도 알아챈다고 한다. 그렇다면 우리는 어떻게 이처럼 정확하게 외부 온도를 감지할까. 피부 어딘가에 온도계라도 박혀 있는 것일까.

물론 알코올 온도계처럼 100도가 넘는 범위의 온도를 정량적으로 알려주는 온도계는 없지만, 우리 몸에는 여러 종류의 온도센서가 있어서 그 반응의 조합으로 외부 온도를 지각한다는 사실이 알려져 있다. 즉 차가움에 반응하는 냉센서가 있고 뜨거움에 반응하는 열센서가 있다.

여러 온도센서 존재

예를 들어 TRPM8이라는 냉센서는 10~25도 범위의 온도에서 반응한다. 즉 한여름에 에어컨이 빵빵한 카페에 들어선 순간 열센서가 꺼지고 TRPM8이 켜지면서 시원하다는 느낌(쾌감)이 들지만, TRPM8이 계속 켜져 있으면 어느 순간 서늘한 느낌(불쾌감)으로 바뀌면서 '냉방 좀 줄이면 안 되나…' 같은 생각이 든다.

그렇다면 TRPM8 유전자가 고장날 경우 이 온도에서 춥다고 느끼지 않게 될까. 지난 2007년 학술지 「네이처」에 실린 논문에 따르면 그렇다. 공간을 반으로 나눠 한쪽은 바닥 온도가 20도이고 다른 쪽은 30도로 할 경우 정상 생쥐는 대부분의 시간을 30도인 곳에서 보내는 반면 TRPM8 유전자가 고장난 생쥐는 선호도에 차이가 없었다.

한편 지금까지 알려진 열센서는 여섯 가지나 된다. 52도가 넘는 아주 높은 온도에 반응하는 TRPV2와 역시 고통으로 지각되는 42도 이상의 고온에 반응하는 TRPV1, TRPM3, ANO1이 있다. 한편 고통으로는 여기지 않는 고온에 반응하는 센서로는 TRPV3와 TRPV4가 있다. 그렇다면 우리가 한여름 무더위를 지각하는 건 TRPV3와 TRPV4 덕분 아닐까.

실제 TRPV3의 경우 27~42도 범위에서 활성화되는데 유전자가 고장 날 경우 온도를 지각하는 데 꽤 문제가 생기는 것으로 밝혀졌다. 바닥 온도가 25도와 35도로 나뉜 곳에서 정상 생쥐는 시간의 90% 이상을 25도 방에서 보내지만 TRPV3 유전자가 고장 난 생쥐는 3분의 2 정도만 25도 방에서 보낸다. 즉 고온을 불쾌하게 느끼는 정도가 약해졌지만 완전히 없어진 건 아니라는 말이다. 한편 TRPV4는 온도센서가 아니라 삼투압센서가 주된 임무로 보인다. 결국 고통이 아니라 불쾌함을 느끼는 '약한' 고온을 담당하는 또 다른 온도센서가 있을지도 모른다.

33도보다 38도 약간 더 선호

「네이처」 2016년 8월 25일자에는 한여름 무더위를 불쾌하게 느끼게 하는 진정한 열센서를 찾았다는 연구결과가 실렸다. 영국 킹스칼리지런던의 피터 맥노튼Peter McNaughton 교수팀은 TRPM2라는 이온통로단백질이 34~42도 범위에서 반응하고(즉 통로가 열려 이온이 통과하며 신호를 만들고), TRPM2 유전자가 고장 난 생쥐는 바닥 온도가 38도인 곳에서도 벗어날 생각을 안 한다는 사실을 발견했다.

흥미롭게도 TRPM2는 1998년 이미 존재가 밝혀진 이온채널이다. 그리고 일정 범위의 온도에서 활성화된다는 사실도 10년 전 발표된 논문에서 보고됐다. 그럼에도 이번 논문 이전까지 온도센서의 관점에서 진지하게 TRPM2를 보지는 않은 듯하다. 가장 큰 이유는 TRPM2의 초기 연구가 온도 지각과는 전혀 관계가 없어 보이는 조울증이나 인슐린 분비 등에 집중됐기 때문이다.

연구자들은 체감각 정보를 척수로 전하는 축색의 세포체들이 모여 있는 부위인 배근신경절에서 얻은 뉴런(신경세포)을 여러 온도에 노출시켜 활성을 관찰했다. 그 결과 뉴런의 10% 정도가 34~42도 범위에서 반응하면서도 기존의 열센서는 갖고 있지 않았다. 즉 다른 열센서가 존재할 가능성이 높다는 말이다. 이들 뉴런의 유전자 발현 패턴을 조사한 결과 TRPM2 유전자가 걸린 것이다. 이 유전자가 고장 난 돌연변이 생쥐도 다른 연구자들이 벌써 만들어놨기 때문에 이를 구해 행동 실험을 해봤다.

연구자들은 정상 생쥐와 TRPM2가 고장 난 생쥐를 대상으로 33도를 기준으로 해서 23도, 28도, 38도, 43도에서 머무는 시간을 측정했다. 그 결과 33도/38도일 경우 정상 생쥐가 38도에 머무는 시간은 20%가 안 되는 반면 TRPM2가 고장 난 생쥐는 60%에 가까웠다. 즉 38도인 곳

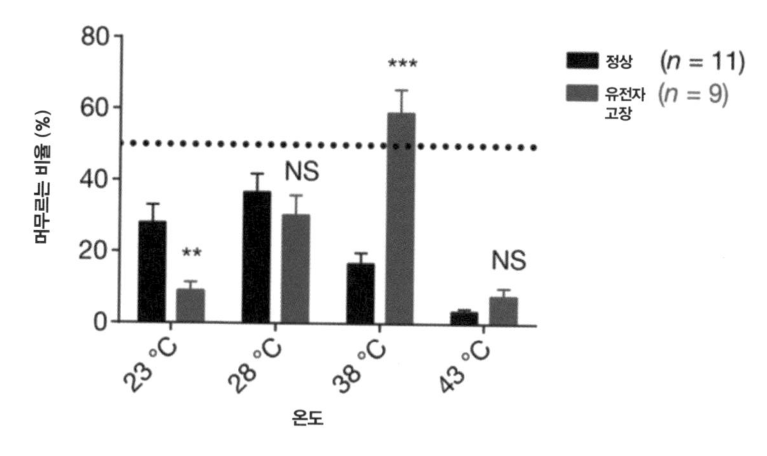

공간을 반으로 나눠 한쪽 바닥은 33도로, 다른 쪽 바닥은 특정 온도로 맞춘 뒤 정상 생쥐(검은색)와 TRPM2 유전자가 고장 난 생쥐(빨간색)가 특정 온도에 머무는 시간을 비교했다. 33도/38도를 보면 정상생쥐는 불쾌한 고온(38도)에서 머무는 시간이 20%가 안 되는 반면 변이 생쥐는 60%나 된다. 반면 33도/43도에서는 둘 다 고통스러운 고온(43도)에서 머무는 시간이 10%가 안 된다. TRPM2가 불쾌한 고온을 느끼는 온도센서라는 말이다. (제공 「네이처」)

을 33도인 곳보다 오히려 약간 더 좋아했다는 말이다. 한편 23도/33도에서는 정상 생쥐가 23도에 머무는 시간이 30% 정도인 반면 변이 생쥐는 10%에 불과했다. 즉 서늘함엔 좀 더 민감하게 반응했다.

한편 28도/33도와 33도/43도에서는 정상 생쥐와 변이 생쥐 사이에 차이가 없었다. 즉 TRPM2가 고장 날 경우 쾌적함을 느끼는 온도 범위가 기존의 불쾌하다고 느끼는 고온의 범위까지 확장되는 반면, 고통스러운 고온(43도)을 느끼는 데는 영향을 주지 않는다는 말이다. 이전 연구에 따르면 이 영역에서는 TRPV1, TRPM3, ANO1이 관여하므로 말이 되는 결과다.

그런데 지금까지 연구를 보면 다들 생쥐를 대상으로 한 실험결과인데 이를 사람에도 적용할 수 있을까. 아마도 그럴 것이다. 이들 온도센서 유전자들은 사람에도 존재하기 때문이다. 만일 TRPM2의 활성을 억제하는 약물이 나온다면 무더위의 불쾌함에서 해방될 수도 있을 것이다. 물론 그 부작용으로 일사병 환자들이 급증하겠지만.

4-3

발 냄새와 낫토와 청국장

'이상하다. 여름도 아닌데…'

며칠 전 방에서 책을 보다가 문득 발 냄새가 솔솔 풍기는 것 같아 고개를 갸웃했다. 방을 둘러보니 열어놓은 문에서 냄새가 들어오는 것 같다. 나가보니 거실에서 어머니가 뭘 드시고 있다. 얼마 전부터 건강을 위해 챙기시는 낫토다. 그런데 냄새의 진원지를 알게 된 순간 놀라운 일이 일어났다. 더 이상 발 냄새가 나지 않았던 것이다. 사실 방에서 난 발 냄새도 미미했을 텐데 아마 당시 필자의 코가 꽤 예민했었나 보다.

그런데 상황은 여기서 끝나지 않았다. 어머니가 드시고 있는 낫토의 누런 콩 덩어리를 보자 갑자기 청국장이 먹고 싶어졌다. 추울 땐 김이 모락모락 올라오는 '구수한' 청국장찌개가 최고라는 생각을 하며 입맛을 다셨다. 조만간 청국장찌개를 맛있게 끓이는 동네 식당에 가야겠다고 결심했다.

커피의 쓴맛은 단맛보다도 감미롭다

사실 후각은 다른 감각들과는 꽤 다른 측면이 있다. 먼저 감각 정보를 얻는 수용체를 보면 다른 감각의 경우 종류가 수~수십 가지인 반면 후각수용체는 무려 400개에 가깝다. 즉 수용체 유전자가 그만큼 많다는 말이다. 따라서 이 가운데 몇 개가 고장 나도 사는 데 별 지장이 없다. 실제 다른 감각 수용체 유전자에 비해 단일염기다형성SNP, 즉 변이가 많이 일어나 있다. 그 결과 같은 수용체라도 유전자 A형은 인식하는 냄새분자를 B형은 인식하지 못할 수가 있다. 결국 똑같은 냄새 환경에 있더라도 우리 모두는 각각 다른 식으로 냄새 정보를 입수하는 셈이다.

이런 감각 차원의 개인차에 더해 감각 정보가 뇌에서 처리돼 냄새로 지각되는 과정에서 이런저런 간섭을 받아 왜곡이 심하게 일어나는 것도 후각의 특징이다. 아무 실마리가 없었을 때는 악취가 풍기는 걸로 지각했다가 음식의 냄새라는 정보가 더해지면서 냄새가 사라졌고, 비슷한 냄새가 나는 관련 음식이 떠오르면서 이번에는 긍정적인(구수한) 냄새로 이어지니 말이다.

후각은 미각의 지각을 왜곡시키기도 한다. 이는 우리가 음식을 먹을 때 늘 겪는 현상이다. 예를 들어 커피에서 냄새(향기) 성분을 완전히 빼버리면 쓴맛이 나는 흑갈색 액체일 뿐이다. 따라서 만일 이걸 꼭 먹어야 하는데 옵션으로 설탕이 있다면 단맛으로 쓴맛을 상쇄하기 위해 설탕을 탈 것이다. 그런데 온전한 커피를 마실 경우 필자처럼 설탕을 안 넣는 습관이 든 경우 복잡미묘한 향과 쓴맛이 어울린 상태를 커피의 정체성으로 인식하고 있기 때문에, 여기에 설탕 같은 생리적인 감미료를 더하면 균형이 무너지면서 심리적인 감미가 오히려 떨어진다.

냄새 정보 영향력 막강

학술지 「화학적 감각」(후각과 미각에 관한 논문이 실린다) 2017년 1월호에는 필자의 발 냄새 경험과 일맥상통하는 연구결과를 담은 논문이 실렸다. 프랑스 리용신경과학연구소와 캐나다 몬트리올신경학연구소의 공동 연구자들은 냄새에 대한 지각과 생리반응에 미치는 문화와 정보의 영향을 알아보는 실험을 했다. 몬트리올이 속한 퀘벡 지역은 프랑스어권이기 때문에 언어의 차이라는 변수를 없앨 수 있다.

연구자들은 퀘벡 캐나다인들이 더 친숙한 냄새 두 가지(당단풍, 노루발풀), 프랑스인들이 더 친숙한 냄새 두 종(아니스, 라벤더), 둘 다 친숙한 냄새 두 가지(딸기, 장미)를 준비했다. 당단풍향 시료의 경우 북미 사람들이 즐겨 먹는 당단풍(메이플)시럽의 향이다. 노루발풀향 시료는 주성분인 메틸 살리실레이트methyl salicylate의 희석액이다. 아니스향 시료는 주성분인 아네솔trans-anethol의 희석액이고 라벤더 향은 라벤더 정유의 희석액이다. 딸기향 시료와 장미향 시료는 각각 해당 향료의 희석액이다.

피험자들은 각각의 냄새를 맡고 친숙함, 유쾌함, 식용성, 냄새강도를 9점 척도로 표시한다. 이때 콧구멍에는 공기흐름센서를 달아 냄새를 맡을 때 들이마시는 공기의 양을 측정했고 왼쪽 눈썹 위 눈썹주름근(추미근)에는 근전도를 측정하는 전극을 붙였다. 또 심박수와 호흡수를 측정하는 센서도 달았다.

첫 번째 실험은 냄새 정보를 주지 않은 채 냄새 용액이 담긴 유리병을 코밑에 제시한다. 이 경우 예상대로 당단풍향과 노루발풀향은 캐나다인들이 더 친숙하게 느꼈고 라벤더향은 프랑스인들이 더 친숙하

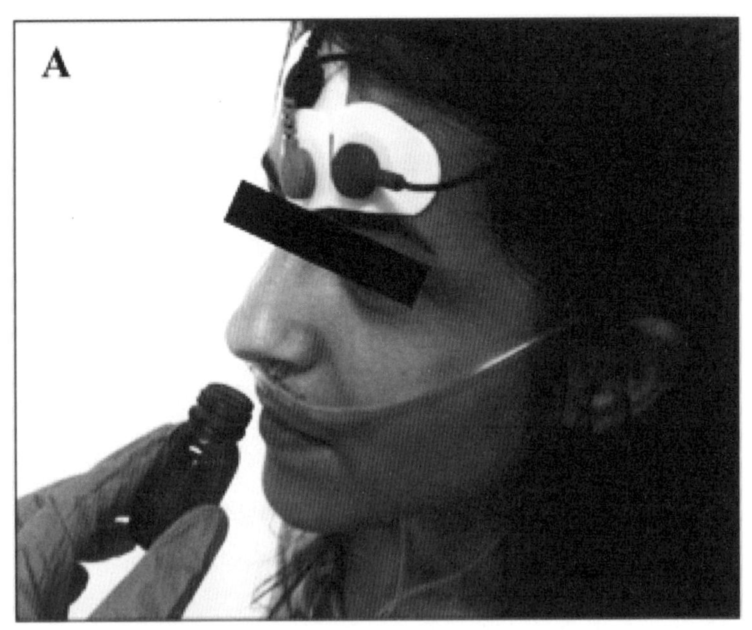

냄새 평가 장면. 피험자들은 냄새 시료에 대한 정보 유무에 따라 두 차례에 걸쳐 각각 여섯 가지 냄새를 맡고 평가를 한다. 이때 생리적 변화도 동시에 측정된다. (제공 「화학적 감각」)

게 느꼈다. 반면 딸기향이나 장미향은 차이가 없었다. 다만 프랑스인이 더 친숙할 거라는 예상과는 달리 아니스는 차이가 없었다. 캐다다인 피험자의 절반이 감초향으로 착각해 친숙하게 느꼈기 때문이다.

유쾌함 평가를 보면 다른 시료들은 두 나라의 차이가 없었고 노루발풀향만 캐나다인들이 더 좋게 평가했다. 그리고 식용성 항목에서도 다른 시료들은 차이가 없었고 노루발풀향만 캐나다인들이 훨씬 더 높게 평가했다. 연구자들은 이 향기가 캐나다에서는 주로 캔디의 향으로 쓰이고 프랑스에서는 의약품의 향으로 쓰이기 때문이라고 설명했다. 끝으로 냄새강도 항목에서 아니스향과 딸기향에 대해 캐나다인들이 약간 더 강하다고 평가했고 나머지는 차이가 없었다.

두 번째 실험은 "이건 ○○○냄새입니다"라며 정보를 주고 유리병을 코밑에 제시한다. 그 결과 앞 실험과 큰 차이를 보였다. 즉 냄새 정보가 냄새 지각에 큰 영향을 준 것이다. 친숙함 평가를 보면 실체를 알고 난 뒤 대부분 점수가 올라갔는데 유독 노루발풀향만 떨어졌다. 이에 대해 연구자들은 노루발풀이라는 정보를 알아도 낯선 이름이기 때문에 오히려 더 멀게 느껴진 결과라고 설명했다. 당단풍(메이플)향의 경우 유쾌함과 특히 식용성 항목에서 점수가 많이 올라갔는데 메이플시럽을 떠올린 결과다.

한편 냄새를 맡는 시간과 이 과정에서 들이마신 공기의 양은 줄어들었다. 심박수도 떨어졌다. 냄새 정보를 들었기 때문에 실체를 알기 위한 노력을 할 필요가 없어졌고 긴장감도 떨어졌기 때문이다. 필자가 어머니가 낫토를 드시는 모습을 본 뒤 발 냄새를 느끼지 못하게 된 것도 어쩌면 이와 관련이 있을지도 모르겠다.

이처럼 냄새에 대한 정보가 냄새 지각에 큰 영향을 미치는 현상에 대해 저자들은 '탑-다운top-down 조절 메커니즘'이라고 이름 붙였다. 즉 냄새에 대한 지각(다운)이 냄새에 대한 기존 정보(탑)에 크게 좌우된다는 말이다.

1906년 냄새 원인 박테리아 규명

그런데 낫토나 청국장에서는 왜 발 냄새가 날까(적어도 음식의 실체를 모른 채 냄새를 맡았을 경우). 답은 간단하다. 발가락에 살며 발 냄새를 만들어내는 박테리아와 낫토와 청국장의 재료인 콩에서 특유의 냄새

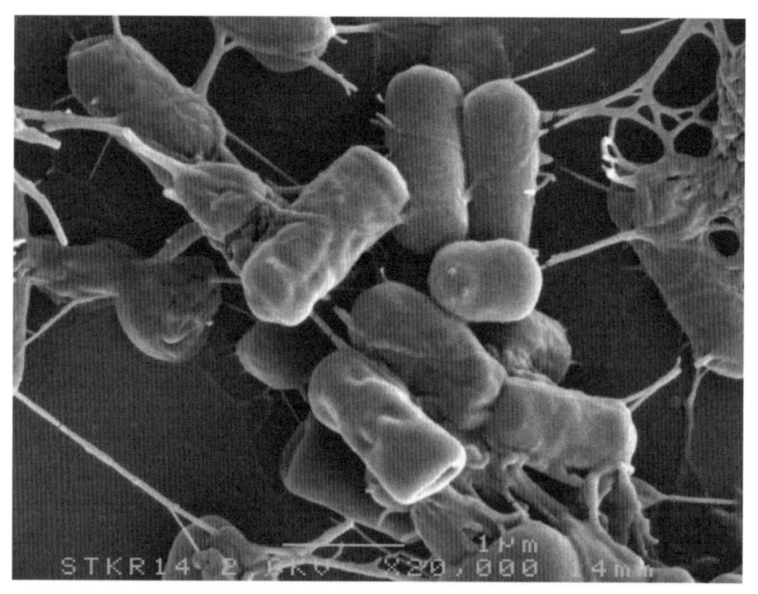

1906년 일본 농학자 사와무라 신 박사는 낫토에서 발효를 담당한 박테리아인 낫토균을 발견했다. 낫토균은 청국장 발효에도 관여한다. 낫토균을 비롯한 여러 박테리아가 발의 각질에 있는 성분을 분해해 특유의 냄새가 나는 분자를 만들어낸다. 낫토균의 전자현미경 사진. (제공 「Microbial Cell Factories」)

를 만들어내는 박테리아가 같은 종류이기 때문이다. 냄새 분자의 가짓수와 상대적인 비율은 좀 다르겠지만 비슷한 계열이기 때문에 서로가 연상되는 냄새가 나는 것이다.

고초균*Bacillus subtilis*이라는 박테리아의 한 균주인 낫토균*Bacillus subtilis var. natto*이 푹 삶은 콩을 만나 따뜻한 곳에서 발효를 일으켜 콩 단백질을 아미노산으로 분해하는 과정에서 다양한 분자들이 만들어진다. 즉 아미노산 류신leucine이 효소의 작용으로 이소부티르산isobutyric acid과 이소발레르산isovaleric acid으로 바뀌는데 이것이 바로 발 냄새의 주범이다. 청국장도 발효과정에서 낫토균이 주된 역할을 하므로 역시 발 냄새가 나는 분자들이 만들어진다.

한편 진짜 발 냄새는 다양한 휘발성 지방산이 주범인데, 당연히 이소부티르산과 이소발레르산이 포함돼 있고 역시 피부에 살고 있는 고초균과 여러 박테리아들이 피부 각질에 있는 단백질과 탄수화물, 지방산을 분해하는 과정에서 만들어내는 것이다. 참고로 땀은 이 박테리아의 활동을 촉진하는 역할을 한다. 발에 땀이 나는 건 박테리아의 입장에서 밥을 먹을 때 목이 막히지 말라고 물을 갖다 주는 셈이다.

상황(맥락)에 따라 냄새 지각은 크게 흔들리지만 적어도 비강의 후각수용체는 제 역할을 충실히 하고 있다는 말이다.

4-4

근시와 노안에 대한 고찰

근육이 완전히 이완되었을 때 눈은 10미터에서 무한대의 거리에까지 맞춰진다. 10미터 반경의 (시각적인) 원 내부에서 환경세계의 대상들이 우리에게 가깝거나 멀게 인식되는 것은 근육들의 운동에 의해서이다.[9]

– 야콥 폰 윅스퀼Jakob von Uexküll

지난해 친구와 점심을 하다 씁쓸한 얘기를 들었다. 책을 보는데 글자가 잘 안 보이고 눈이 금방 피로해져 눈에 이상이 있나 싶어 병원에 갔더니 의사가 노안老眼이라고 얘기하더란다. 그럴 리 없다고 말하자 의사가 "다들 처음엔 인정하지 않으려고 한다"며 웃더란다. '다행히' 이 친구는 약간 근시라 안경을 벗으면 가까운 거리에서 근시와 노안이 상쇄되면서 초점이 맞아 글씨가 잘 보인다고 한다. 그럼에도 나중에 노안이 더 진행되면 돋보기안경을 써야 할 것이다.

노안은 아직 남의 이야기인 줄 알았는데 지난 봄 오랜만에 안경을

9 『동물들의 세계와 인간의 세계』 44쪽. 야콥 폰 윅스퀼 지음, 정지은 옮김, 도서출판 b (2012).

새로 맞추러 갔다가 필자도 노안이 시작됐다는 사실을 알게 됐다.

"지금 보시는 데 큰 문제는 없죠?"

"네. 왜요?"

"사실은 도수를 한두 단계 높여야 되는데, 그러면 가까운 데 보시기 어려울 것 같아서요…"

"노안이라는 얘긴가요?"

"그렇죠. 지금 도수를 유지하다 불편해지면 그때 안경을 맞추시죠."

친구처럼 절묘하게 상쇄되기에 필자는 근시가 좀 심하다. 결국 노안이 더 진행되면 도수가 약한 근시 안경을 따로 맞추거나, 바꿔가며 쓰기 번거로우면 다중초점렌즈 안경을 맞춰야 할 것이다.

근시는 질병 노안은 노화현상

광학의 관점에서 근시는 초점거리가 망막에 못 미쳐 생긴 증상이고 노안은 망막을 지나쳐 생긴 증상이지만 둘의 성격은 전혀 다르다. 먼저 근시는 병이다. 안경이라는 교정기구가 너무 완벽해 인식을 못하지만 만일 야생동물이 필자 정도의 근시라면 생존하기 어려울 것이다.

학술지 「네이처」 2015년 3월 19일자에는 최근 수십 년 사이 벌어진 거의 역병 수준의 근시 급증을 우려하는 기사가 실렸다. 특히 우리나라를 포함한 동아시아가 심한데 요즘 젊은이는 10대를 거치며 70~80%가 근시가 된다. 우리보다는 덜하지만 미국과 유럽의 젊은이

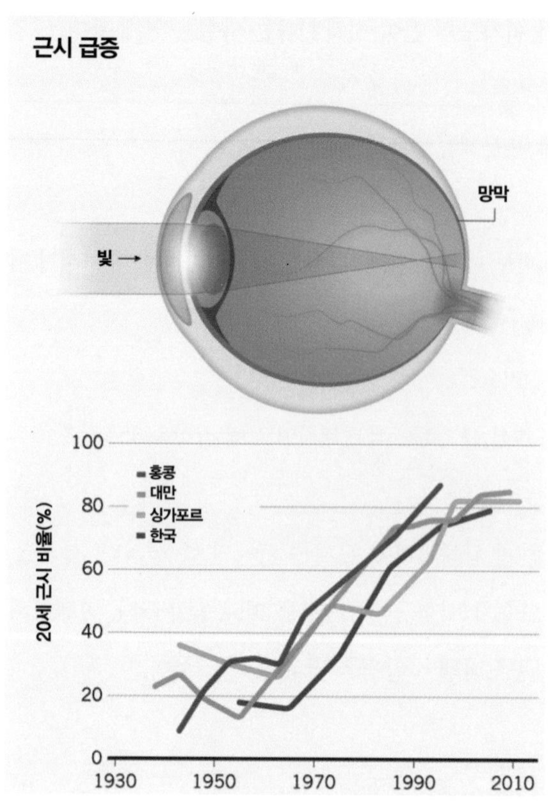

근시는 대부분 10대 시절 안구가 앞뒤로 약간 길쭉하게 변형돼 초점거리보다 뒤에 망막이 놓이면서 나타난다(위). 지나친 실내생활로 빛을 충분히 받지 못하는 게 주원인으로 여겨진다. 특히 동아시아에서 근시가 만연해 있다. 아래는 연도별로 20세에 근시일 비율을 나타내는 그래프로 우리나라도 급격히 증가해 최근 80%에 육박한다. (제공「네이처」)

도 절반이 근시다. 불과 50년 전만 해도 10~20%만이 근시였던 것과 비교하면 놀라운 변화다. 이 추세대로라면 2020년에는 지구촌 인구의 3분의 1인 25억 명이 근시일 것으로 예상된다. 그렇다면 지난 50년 사이 왜 이렇게 근시가 급증했을까.

기사는 우리가 알고 있던 근시의 과학상식이 틀렸다는 최근 수년 사이의 연구결과들을 소개하고 있다. 즉 요즘 젊은이들이 근시가 된 건 책이나 스마트폰을 봐서가 아니라(물론 영향은 줬을 것이다) 실내생활의 비중이 너무 높기 때문이라는 것이다. 동아시아 젊은이의 극단적인 근시 경향도 이런 관점에서 이해가 된다. 실제로 15살 중학생의 숙제 시간을 보면 중국이 일주일에 14시간인 반면 영국은 5시간, 미국은 6시간이라고 한다. 학교와 학원을 전전하는 우리나라 학생들은 말할 필요도 없을 것이다.

'어차피 책 보고 스마트폰 하는 게 대부분 실내인데 야외생활을 하지 않는 게 근시의 원인이라고 말할 수 있을까?' 당연히 이런 의문이 들겠지만 놀랍게도 행동연구를 한 결과 야외에서 책을 읽는 습관이 있는 사람들은 근시가 될 확률이 낮다고 한다. 그렇다면 야외활동의 무엇이(바꿔 말하면 실내생활의 무엇이) 근시에 영향을 주는 것일까.

바로 빛의 세기다. 맑은 날 야외의 밝기는 1만 럭스lux(빛의 세기 단위)가 넘는 반면 실내조명은 500럭스 넘기가 힘들다. 무려 20배나 차이가 나는 게 좀 의아스럽겠지만 밖에 있다가 자연 채광이 안 되는 실내로 들어오면 순간 너무 어두워져 주춤한 경험이 있을 것이다. 물론 시간이 지나면 동공이 확대되면서 밝기에 적응하기 때문에 그런 차이에 둔감해진다.

하지만 이런 어둠침침한 실내에서 거의 하루 종일 보내다 보면 눈이 자극을 제대로 받지 못해 결국 근시 같은 장애가 생긴다. 따라서 하루에 최소 세 시간은 1만 럭스 이상인 야외에 머물러야 정상적인 눈을 유지할 수 있다. 1만 럭스는 맑은 날 나무 그늘에 있을 때 밝기다.

근시를 줄이기 위해서는 학교도 바뀌어야 한다. 호주에서는 수년 전부터 학교에서 야외 수업을 늘리는 등 학생들이 빛을 충분히 쬘 수 있게 노력하고 있고 그 결과 17세 청소년의 근시 비율이 30%에 불과하다고 한다. 2009~2012년 중국에서 실시된 한 연구결과도 흥미롭다. 눈이 정상인 6~7세 아이들을 대상으로 그룹을 나눠 한쪽은 하루 40분씩 야외수업을 했고 나머지는 하던 대로 했다. 그렇게 3년이 지난 뒤 근시가 된 어린이 비율을 조사하자 야외수업을 한 쪽이 30%로 하지 않은 그룹의 40%보다 꽤 낮았다.

물론 야외활동 시간을 더 늘렸다면 차이가 더 두드러졌겠지만 이게 쉬운 일이 아니라고 한다. 부모들이 반대하기 때문이다. 우리나라도 그렇지만 동아시아의 극성 부모들은 자녀들이 한가하게 야외로 돌아다니게 놔두지 않는다. 근시가 되면 안경이나 렌즈를 끼거나 라식수술을 하면 되는데 뭐 대수냐는 말이다.

물론 근시인 사람 다수는 시력교정으로 별 불편 없이 살아가지만 그럼에도 근시가 심할 경우 망막박리, 백내장, 녹내장, 그리고 심지어 실명으로 이어질 가능성이 크다. 실제로 눈의 이상으로 실명이 되는 사람의 비율이 꾸준히 늘고 있다. 세계보건기구WHO가 굴절이상을 인류가 시급히 해결해야 할 다섯 가지 질환 가운데 하나로 지정한 이유다.

노안은 수정체 탄력이 떨어진 결과

반면 노안은 말 그대로 나이가 들면서 생기는 시각장애로 가까운 거리의 대상을 선명하게 볼 수 없는 상태다. 그리고 안구가 아니라 수정체의 문제다. 무한대의 공간을 안구 내벽의 망막이라는 휘어진 2차원 공간에 재현하기 위해 수정체는 곡률을 조절할 수 있는 볼록렌즈로

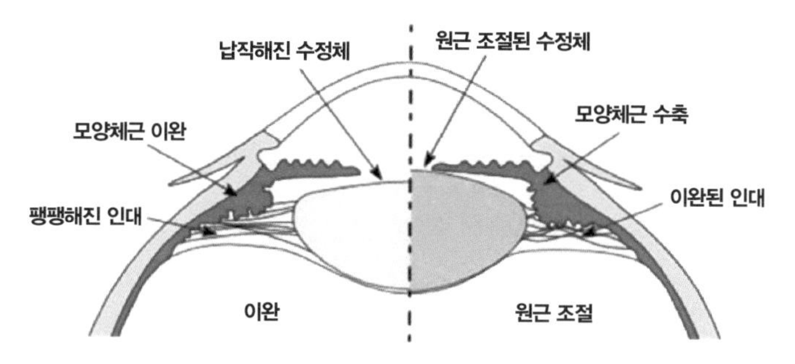

눈은 먼 거리를 볼 때 모양체근이 이완돼 인대가 팽팽해지며 수정체를 당겨 납작하게 만든다. 반면 가까운 거리를 볼 때는 모양체근이 수축돼 인대가 느슨해지며 수정체가 원래 모양으로 돌아가 두꺼워진다. 나이가 들면 수정체 탄력이 떨어져 인대가 당기지 않아도 예전만큼 두꺼워지지 못해 가까운 곳의 초점을 맞추지 못한다. (제공 하버드대)

진화했다.

수정체 둘레에는 모양체근이라는 근육이 있고 둘 사이를 인대가 연결하고 있다. 먼 거리를 볼 때는 모양체근이 이완돼 인대가 당겨지며 수정체가 얇아지고, 가까운 거리를 볼 때는 모양체근이 수축돼 인대가 느슨해지며 수정체가 원래의 형태가 된다. 즉 두꺼워져 곡률이 커진다. 비유하자면 사람이 누워 쉬고 있는(모양체근 이완) 그물침대는 줄(인대)이 팽팽해져 묶여 있는 나뭇가지가 아래로 처진다(얇은 수정체). 사람이 일어나 발을 땅에 디디면(모양체근 수축) 침대 줄이 느슨해져 나뭇가지가 원래 각도로 돌아간다(두꺼운 수정체).

동물은 주로 먼 곳을 보므로 모양체근이 이완된 상태에서, 즉 근육이 일을 하지 않고도 수정체가 힘을 받아 납작해져 곡률이 먼 거리에 맞춰지게 눈이 디자인되었는데, 이는 절묘하면서도 자연스러운 진화의 결과다. 이런 자연의 생활을 벗어나 가까운 거리에 초점을 맞추는 시간이 너무 길어지면서(특히 스마트폰 등장 이후) 모양체근이 혹사당해 눈의 피로를 호소하는 사람이 많다.

그런데 나이가 들면서 수정체의 탄력이 떨어지며 모양체근이 수축해 인대가 느슨해져도 원래 상태대로 돌아가지 못하게 된다. 그물침대를 매단 나뭇가지가 사람이 없을 때도 원래 각도로 회복되지 못하는 것과 같다. 실제 인대가 당기는 힘을 받지 않을 때 수정체의 지름이 나이가 들면서 조금씩 커진다. 그 결과 가까운 대상의 초점을 맞출 수 없게 된다.

근시가 환경요인의 영향을 크게 받는 증상인 것과는 달리 노안은 나이가 들면서 언젠가는 겪게 되는 증상임을 보여주는 정량적인 연구결과가 1922년 이미 나왔다. 나이대별로 '최근접 초점거리nearest focus distance'를 측정했는데, 이를 보면 20대부터 거리가 늘어나기 시작하고 40대 들어서는 급격히 늘어난다. 어릴 때는 8cm 정도이지만 40대 중반에서는 20cm 정도 된다. 물론 개인차가 있어서 이때 이미 40cm를 넘어서는, 즉 책이나 신문을 읽는 데 불편함을 느끼는 노안 증세가 오는 사람도 있다. 한편 노안의 진행은 남녀 차이가 없었다.

독자들도 자신의 최근접 초점거리를 알고 싶으면 책을 들어 평소 읽는 거리에서 서서히 눈 쪽으로 가져와 글자가 흐릿해지기 직전의 거리를 재면 된다. 필자는 도수를 낮춘 안경의 도움을 받고 있음에도 20cm 정도다.

그런데 노안은 왜 이렇게 일찌감치 나타나는 것일까. 인간의 수명을 고려한다면 수정체가 한 20년은 더 버텨야 하지 않을까. 이는 아마도 노안이 인간이 자손을 가장 많이 보기 위한 자연선택 과정에서 변수가 될 수 없었기 때문일 것이다. 자손의 숫자는 '생존율'과 '생식값'

의 곱으로 표현될 수 있는데, 노안으로 생존율이 지장을 받는 시점(아마도 50대 이후)에서는 이미 생식값(생식능력)이 꽤 낮은 상태다. 게다가 인간은 사회적 동물로 서로 보살피기 때문에 노안이 심해져도 치명적인 증상이 되지는 않았을 것이다.

보노보도 40대 되면 눈이 침침해져

학술지 「커런트 바이올로지」 2016년 11월 7일자에는 사람에서 노안이 오는 시기가 유인원 공통조상 이후 별로 변하지 않았음을 시사하는 연구결과가 실렸다. 일본 교토대 영장류연구소의 연구자들은 콩고민주공화국 왐바지역에 사는 야생 보노보 무리를 관찰한 결과 사람과 비슷한 시기에 노안이 찾아온다는 사실을 확인했다. 박사과정인 류흥진 씨가 논문의 제1저자이자 교신저자다.

연구자들은 보노보의 털 고르기 장면을 촬영해 이런 사실을 밝혀냈다. 털 고르기는 유인원의 삶에서 큰 비중을 차지하는데, 다른 개체의 털에 붙어 있는 비듬이나 벼룩을 집어내는 기능적 측면뿐 아니라 신체접촉을 통한 정서적 유대를 다지는 역할을 한다. 털 고르기를 제대로 하려면 세심한 주의를 기울여야 하기 때문에 보노보는 눈을 최대한 가까이 대고 작업을 한다. 즉 보노보 눈과 손질하고 있는 상대 털 사이의 거리를 최근접 초점 거리로 볼 수 있다는 말이다.

11살에서 45살에 이르는 보노보 14마리의 털 고르기 장면을 분석한 결과 눈이 떨어진 거리가 나이가 들수록 급격히 늘어난다는 사실이 확인됐다. 14마리 가운데 40살이 넘은 다섯 마리 모두 노안 증세를 보

최근 일본 교토대의 연구자들은 야생 보노보의 털 고르기 장면을 분석해 나이가 듦에 따라 털 고르기 거리가 늘어난다는, 즉 노안이 나타난다는 사실을 발견했다. 가운데 27살짜리 보노보의 털 고르기 거리(빨간 양화살표)보다 오른쪽 45살짜리 보노보의 털 고르기 거리가 훨씬 멀다. (제공「커런트 바이올로지」)

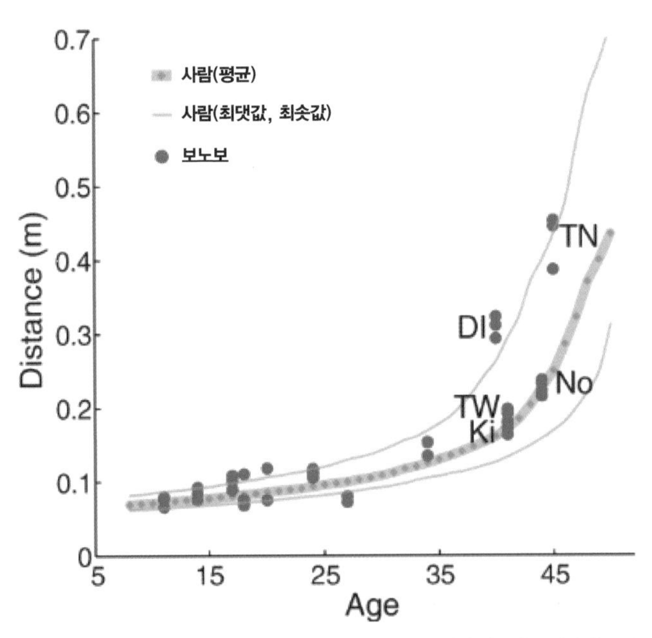

나이에 따른 보노보의 털 고르기 거리 데이터(빨간 점)는 사람의 최근접 초점거리 그래프(굵은 파란선은 평균, 얇은 파란선은 각각 최댓값 최솟값)의 범위 안에 들어온다. 즉 둘의 공통조상이 갈라진 이후 사람에서 노안 진행 속도의 진화는 없었음을 시사하는 결과다. (제공「커런트 바이올로지」)

였다. 40대 보노보 가운데 세 마리는 수컷이었는데, 사람과 마찬가지로 노안 진행 속도에서 암컷과 차이는 없었다.

한편 41살인 키Ki라는 이름의 보노보가 6년 전인 35살 때 털 고르기를 하는 비디오가 남아 있다. 당시 털 고르기 거리는 12cm였고 6년이 지난 뒤는 17cm로 5cm 더 길어졌다. 6년 사이에 노안이 진행됐음을 보여주는 데이터다.

한편 이 데이터를 보노보의 최근접 초점거리로 보고 분석해보면, 사람에서 나이(x축)에 따른 최근접 초점거리(y축)를 나타낸 그래프 범위 안에 들어오는 것으로 나타났다. 즉 적어도 사람과 보노보의 공통 조상이 갈라진 이후 사람에서 노안을 늦추는 진화는 일어나지 않았다는 말이다.

노안이야 별수 없다지만, 청소년 시절 쉬는 시간이라도 교실 밖에 나가 밝은 빛을 쬐는 습관을 들였다면 지금처럼 심한 근시가 되지는 않았을 거라는 아쉬움은 든다.

4-5

나이 들수록 만나는 사람이 적어지는 이유

요즘 초중고 동창들끼리 하는 폐쇄적인 SNS가 인기인 것 같다. 젊었을 때는 다들 바빠 다시 볼 일 없을 것 같던 어릴 적 친구들이 나이 들면서 부쩍 생각이 난 것일까. 아무튼 SNS와 스마트폰이라는 최첨단 기술 덕분에 못 본 지 수십 년 된 친구의 근황도 마음만 먹으면 바로 알 수 있는 세상이 됐다.

그런데 나이 들어 옛 친구를 찾는다는 건 바꿔 말하면 새로운 친구를 사귀지 못한다는 뜻 아닐까. 실제 필자의 경우도 40대에 들어 사귄 친구는 없는 것 같다. 물론 새로 알게 된 사람은 꽤 있다. 그런데 50에 가까워지는 지금은 새로 안면을 트는 사람조차 별로 없다. 프리랜

서다 보니 그럴 기회가 많지도 않지만 솔직히 네트워크를 넓힐 의욕도 없다. 결국 요즘 일이 아닌 순전히 친교로 만나는 사람은 사실상 '옛날' 친구들 몇 명이 전부다.

정도와 시기의 차이가 있을 뿐 이런 현상은 나이가 듦에 따라 대부분의 사람들이 겪는다고 한다. 어릴 때는(심지어 대학생 때까지도) 그렇게 쉽게 친구들을 사귀었는데 왜 나이 들어서는 마음을 열지 못하고 그나마 만나던 친구들의 숫자도 줄어들까. 심리학자들은 '사회정서적 선택이론'으로 이 현상을 설명한다. 나이가 들수록 자신의 삶이 유한하다는 걸 깨닫게 되면서 사람을 만나는 데도 시간을 아끼게 된다는 것이다. 즉 정서적 교감이 불확실한 인간관계에 더 이상 시간을 투자하는 않는다는 말이다.

그런데 이 이론으로 설명하기가 좀 어려운 현상이 있다. 나이가 들수록 대인관계가 위축되는 건 사실이지만 그렇다고 주변에 대한 관심도 떨어지는 건 아니기 때문이다. 필자만 해도 매일 아침 조간신문을 뒤적거리는 게 낙이고(보통 대여섯 시면 잠이 깬다) TV 뉴스도 꽤 보는 편이다. 사회정서적 선택이론에 따르면 나와 별 관계없는 사람들의 일에도 무관심해져야 하는 것 아닐까.

나이 들수록 의욕 떨어져

독일의 동물행동학자들과 스위스의 한 심리학자는 나이 듦에 따라 나타나는 사교성 위축에 삶의 유한성 자각이라는 철학적 동기가 전부가 아니라고 생각하고 바바리짧은꼬리원숭이를 대상으로 행동실험을 진행했다. 원숭이도 꽤 똑똑한 동물이지만 '삶의 유한성 자각'까지는 하지 못할 것이라고 전제한 뒤 원숭이가 나이 듦에 따라 사람과 비슷한 행태를 보이는 지 알아본 것이다. 만일 그렇다면 이런 경향에는 심리적 요인(유한성 자각)뿐 아니라 생리적 요인(근육 감소 및 인지력 저하)도 작용한 결과라고 볼 수 있기 때문이다.

먼저 못 보던 대상을 던져준 뒤 원숭이들이 얼마나 오래 관심을 보이는가를 측정했다. 동물인형 같은 장난감의 경우 새끼들은 오래 갖고 놀지만 일고여덟 살만 돼도(청년) 바로 싫증을 내 2분 이상 관심을 보이는 비율이 뚝 떨어졌다. 다음으로 안에 땅콩이 들어 있는 통을 주자 다들 땅콩을 먹으려고 여는 방법을 열심히 찾았다.

그런데 24살이 넘는 늙은 원숭이들은 몇 번 시도해봐도 뚜껑이 안 열리자 곧 포기하고 돌아섰다. 실제 뚜껑을 열어 땅콩을 먹는 데 성공한 비율도 나이에 따라 낮아져 19살이 넘는 원숭이들 가운데는 성공한 경우가 없었다. 즉 나이가 들수록 포기가 빨라지는 것과 노화로 인지력이 떨어져 문제해결능력이 낮아지는 게 같이 간다는 말이다.

다음으로 사회에 대한 관심도를 알아봤다. 새끼 원숭이와 친한 원숭이, 안 친한 원숭이의 사진을 각각 제시한 뒤 지켜보는 시간을 측정했다. 그 결과 암수의 차이는 있었지만 나이의 차이는 없는 걸로 나타났다. 수컷 원숭이의 경우 새끼 원숭이를 보는 시간이 평균 5초 내외로 가장 길었고 친구와 잘 모르는 원숭이는 2~3초로 별 차이가 없었다. 암컷 원숭이 역시 새끼 원숭이를 보는 시간이 가장 길었지만 다음으로 친구를 잘 모르는 원숭이보다는 오래 봤다. 아무튼 이 실험은 원숭이도 사람과 마찬가지로 나이가 들어도 사회에 대한 관심은 줄지 않는다

원숭이도 사람과 마찬가지로 나이가 듦에 따라 호기심과 사회 활동이 줄어든다. 그럼에도 사람처럼 사회에 대한 관심은 유지된다. 즉 이런 경향은 영장류의 진화에서 보존된 행동패턴이라는 말이다. (제공 「커런트 바이올로지」)

는 걸 보여주고 있다.

끝으로 암컷 원숭이들을 대상으로 털을 고르는 행동을 분석해 사회적 활동과 네트워크 크기를 알아봤다. 그 결과 나이가 들수록 다른 원숭이의 털을 골라주는 시간이 줄어들었고 골라주는 원숭이의 숫자도 적어졌다. 즉 사회활동이 위축됐다는 말이다. 이 역시 사람이 나이 들 때 보이는 모습과 비슷하다. 이번 연구결과는 학술지 「커런트 바이올로지」 2016년 7월 11일자에 실렸다.

결국 이번 원숭이 실험은 우리가 나이 들면서 보이는 사회활동의 위축이 '삶의 유한성 자각'이라는 철학적 성찰에서 비롯된 행동양식일 뿐 아니라 영장류가 공유하는 생리적 변화, 즉 노화에도 큰 영향을 받음을 시사한다. 젊을 때처럼 네트워크 확장과 유지에 비용을 들이기에는 몸과 마음이 달린다는 말이다. 오늘 고등학교 친구와 점심 약속을 했는데 밥을 먹으며 이번 연구결과를 들려줘야겠다.

4-6

호기심의 두 얼굴, 판도라 효과를 아시나요?

나는 특별한 재능이 없다. 열렬한 호기심이 있을 뿐이다.

- 알베르트 아인슈타인

눈을 아래로 두고, 두리번거리거나 헤매지 말고, 모든 감각을 억제하여 마음을 지키라.

- 『숫타니파타』에서

2016년 초 중력파 검출 성공 발표는 한 사람의 지적 호기심이 인류에게 얼마나 큰 영향을 미칠 수 있는지 새삼 깨닫게 하는 사건이었다. 사실 언론매체에 하루에도 몇 건씩 소개되는 과학뉴스 역시 과학자들의 지적 호기심에서 비롯된 결과다. 호기심이 없다면 과학은 존재하지 않을 것이다.

그런데 일상에서는 호기심에 이런 긍정적인 면보다 부정적인 면을 더 많이 부여하는 것 같다. '모르는 게 약'이라는 말도 있듯이 쓸데없는 호기심이 화를 부를 수도 있기 때문이다. 『숫타니파타』 같은 불교 경전을 보면 호기심을 억제하라는 구절이 여러 곳에서 나온다. 호기심은 많은 문학작품에서 모티브가 되기도 하는데, 십수 년 전 『중국현대단편선』인가 하는 책에서 본 단편이 특히 기억에 남는다.

시대 배경은 1940년대 초 제국주의 일본과 전쟁을 벌이고 있는 중국이다. 화자인 장교는 젊은 여성으로 하루는 일과를 마치고 숙소로 돌아와 몸을 씻고 있었다. 그런데 아무래도 낌새가 이상해 유심히 주위를 살피다 벽의 틈새로 누군가가 자신을 지켜보고 있음을 발견한다. 천을 두르고 잽싸게 나가 허겁지겁 도망치는 사람을 잡았다. 얼굴을 보니 아직 스무 살도 안 된 소년병이다.

감히 장교가 목욕하는 장면을 훔쳐본 사병에게 "영창에 처넣겠다"며 길길이 날뛰던 화자가 왜 그랬냐고 묻자 소년은 "여자의 몸이 너무 궁금했다"며 눈물을 뚝뚝 흘린다. 문득 소년의 얼굴에서 고향에 있는 막냇동생이 떠올랐고 순간 안됐다는 생각이 들면서 "자 실컷 봐라"며 천을 젖히려는 순간 소년은 "한 번만 용서해달라"며 오열한다.

이렇게 소년을 보낸 뒤 마음이 무거웠던 화자는 며칠 뒤 일본군과의 전투에서 그 소년병이 전사했다는 얘기를 듣는다. '이럴 줄 알았으면 그때 모르는 척하는 건데…' 작품은 돼먹지 못한 어른들 싸움에 엮여 성性을 알았지만 향유해보지도 못하고 죽은 소년병을 통해 시대의 비극을 그리고 있다.

영국 화가 존 윌리엄 워터하우스의 1896년 작품 「판도라」.

서구에도 호기심을 테마로 한 이야기가 있다. 대표적인 예가 '판도라의 상자'다. 반반한 얼굴 덕분에 부자 에피메테우스의 아내가 된 판도라는 모든 걸 마음대로 할 수 있었지만 딱 한 가지 예외가 있었다. 남편이 집 안 한쪽에 모셔놓은 항아리의 뚜껑을 절대 열지 말라고 신신 당부한 것. 항아리 뚜껑에 '꽂힌' 판도라는 결국 남편이 외출한 틈을 타서 뚜껑을 열었고 그 순간 죽음과 질병, 미움과 질투 등 모든 해악이 사방으로 퍼졌다. '판도라의 항아리'(훗날 '판도라의 상자'로 바뀜)는 호기심의 백해무익함을 상징하는 문구다.

불확실성보다는 손해보더라도 확실한 쪽 택해

학술지 「심리과학」 2016년 5월호에는 이런 이야기를 통해 경계해야 할 정도로 쓸데없는 호기심이 사람들의 참기 어려운 심리인지 확인한 논문이 실렸다. 즉 알아봐야 모르는 것보다 나을 게 없는 상황임에도 사람들은 호기심을 충족하는 쪽으로 행동할까 하는 의문에 대한 답이다. 결론부터 말하면 '그렇다'이다.

네이버국어사전을 보면 호기심을 '새롭고 신기한 것을 좋아하거나 모르는 것을 알고 싶어 하는 마음'이라고 정의하고 있지만 심리학의 정의는 좀 더 고급스럽다. 즉 호기심은 '정보를 향한 욕망'으로 호기심의 충족은 불확실성이 해소되는 과정이다. 좋을 게 없는 내용을 담고 있더라도 눈앞에 있는 상자를 열어봐야 직성이 풀린다는 말이다.

미국 시카고대 크리스토퍼 시Christopher Hsee 교수는 이런 경향을 '판도라 효과Pandora effect'라고 부른 뒤 위스콘신대 박사과정 학생인 보웬 루안Bowen Ruan과 함께 다양한 상황을 설정해 사람들의 행동을 관찰했다. 먼저 판도라 효과가 정말 나타나는지 알아보는 실험으로, 사람들이 중립 또는 부정적인 결과가 확실한 경우와 절반은 중립 절반은 부정적인 결과가 나오는 불확실성 가운데 어느 쪽 상자를 더 많이 여는지 알아봤다.

연구자들은 자리에 앉은 피험자에게 수분 뒤 실험을 진행할 거라며 책상 위 볼펜은 앞 실험에 쓰인 거라고 얘기한다. 피험자는 두 그룹으로 나뉘는데 첫 번째 그룹에 속한 경우 빨간 딱지가 붙은 볼펜이 다섯 자루, 녹색 딱지가 붙은 볼펜이 다섯 자루가 있다. 볼펜의 버튼을 누를 경우 몸에 해롭지는 않지만 순간 고통스런 전기충격(감전)이 온다. 빨간 딱지 볼펜은 건전지가 들어 있고 녹색 볼펜은 빼놨다. 한편 두 번째 그룹은 노란 딱지가 붙은 볼펜 열 자루가 있는데, 이 가운데 반이 건전지가 들어 있다고 알려준다.

가짜 실험을 기다리며 피험자들은 볼펜을 만지작거리다 버튼을 누르기도 한다. 그 횟수를 기록하는 게 진짜 실험이다. 분석 결과 확실한 상황인 경우 볼펜의 버튼을 평균 3.04회 눌렀다. 1.3회는 아무 일도 일어나지 않는 녹색 볼펜, 1.74회는 감전을 일으키는 빨간 볼펜의 버튼을 눌렀다. 한편 불확실한 상황의 경우 평균 5.11회 볼펜 버튼을 눌렀다. 결과가 좋을 게 없음에도 정보의 불확실성을 없애기 위해, 즉 호기심을 충족하기 위해 노란 볼펜의 버튼을 더 많이 눌렀다는 말이다.

다음으로 판도라 효과를 좀 더 직접적으로 알아보기 위해 세 가지 볼펜이 같이 있는 상황을 연출했다. 빨간 볼펜, 녹색 볼펜, 노란 볼펜이 각각 열 자루씩 놓여 있는 상태에서 피험자들의 행동을 관찰했다. 그 결과 확실히 감전이 되는 빨간 볼펜의 버튼을 누른 횟수가 평균 1.03회, 확실히 아무 일도 없는 녹색 버튼을 누른 횟수가 1.69회인 반면 눌러봐야 아는 노란 볼펜의 버튼을 누른 경우가 4.16회로 확실히 더 높았다.

연구자들은 소리자극에 대해서도 실험을 수행했다. 모니터에 세 가지 버튼이 뜨는데, 손톱이라고 쓰인 버튼을 누르면 손톱으로 칠판을 긁을 때 나는 소리가 4초 동안 들린다. 물이라고 쓰인 버튼을 누르면 물 흐르는 소리가 나고 물음표가 있는 버튼을 누르면 손톱 긁는 소리와 물소리가 반반의 확률로 난다. 사전 조사에 따르면 손톱 긁는 소리는 불쾌하다고 느끼고 물소리는 불쾌하지도 유쾌하지도 않다고 평가했다.

모니터에는 버튼 48개가 뜨는데, 첫 번째 그룹은 44개가 물음표이고 2개가 손톱, 2개가 물이다. 두 번째 그룹은 22개가 손톱, 22개가 물, 4개가 물음표다. 피험자들은 5분 동안 마음에 내키는 대로 아무 버튼이나 누르면 되는데, 지루하지 않게 하기 위해 배경음으로 '반짝반짝 작은 별'의 피아노 연주가 흐르고 있다(유쾌한 소리). 실험결과 불확실성이 큰 조건(물음표 44개)에서는 평균 39개의 버튼을 누른 반면 확실성이 큰 조건(물음표 4개)에서는 평균 28개의 버튼을 눌러 역시 판도라 효과가 작용했다.

끝으로 혐오스런 곤충 다섯 종(빈대, 지네, 바퀴벌레, 모기, 좀)을 놓고 비슷한 실험을 했다. 그 결과 버튼에 곤충 이름이 쓰여 있을 경우 평균

9회 클릭한 반면 물음표일 때는 16회였다. 어차피 물음표를 클릭해봐야 혐오스런 다섯 종 가운데 하나가 나올 뿐임에도 불확실성을 해소하고자 하는 욕망에 거의 두 배나 많이 누른 것이다.

연구자들은 논문 말미에서 "우리는 사람들에게 호기심을 충족해서는 안 된다고 얘기하려는 게 아니다"라며 "다만 정보화시대에 무작정 정보를 추구할 때 일어나는 위험성에 주의를 기울여야 함을 보여준 것"이라고 의미를 부여했다.

인터넷과 SNS 덕분에 도처에 놓여 있는 판도라 상자를 쉽게 열 수 있는 시대에 사는 현대인들의 우울함과 자기불만이 더 높아졌다는 최근 연구결과들은, 쓸데없는 호기심의 충족이 정신건강에 그다지 좋을 게 없다는 수천 년 전 선인들의 가르침이 여전히 유효함을 보여주는 게 아닐까.

4-7

조현병은 발달장애?

흥미로운 사실은 발생 초기에 손상이 일어났음에도 비정상적인 행동은 청소년기가 되어서야 나타난다는 점입니다.

- 패트리시오 오도넬Patricio o'Donnell 화이자 신경과학 정신및행동장애 분과장

강남역 부근에서 벌어진 살인사건(2016년 5월 17일)은 우리나라에서 여성으로 살아간다는 게 얼마나 힘든 일인지 다시 한번 깨닫게 했다. 소위 '묻지마 살인'이라는 게 자신보다 힘이 약한 여성이나 아이를 대상으로 하는 경우가 많다고 하지만 '여성혐오'라는 낯선 콘셉트까지 나오는 데는 할 말을 잃었다.

그러나 조사가 진행되면서 용의자 김 모 씨가 심각한 조현병(정신분열증)을 앓고 있다는 사실이 밝혀졌다. 올해 서른넷인 김씨는 청소년 때부터 발병해 증상이 심해진 2008년부터 올해 1월까지 여섯 차례나 입원치료를 했다고 한다. 여성혐오 역시 '여성들이 자신을 괴롭힌다'는 피해망상인 것으로 확인됐다. 망상은 환각과 함께 조현병의 대표적인 증상이다.

일찍이 세계보건기구WHO는 21세기 들어 우울증과 비만이 인류의 건강을 위협하는 심각한 질환이 될 것이라고 경고했지만 사실 우울증뿐 아니라 조현병도 환자가 상당한 정신질환이다. 조사에 따라 차이는 있지만 대략 인구의 1%에서 조현병이 발병한다고 한다. 그리고 우울

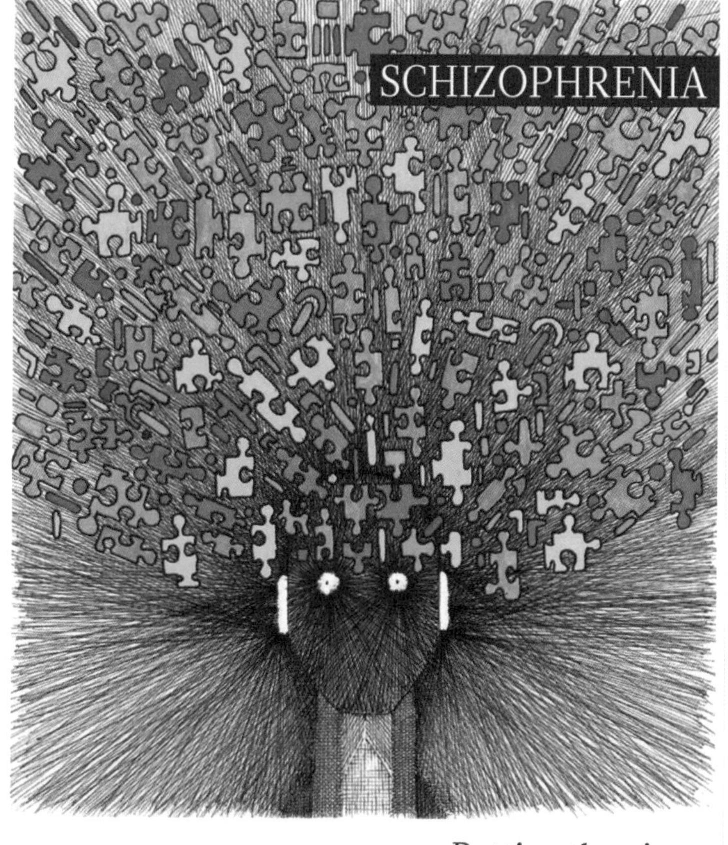

「네이처」 2014년 4월 3일자에는 조현병(정신분열증) 연구의 현주소를 담은 특별부록이 실렸다. 실제 조현병을 앓았던 화가 수 모간(Sue Morgan)이 당시 심리상태를 형상화한 그림을 부록의 표지 이미지로 썼다. (제공 「네이처」)

증은 당사자가 고통을 당하지만(물론 가족도 힘들다) 조현병은 이번 사례에서 볼 수 있듯이 증상이 심해지면 제삼자가 피해를 볼 수도 있다.

과거에는 정신질환을 언급하는 것 자체가 금기시됐지만 어느 순간부터 우울증은 나름 활발히 논의되고 있다. 한 때 우울증으로 고생했다는 얘기를 하는 연예인들도 적지 않다. 스트레스가 만연한 현대인들이 우울증을 겪을 수도 있다는 분위기다. 그러나 아직까지 조현병은 여전히 언급을 꺼리는 질병이다.

이는 과학분야도 마찬가지로 우울증에 대해서는 다양한 측면에서 활발히 연구가 진행된 반면 조현병은 조심스럽게 접근해왔다. 특히 '조현병 유전자' 같은 민감한 주제는 최근에야 손을 대고 있다. 그럼에도 2014년 학술지 「네이처」에서 특별부록으로 조현병을 자세히 다루기도 했다. 이번 사건을 계기로 「네이처」 특별부록과 최근 연구결과 등을 종합해 조현병의 현주소를 진단해본다.

환경보다 유전 영향 더 커

'유전이냐 환경이냐'는 질병이나 성격을 논할 때 사람들을 흥분시킨 물음이었지만 지금은 한풀 꺾였다. 유전과 환경이 대립적인 측면이 아니라 서로 영향을 주고받는다는 인식이 보편화됐기 때문이다. 즉 '우울증 유전자를 지니고 있다'는 표현은 틀렸고 '우울증에 취약한 유전자형을 지니고 있다'가 올바른 표현이라는 말이다. 평온한 삶을 살면 아무 일도 없지만 어느 수준 이상의 스트레스를 겪으면 이런 유전자형인 사람은 발병할 위험성이 높다는 말이다.

아무튼 조현병 발병에서 유전의 영향력은 상당하다. 일란성쌍둥이 가운데 한 사람이 조현병일 경우 다른 사람도 조현병이 나타

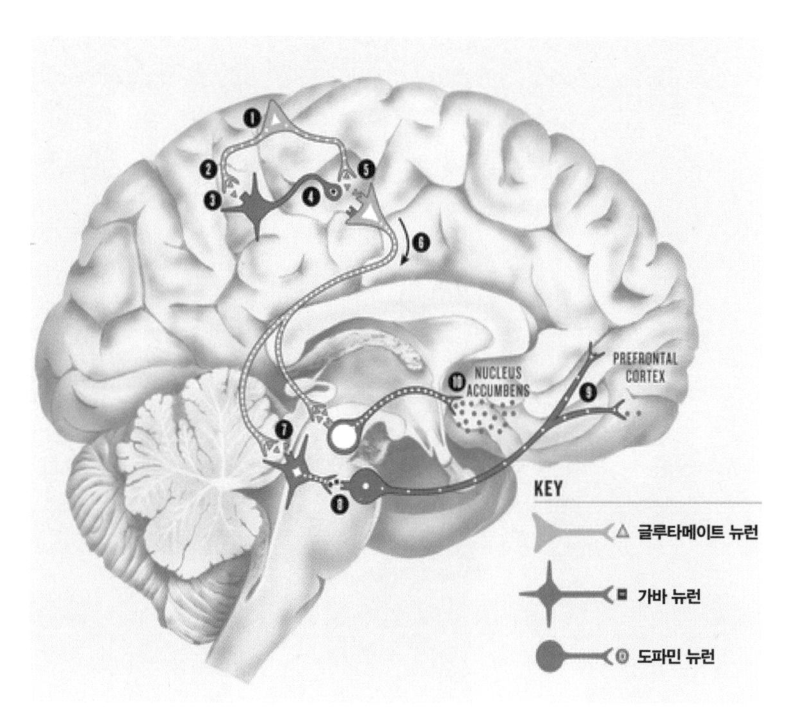

조현병의 발병 메커니즘. 과거에는 도파민 뉴런(빨간색)의 지나친 흥분이 원인이라고 생각했지만 본격적인 연구결과 글루타메이트(흥분성 신경전달물질) 뉴런(파란색)과 가바(GABA, 억제성 신경전달물질) 뉴런(회색)이 함께 개입하는 복잡한 네트워크의 장애라는 사실이 밝혀졌다. 그 결과 중격핵(nucleus accumbens)에서는 도파민이 넘쳐 환각 같은 증상이 나타나고 전전두피질(prefrontal cortex)에서는 도파민이 부족해져 불안과 사회관계 위축 같은 증상이 나타난다. (제공 「네이처」)

날 가능성은 40%가 넘는다. 또 부모 가운데 한 사람이 조현병이면 13%가, 두 사람 다 조현병이면 거의 50%가 발병한다는 결과도 있다. 영화 「뷰티풀 마인드」에서 조현병을 앓는 모습이 실감나게 그려진 노벨상 수상자 존 내쉬John Nash의 아들 역시 조현병으로 고생했다.

'유전 대 환경'에서 '유전과 환경'으로 프레임이 바뀌면서 거부감

2002년 개봉한 영화 「뷰티풀 마인드」의 실제 주인공인 수학자 존 내쉬는 조현병으로 30여 년 동안 고생했다. 그의 아들 가운데 한 명도 조현병이 발병해 수학자로서의 경력이 중단됐다. (제공: Peter Badge)

이 줄어들자 과학자들은 본격적으로 조현병 유전자 사냥에 뛰어들었다. 그리고 「네이처」 2014년 7월 24일자에 마침내 전환점이 되는 연구결과가 실렸다. 15만 명이 넘는 사람들(이 가운데 조현병 진단을 받은 사람이 3만6989명)의 게놈(정확히는 단일염기다형성SNP)을 분석한 결과 게놈에서 조현병과 관련된 자리 108곳을 찾았다는 내용이었다. 이 가운데 83곳은 이전까지 알려지지 않은 곳이었다. 당시 연구자들은 이 데이터를 바탕으로 조현병 발병에 관여도가 큰 부분부터 조사할 경우 조현병 유전자들이 모습을 드러낼 것이라고, 즉 유전자의 변이로 발병 메커니즘을 설명할 수 있을 것이라고 내다봤다.

1년 반이 지나 2016년 2월 11일자 「네이처」에 마침내 조현병 유전자의 실체를 보고한 논문이 실렸다. 즉 C4A와 C4B라는, 게놈에서 서로 나란히 있는 두 유전자다. 이 유전자들은 개인에 따라 복제수변이copy number variation가 있고 복제수가 많을수록 발현량이 많다. 분석 결과 C4A 유전자가 많이 발현될수록 조현병에 걸릴 위험성이 큰 것으로 나타났다.

흥미롭게도 두 유전자는 뉴런 시냅스의 가지치기에 관여한다는 사실이 알려져 있다. 뇌의 발달과정에서 뉴런 사이에 시냅스가 새로 생기거나 기존의 것이 사라지면서 뇌의 회로가 정교하게 완성된다. 그런데 이 조율 과정에 관여하는 유전자가 과도하게 발현될 경우 가지치기가 잘못돼 회로에 이상이 생길 수 있다는 말이다.

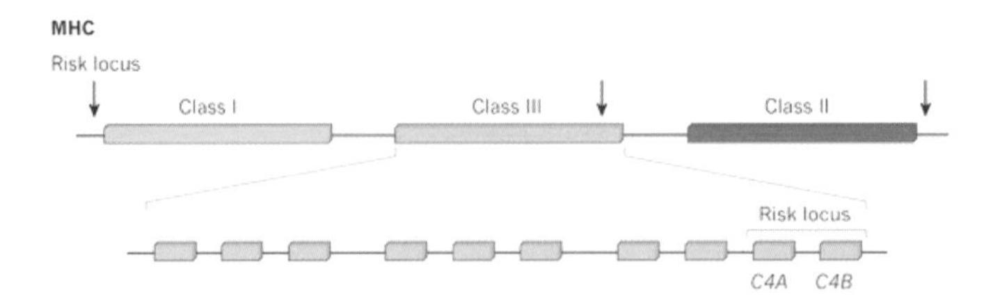

2014년 과학자들은 게놈을 분석해 조현병과 관련된 자리 108곳을 찾았다. 최근 그 가운데 한 곳에서 뉴런 시냅스의 가지치기에 관여하는 유전자인 C4A와 C4B의 복제수(copy number)가 개인마다 다르고 그 결과 유전자의 발현량이 다르다는 사실이 밝혀졌다. C4A가 많이 발현될수록 조현병 위험성이 높다. (제공「네이처」)

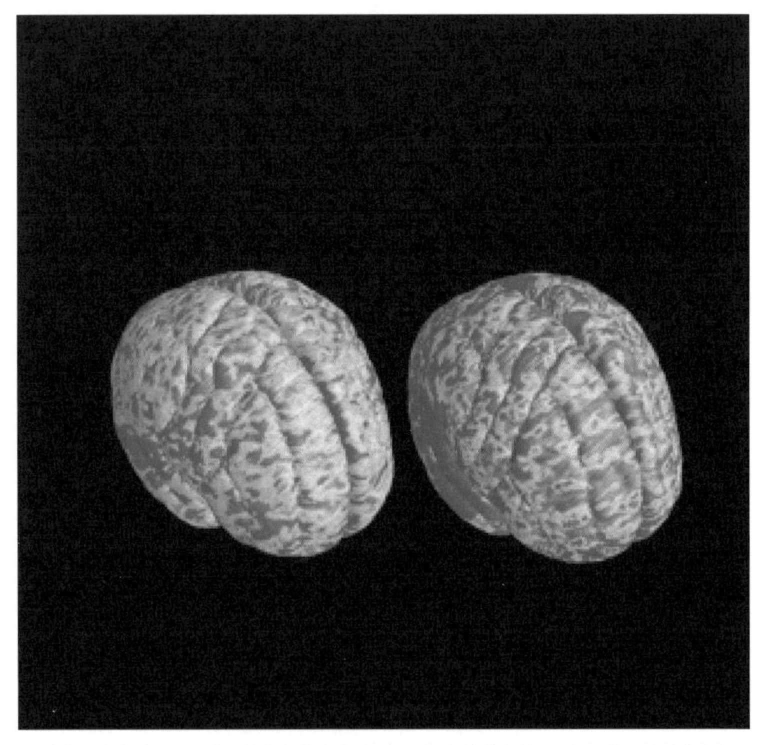

조현병 환자의 뇌(오른쪽)는 건강한 사람의 뇌(왼쪽)에 비해 뇌의 수축이 더 빠르게 일어난다. 그림에서 빨간 부분이 수축률이 높은 영역으로 환자의 전두엽에서 두드러짐을 알 수 있다. (제공 Elsevier Science Publishing/Tyrone Cannon)

오메가3, 예방 및 치료 효과 상당

조현병에 유전의 영향이 크다는 것은 동서고금(1908년 정신분열증 schizophrenia이라는 병명이 보고된 뒤 각국의 조사결과를 봤을 때)을 막론하고 일정 수준의 비율로 환자가 존재한다는 사실로도 알 수 있다. 후진국의 시골이나 선진국의 도시나 환자는 나오기 마련이다. 그럼에도 환경이 발병 유무와 시기, 증상의 경중에 미치는 영향을 무시할 수 없다는 사실 역시 속속 밝혀지고 있다.

예를 들어 엄마가 임신했을 때 겪는 상황이 발병에 영향을 미친다. 이 시기의 영양 결핍이나 약물 복용, 심지어 독감바이러스 감염 여부 등도 아이의 조현병 발병과 연관이 있다는 연구결과들이 있다. 또 인종에 따른 차이도 보이는데 이 경우 신체 특성과 거주 환경이 어긋날 경우 더 두드러진다.

예를 들어 미국 북부나 캐나다 같은 북미 고위도 지역에 사는 흑인의 경우 백인에 비해 조현병 위험성이 서너 배 더 높은데 이는 체내 비타민D 수치와 밀접한 관련이 있는 것으로 밝혀졌다. 비타민D는 뼈뿐 아니라 뇌 발달에도 큰 영향을 미치는데, 흑인이 햇빛이 부족한 고위도에 살 경우 체내 비타민D 합성이 제대로 안 돼 뇌 발달에 문제가 생길 가능성이 크다는 말이다.

한편 영양상태도 발병에 영향을 미친다. 특히 생선에 들어 있는 오메가3지방산의 경우 상당한 효과가 있다는 연구결과가 있다. 발병 위험성이 있는 사람들을 대상으로 한 임상에서 12주 동안 오메가3 캡슐을 하루 네 알씩 먹은 그룹은 5%만 발병한 반면, 가짜약을 먹은 그룹은 28%가 발병했다. 오메가3가 뇌 뉴런의 세포막을 이루는 주성분이라는 점을 생각하면 일리가 있는 결과다. 오메가3는 세포막의 구성성분일 뿐 아니라 항염증, 항산화 효과도 있다. 오스트리아 비엔나의대 폴 앰밍거Paul Amminger 교수는 "사람들은 나에게 오메가3지방산이 약물만큼 효과가 있는지 묻곤 한다"며 "그런데 내가 보기엔 더 나은 것 같다"고 말했다.

앞에도 잠깐 언급했지만 조현병은 대부분 청소년이나 성인 초기에 처음 발병한다. 한 연구결과에 따르면 19세 전에 발병하는 경우가 남성은 40%, 여성은 23%에 이른다. 그런데 조현병은 발병이 되기 수년 전부터 조짐이 있다고 한다. 따라서 이때 선제적인 치료를 하면 발병을 막거나 늦출 수 있다는 연구결과가 나오고 있다.

예를 들어 조현병의 대표적인 증상인 환청이 처음 들릴 때(대부분 10대 중반에)는 이게 환청이라는 사실을 인지한다. 이런 증상이 나타나면 3분의 1이 3년 이내에 발병한다. 시간이 지날수록 증상이 심해지고 인지력이 떨어지면서 결국 현실과 환각을 구분하지 못하는 지경에 이르게 되는 것이다. 따라서 이런 조짐이 있을 때 문제의 심각성을 인식해 전문가를 찾아야 한다.

선제적인 약물복용과 비타민D와 오메가3 섭취를 포함한 영양요법, 인지행동요법CBT 같은 행동치료를 병행하면 큰 도움이 된다. 인지행동요법이란 자신의 상태를 마치 제3자가 바라보듯 들여다보면서 행동을 교정하는 심리치료법이다. 예를 들어 누군가가 나를 음해하려든다는 피해망상에 사로잡힐 경우, 이를 그대로 받아들이지 말고 그 사람의 행동을 다른 식으로 해석하려고 노력하는 것이다. 또 누군가를 죽이라는 목소리가 들릴 때 이를 환청이라고 무시하는 훈련도 해야 한다. 영화 「뷰티풀 마인드」를 보면 존 내쉬가 회복기에 환청을 무시하는 장면이 실감 나게 그려져 있다.

선진국 도시 환자가 증상 더 심각

보통 질병에 걸리면 의료체계가 잘 돼 있는 선진국의 도시인들이 경과가 좋기 마련이다. 에볼라의 치사율이 40%나 되는 것도 의료후진국인 서아프리카에서 일어났기 때문일 것이다. 그런데 놀랍게도 조현병은 그 반대다. 대다수가 도시 거주자인 선진국의 조현병 환자가 여전히 농경사회가 대다수인 후진국의 환자에 비해 대체로 병의 증상도 심하고 회복될 가능성도 낮다고 한다. 이번 강남역 살인사건의 용의자도 이런 경향을 보여주고 있다.

WHO는 '조현병 역설'이라고 부르는 이 현상이 실재하는 것인지에 대한 조사를 진행했고 개도국의 완쾌율이 평균 37%인 반면 선진국은 15.5%라는 결과를 얻었다. 몇몇 연구자들은 이에 대해 농어촌 거주자가 많은 개도국의 경우 자연과 함께 하는 환경과 아직 정이 남아 있는 주변 사람들의 존재가 회복에 도움을 줬을 거라고 해석하고 있다. 아무튼 선진국의 도시 환경이 조현병에 부정적으로 작용한다는 데는 이견이 별로 없는 것 같다.

문득 우리나라 청소년들의 모습이 떠오른다. 얼마 전 3~9세인 아이들이 하루에 밖에서 지내는 시간이 미국은 두 시간인 반면 우리나라는 34분에 불과하다는 뉴스가 나왔다. 청소년들도 그 경향은 변함이 없을 것이다. 우리 청소년들 대다수는 세계 어느 나라보다 '선진화된' 도시에서 살고 있다는 말이다. 우리나라가 조현병 발병에 최적인 환경이 아닌가 하는 불길한 생각이 든다.

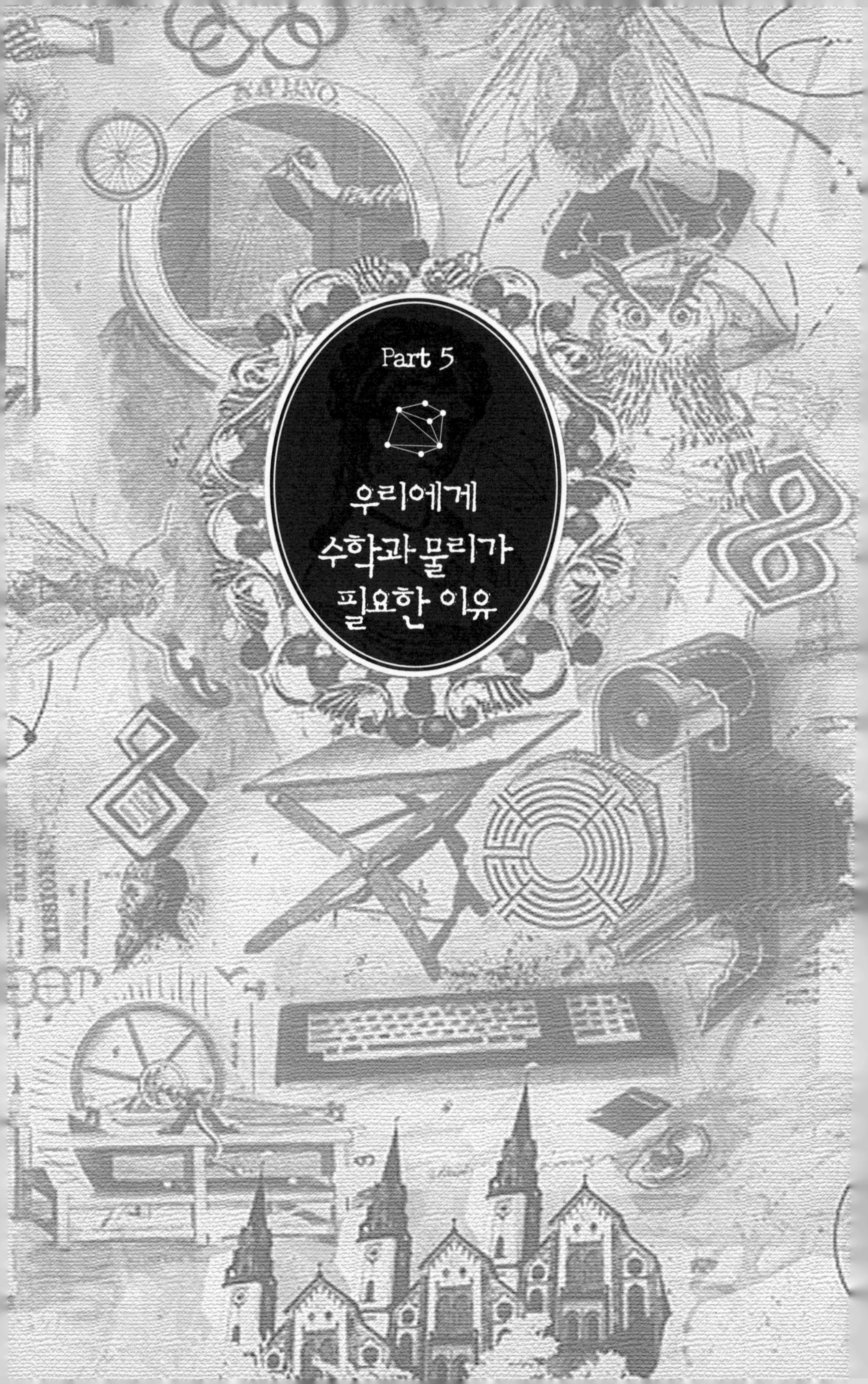
Part 5
우리에게
수학과 물리가
필요한 이유

5-1

유럽 갈 때보다 한국 와서 시차적응이 더 힘든 이유

어느새 여름 휴가철이 됐다. 요즘에는 해외로 떠나는 사람들도 많은데 대다수는 일본이나 동남아행이지만 목돈을 들여 유럽이나 북미, 호주로 떠나는 사람들도 있다. 필자는 강원도에 있는 사찰에 며칠 다녀올 계획이지만 마음 한구석에서는 선선한 노르웨이 피오르드에서 '피서'를 하면 얼마나 좋을까 하는 생각도 해본다.

그런데 나이가 들어서인지 일주일 일정이라면 유럽을 가지는 않을 것 같다. 고작 며칠 머물겠다고 비행기를 열 시간 넘게 타는 건(왕복이니 거의 하루) 너무 비효율적인 것 같다. 게다가 노르웨이면 시차가 8시간인데(서머타임 기간은 7시간) 가서 적응하고 와서 또 적응하는 것도 피곤한 일이다.

직장생활을 하면서 한 열흘 일정으로 유럽 출장을 서너 번 다녀온 적이 있는데 시차적응 과정에서 매번 특이한 경험을 했다. 유럽에 가서 적응하는 것보다 한국에 돌아와서 적응하기가 더 힘들었다. 그런데 유럽을 다녀온 주위 사람들에게 물어보니 다들 그렇다는 것이다. 시차적응을 잇달아 하다 보니 두 번째가 더 힘든 것일까. 그렇다면 노르웨이 사람이 한국을 다녀가면 역시 한국에서보다 노르웨이에서 시차적응이 더 힘들까.

내재적 생체시계 주기 24시간보다 약간 길어

복잡계 분야의 학술지 「카오스」 2016년 7월 12일자에는 이런 의문에 대한 명쾌한 답을 내놓은 시뮬레이션 연구결과가 실렸다. 궁금한 독자들을 위해 먼저 결론부터 말하면 서쪽으로 여행할 때보다 동쪽으로 여행할 때 도착지에서 시차적응이 더 힘들고, 이는 인체에 내재된 생체시계가 정확히 24시간에 맞춰져 있지 않기 때문이다. 즉 노르웨이 사람이 한국여행을 할 경우는 귀국해서 시차적응이 더 쉽다는 말이다.

사실 서구에서는 시차적응 비대칭 현상이 잘 알려져 있다. 대서양을 사이에 두고 유럽과 북미를 오가는 사람들이 많기 때문이다. 땅덩어리가 커서 시차에 차이는 있지만 대략 5~10시간 범위다. 즉 서쪽(유럽에서 북미)으로 갈 때보다 동쪽(북미에서 유럽)으로 갈 때 시차적응이

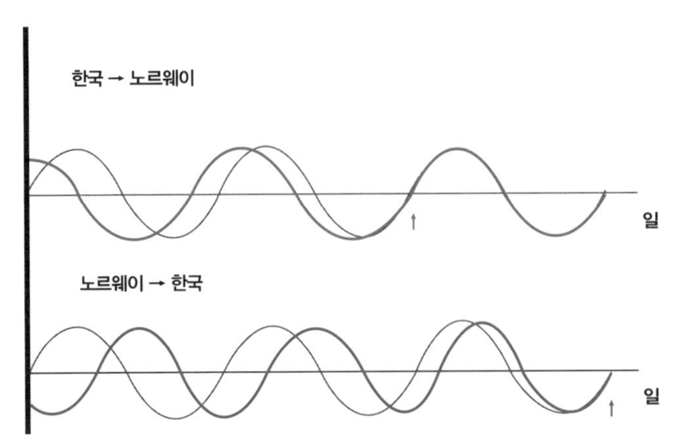

시차적응은 두 가지 방식으로 이뤄진다. 한국보다 8시간 느린 노르웨이로 갈 경우 현지 시간(회색)에 맞게 생체시계(빨간색)를 늦추는 방식으로 적응한다(위). 반면 노르웨이에서 한국으로 왔을 때는 생체시계(파란색)를 당기는 방식으로 적응한다(아래). 생체시계를 늦추는 것보다 당기기가 더 어렵기 때문에 동쪽으로 여행할 때 현지 시차적응에 시간이 더 걸린다. 비교를 쉽게 하기 위해 실제보다 적응시간을 줄였다.

더 힘들다는 말이다.

미국 메릴랜드대 전자공학/응용물리학연구소 연구자들은 뇌의 생체시계가 시차적응을 하는 과정을 시뮬레이션할 수 있는 수식을 개발했다. 뇌의 시상하부에 있는 시교차상핵SCN이 바로 우리 몸의 마스터 생체시계다. 여기에 있는 세포들이 일출이나 일몰 같은 하루 주기의 외부 신호를 처리에 그에 맞춰 생체리듬을 유지하는 것이다.

유럽 여행처럼 하루의 3분의 1이 바뀔 정도로 시차가 많이 나면 시교차상핵에 있는 세포들은 새로운 환경에 시계를 다시 맞춰야 하는데 시간이 꽤 걸린다. 연구자들은 여러 변수를 도입해 이 과정을 재현하는 시뮬레이션 식을 만든 것이다. 간단히 말하면 사인 방정식의 위상을 결정하는 수식이다. 한국에서 노르웨이로 가면 생체시계의 위상과 현지 환경의 위상이 120도 어긋난다(8시간/24시간=120도/360도). 시뮬레이션이 작동되면 이런 위상 차이가 서서히 좁혀지면서 결국 일치하게 된다.

그런데 이 식에 들어가는 주요 변수가 바로 내재적인 생체시계의 주기다. 내재적인 주기란 외부신호가 없는 환경(밀폐된 실내)에 놓였을 때 우리 몸이 유지하는 하루주기다. 얼핏 생각하면 굴속에 들어가 스스로 조명을 통제하며 살 경우 제멋대로 자고 깰 수 있을 것 같지만 놀랍게도 하루 길이가 거의 일정하다. 그런데 특이한 사실은 내재적인 하루주기는 24시간이 아니라 그보다 약간 긴 24시간 30분 내외라는 것. 그 이유는 아직 잘 모른다.

아무튼 연구자들이 만든 수식에 내재적인 주기를 24시간으로 입력할 경우 시차적응의 비대칭 현상은 재현되지 않았다. 즉 서쪽으로 가나 동쪽으로 가나 현지에서 시차적응에 걸리는 시간은 동일했다. 그런데 내재적인 주기를 24시간 30분으로 집어넣자 우리가 경험적으로 관찰한 사실이 그대로 재현됐다. 즉 서쪽으로 갔을 때는 시차적응에 걸리는 시간이 짧았지만 동쪽으로 갔을 때는 훨씬 더 길어졌다. 그렇다면 외부 환경(지구자전)의 주기 24시간보다 불과 30분 더 긴 내재적인 주기가 어떻게 시차적응의 비대칭으로 이어진 걸까.

영국에서 한국 왔을 때 가장 힘들어

어느 방향이냐에 따라 시차적응의 방향도 달라진다. 한국에서 노르웨이로 갈 경우 여덟 시간이 늦어지는 것이므로 우리 몸은 생체시계를 늦추는 방식으로 적응한다. 반면 노르웨이에서 한국으로 왔을 경우 여

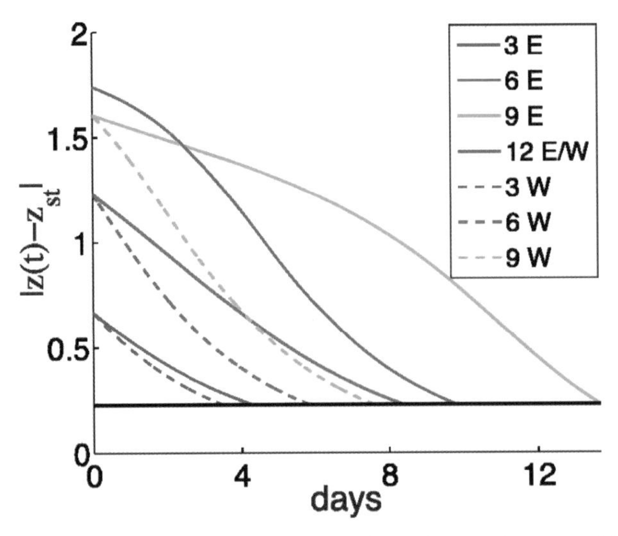

내재적인 생체시계 주기를 24시간 30분으로 설정한 뒤 시뮬레이션을 하면 시차와 방향에 따라 시차적응에 걸리는 시간(세로축이 어긋난 정도로 그 값이 0.2(검은색 수평선)에 도달한 시점)이 다르다. 숫자는 시차 시간이고 E는 동쪽(실선), W는 서쪽(점선)이다. 시간이 차이가 같을 때(같은 색) 동쪽이 적응기간이 더 걸린다. 동쪽으로 9시간 시차가 날 때 적응에 가장 오랜 시간이 걸린다(녹색 실선). (제공「카오스」)

덟 시간이 빨라지는 것이므로 주기를 당겨 따라잡는 쪽을 택한다.

그런데 내재적인 주기가 24시간 30분이므로 주기를 한 시간 늦출 경우 25시간 30분이고 한 시간 당길 경우 23시간 30분이 된다. 따라서 하루에 한 시간 속도로 생체시계를 조절할 수 있다고 할 경우, 서쪽으로 갈 때 하루에 1시간 30분씩 차이가 좁혀지는 반면 동쪽으로 갈 때는 하루에 30분씩밖에 좁혀지지 않는다. 따라서 동쪽 여행의 경우 시차적응이 더 힘든 것이다. 물론 이는 경향만을 보여주는 단순화한 설명으로 실제 수식은 비선형적인 요소가 많다. 참고로 경험연구를 보면 서쪽일 때 하루에 한 시간 반씩, 동쪽일 때 하루에 한 시간씩 적응한다고 한다.

시뮬레이션은 시차에 관련된 또 다른 경험도 재현하는 데 성공했다. 앞에서 얘기했듯이 서쪽 여행에서는 생체시계를 늦추는 방식으로 적응하고 동쪽 여행에서는 당기는 방식으로 적응한다. 그렇다면 시차가 열두 시간 나는, 즉 지구 반대편으로 여행을 할 경우 몸이 생체시계를 늦춰서 적응할지 당겨서 적응할지 선택할 가능성은 반반이라는 얘기다.

그런데 흥미롭게도 실제 연구결과에 따르면 확률이 반반인 지점이 열두 시간 시차가 아니라 대략 동쪽으로 아홉 시간 시차가 나는 곳에 도착해 적응할 때라고 한다. 즉 영국에서 아홉 시간 빠른 한국으로 여행할 경우 당연히 생체시계를 당기는 방식으로 시차적응을 해야 할 것 같지만 그렇지 않다는 것이다. 아홉 시간을 당길 수도 있지만 열다섯 시간을 늦추는 쪽을 택할 수도 있다는 말이다.

수식에 내재적인 주기를 24시간 30분으로 집어넣고 시뮬레이션을 한 결과 이 현상이 재현됐다. 즉 동쪽으로 시차가 8시간 30분 나는 지점일 경우 생체시계를 당기는 방식으로 적응했지만 9시간 30분이 나는 지점에서는 늦추는 방식으로 적응하는 것으로 나왔다. 그 사이, 즉 9시간 시차 부근이 전환점이다. 바꿔 말하면 영국에서 한국으로 여행을 왔을 때 시차적응이 가장 어렵다는 말이다.

노르웨이에 영국까지 한참 여행 얘기를 하다 보니 시차적응으로 고생을 해도 좋으니 한번 바깥바람을 쐬고 싶다는 생각이 문득 든다.

5-2

장내미생물 숫자가 인체 세포의 열 배라고?

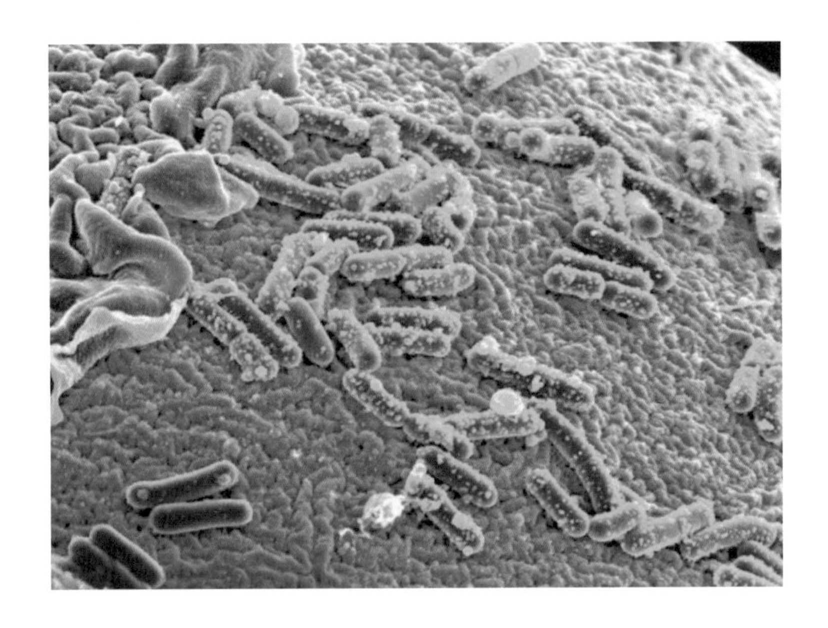

2000년대 들어 생명과학 분야에서 가장 주목을 받은 분야 가운데 하나가 장내미생물 연구다. 장에 기생하는 박테리아들로, 유해균이 침입했을 때 연합군 역할(사실은 자기 땅을 뺏기지 않으려는 몸부림)을 하는 정도로 알고 있었던 장내미생물이 다양한 생리적 역할뿐 아니라 심리에도 영향을 미친다는 사실이 속속 밝혀지고 있다.

그런데 많은 논문들이 다음과 같은 문구로 시작하고 있다. '우리 장에는 인체의 세포보다 열 배나 많은 장내미생물이 살고 있다.' 필자 역시 장내미생물에 관한 글에서 이런 표현을 즐겨 썼다. 그 출발은 기자를 하던 십수 년 전 장내미생물 연구가를 취재할 때 이분이 "사람 세포의 수는 60조 개고 장내미생물은 1000조 개로 적게 잡아도 열 배"라는 하는 말을 듣고 쓴 기사다. 사람 세포가 60조 개라는 말은 학창시절부터 듣던 얘기다. 아무튼 그 뒤 장내미생물 관련 논문들에서 개별 숫자를 언급한 경우는 별로 못 봤지만 장내미생물 숫자가 인체 세포 숫자의 열 배라는 문구는 많이 봤다.

1977년 논문 반복 인용

학술지 「플로스 생물학」 2016년 8월 19일자에는 이 '열 배'가 별 근거가 없는 신화이고 실제 자세히 조사해보니 거의 1:1, 즉 장내미생물 숫자와 인체 세포 숫자가 비슷한 것으로 나타났다는 연구결과가 실렸다. 이스라엘 바이츠만과학연구소의 연구자들은 2014년 미생물 분야의 월간지 「마이크로브Microbe」에 실린 투고를 읽고 이번 연구를 해보기로 결심했다. 미 국립보건원의 유다 로즈너Judah Rosner 박사는 '미생물 숫자가 인체 세포의 열 배라고?'라는 제목의 글에서 이런 '과학상식'이 나오게 된 근거가 너무 부실하다고 비판했다.

많은 논문에서 이 문구를 언급하며 1977년 새비지Savage라는 미생물학자가 「미생물학연간리뷰」에 실은 논문을 인용하고 있는데(지금까지 인용 횟수가 1800회를 넘는다!), 막상 이 논문을 읽어보면 실험을 한 게 아니라 다른 두 논문의 결과를 갖고 '계산한' 추정치라고. 1972년 럭키Luckey라는 미생물학자가 「미국 임상영양저널」에 실은 논문에서 분변 1그램에 들어 있는 박테리아 숫자를 1000억 개로 분석한 뒤 장에 소화

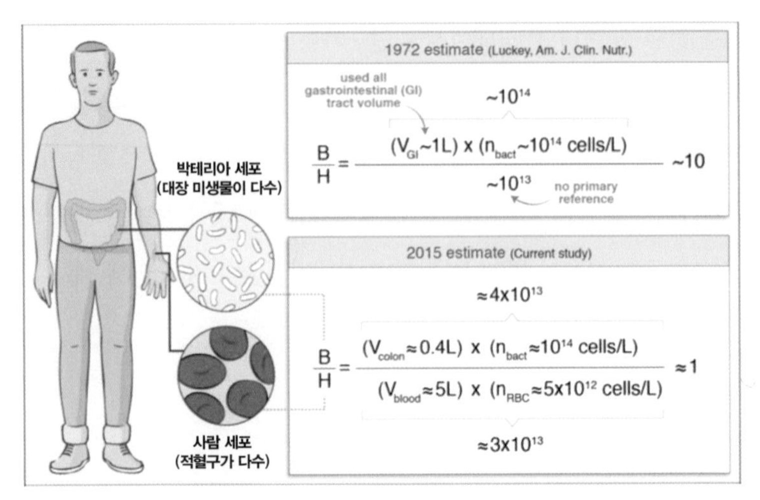

최근 연구결과 장내미생물과 인체 세포의 개수 비율이 기존 10:1에서 1:1에 가까운 값으로 업데이트됐다. 즉 1972년 논문은 소화 중인 음식의 부피를 1리터로 추정해 분변 1그램당 박테리아 개수 1000억을 곱해 100조개로 추정해 인체 세포 10조 개(근거 불명)로 나눴다(위 오른쪽). 최근 연구결과에 따르면 소화 중인 음식의 부피는 0.4리터 수준이고 인체 세포는 30조 개로 그 가운데 84%는 적혈구다. (제공 바이츠만과학연구소)

중인 음식물이 1kg이라고 추정해 1000을 곱해 장내미생물을 100조 개로 추정했다.

한편 이에 앞서 저명한 생물학자인 테오도시우스 도브잔스키 Theodosius Dobzhansky는 1970년 펴낸 책 『진화과정의 유전학』에서 "인체에는 7×10^{27}개의 원자가 대략 10조 개의 세포를 이루고 있다"라고 썼다. 결국 새비지는 두 문헌의 결과를 계산해 장내미생물 숫자가 인체 세포의 열 배(100조/10조)라고 언급한 것이다(논문에 쓴 정확한 표현은 이렇다. "정상적인 인간 개체는 100조 개가 넘는 세포로 이뤄져 있는 것으로 보이는데, 이 가운데 인체 세포는 대략 10%에 불과하다."). 아무튼 그 뒤 많은 연구자들이 '별 생각 없이' 세비지의 논문을 인용하면서 장내미생물 연구 전성기를 맞은 지금까지 이어오고 있다.

장 내부 부피 생각보다 작아

로즈너 박사가 이에 대해 의문을 제기한 글을 기고한 건 바로 전해인 2013년 인체 세포의 숫자를 정교하게 계산한 논문이 나왔기 때문이다. 이에 따르면 정확한 인체 세포 개수는 37조 개다. 필자가 예전부터 알고 있던 60조 개보다는 적고 도브잔스키가 추정한(그리고 많은 연구자들이 믿고 있던) 10조 개보다는 많다.

연구자들이 인체 세포의 숫자를 정확하게 세어보기로 한 이유도 생물학 교재조차 그 숫자가 들쑥날쑥해 무려 1만 배나 차이가 났기 때문이다. 즉 교재 30종을 조사해보니 인체 세포의 숫자가 적게는 5조 개에서 많게는 7경 개로 적혀 있었던 것. 심지어 한 책에는 무려 2×10^{20}개로 적혀 있었지만 이는 오타로 보고 뺐다! 아무튼 이 논문을 보건대 100조 개라는 장내미생물 숫자도 엉터리일 가능성이 높으므로 정밀하게 조사할 필요가 있다는 게 로즈너 박사의 주장이었다.

이에 따라 바이츠만연구소의 연구자들은 장내미생물 숫자를 추정한 기존 논문들을 면밀하게 재검토했고, 그 결과 장내미생물의 숫자가 평균 39조 개라는 결론을 얻었다. 즉 분변 1그램당 박테리아 개수는 평균 920억 마리로 1972년 럭키의 논문의 값(1000억)과 비슷했지만 소화 중인 음식물, 즉 장 내부의 부피(공기를 제외한 액체와 고체 내용물의 부피)는 평균 0.41리터에 불과해(비중 1.04를 곱하면 무게가 나온다) 장내미생물 숫자가 39조개로 나온다.

무게로는 근육세포, 개수로는 적혈구

다음으로 연구자들은 인체 세포 개수도 다시 조사했다. 2013년 논문에 따르면 37조 개로, 당시 연구자들은 세포를 56가지 범주로 나눠 개수를 계산했다. 세포 유형에 따라 크기가 제각각이기 때문이다. 사실 필자는 장내미생물 개수보다 인체 세포 개수에 대한 연구결과에 더 놀랐다.

먼저 세포 유형별로 몸무게에 기여하는 정도를 살펴보자. 키 170cm, 몸무게 70kg인 남성의 경우 세포의 무게는 47kg 내외다. 세포 사이를 채우고 있는 세포외액과 혈장(혈액에서 액체 부분), 세포 밖 고체 성분들은 빼야 하기 때문이다. 47kg 가운데 가장 큰 비중을 차지하는 건 근육세포로 20kg에 이르고 그 다음이 지방세포 13kg로 둘을 합치면 70%나 된다. 다음이 적혈구로 2.5%이고 나머지 세포들이 10여 kg을 차지한다.

그렇다면 세포 개수로는 어떨까? 놀랍게도 세포 무게의 43%(20kg)인 근육세포는 숫자로는 0.001%를 차지하는 데 불과하다. 근육세포가 꽤 크기 때문이다. 13kg으로 전체 세포 무게의 28%를 차지하는 지방세포도 숫자로는 0.2%에 불과하다. 이들 세포는 부피가 1만 입방마이크로미터(μm^3)가 넘는다. 그렇다면 도대체 어떤 세포가 개수로는 1등일까?

그것은 바로 적혈구로 26조 개나 돼 전체 세포 개수 37조 개의 70%에 이른다. 무게로는 2.5%에 불과하지만 100μm^3로 크기(부피)가 워낙 작기 때문이다. 다음으로 교세포(8%), 내피세포(7%), 진피섬유아세포(5%), 혈소판(4%), 골수세포(2%) 순이다. 나머지 3%를 50가지 세포

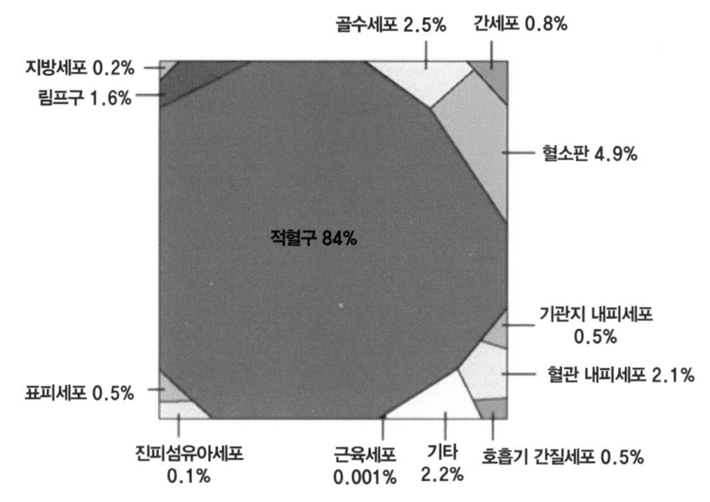

개수로 본 인체 세포를 유형에 따라 개수에 비례해 면적으로 표시한 그림이다. 전체 세포 30조 개 가운데 적혈구가 25조 개로 84%를 차지한다. 다음으로 혈소판(4.9%), 내피세포(2.1%), 림프구(1.6%) 순이다. 무게로는 43%를 차지하는 근육세포는 개수로는 0.001%에 불과하다. (제공「플로스 생물학」)

가 나눠 갖고 있다.

바이츠만연구소의 연구자들은 이 가운데 상위 네 가지의 세포 개수를 재조사했다. 나머지는 값이 좀 바뀌어도 어차피 별 영향을 주지 않기 때문이다. 그 결과 적혈구는 25조 개로 비슷했지만 교세포glial cell는 850억 개로 2013년 논문의 3조 개보다 훨씬 적게 나왔다. 최근 연구결과 교세포와 신경세포(뉴런)의 비율이 10:1이라는 기존의 추측이 잘못된 것으로 나왔기 때문이다. 혈관과 림프관을 이루는 내피세포endothelial cell 역시 2013년 논문에서 추정한 2조 5000억 개보다 적은 6000억 개 수준으로 분석됐다. 진피섬유아세포dermal fibroblast 역시 2013년 논문의 1조 8500만 개보다 훨씬 적은 260억 개에 불과한 것으로 나타났다.

이번 연구결과에 따르면 혈액세포를 제외한 세포의 개수가 2013

년 논문의 9조 개에서 9000억 개로 10분의 1 수준으로 떨어졌다. 그 결과 전체 세포의 개수도 37억 개에서 30억 개로 줄었다. 개수별 순위를 보면 적혈구가 여전히 압도적인 1위이지만 혈소판이 5위에서 2위로 올라섰고(4.9%), 내피세포는 3위를 유지했지만 비율은 7%에서 2.1%로 급감했다.

결국 장내미생물의 개수가 39조이고 인체 세포 개수가 30조이므로 비율이 1.3:1이다. 연구자들은 논문 말미에서 "박테리아와 인체 세포의 비율이 10:1에서 1:1에 가까운 값으로 업데이트된다고 해서 장내미생물의 생물학적 중요성이 떨어지는 건 아니다"라며 "하지만 널리 언급되는 숫자는 가장 적합한 데이터에 기반해야 한다"고 주장했다. 앞으로 장내미생물 관련 논문들은 아래와 같은 문구와 함께 이 논문을 인용하게 되지 않을까.

'우리 장에는 인체의 세포와 비슷한 숫자의 장내미생물이 살고 있다.'

5-3

양귀비꽃, 그 붉은 아름다움의 비밀은…

거기 화단 가득히 양귀비가 피어 있었다. 그것은 경이驚異였다. 그것은 하나의 발견이었다. 꽃이 그토록 아름다운 것인 줄은 그때까지 정말 알지 못했었다.

– 법정, 『무소유』에서

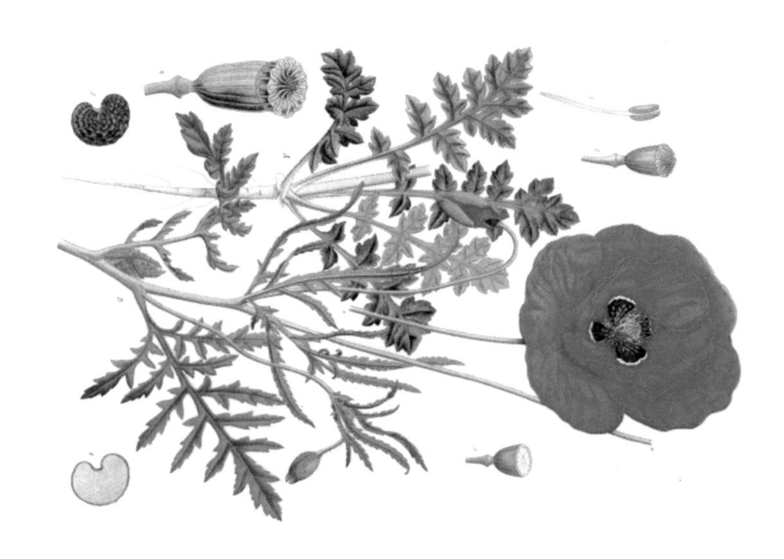

2001년 이 무렵 필자는 남프랑스 그라스Grasse에 있었다. 그라스는 향료의 메카로 독일 작가 파트리크 쥐스킨트의 소설 『향수』의 무대이기도 하다. 그라스를 포함해 프로방스 지역은 향료 식물 재배지로도 유명한데 특히 그라스의 장미와 재스민은 최고의 향료원료로 명성이 자자했다. 물론 지금은 인건비 등 여러 요인으로 상업적 재배는 미미

필자는 2001년 5월 프랑스 그라스를 방문했다. 당시 장미축제 기간이라 시내 곳곳이 장미로 장식됐다. 향료박물관 앞마당에는 향료용 장미의 꽃잎이 쌓여 있어 주위를 달콤한 향기로 가득 채웠다. (제공 강석기)

하지만 관광자원으로 명맥을 유지하고 있다. 그라스에서는 매년 5월에는 장미축제가, 7월에는 재스민축제가 열린다.

인구 4만의 작은 도시라서 그런지 장미축제도 생각보다 규모가 소박했지만 시내 곳곳에 각종 품종의 장미를 조형미 있게 잘 배치해놔서 있는 내내 즐거웠다. 특히 향료박물관 정문 옆에 깔아놓은 보자기에는 '오월의 장미'로 불리는 향료용 장미의 분홍색 꽃잎이 잔뜩 쌓여 있었다. 다가가 보니 꽤 강한 장미향이 주변을 감싸고 있었다. 지금 생각해도 그토록 균형 잡힌 장미향을 꽃잎 가까이 코를 대지 않은 채 맡을 수 있었던 유일한 순간이었다.

개양개비 별칭은 우미인초虞美人草

하루는 그라스 인근에 야생으로 자라는 라벤더와 타임 같은 허브를 보러 갔다. 천문대가 있는 해발 1000미터 고지 청정지역에서 자라는 라벤더와 타임은 평지에서 대규모로 재배하는 식물체보다 개체 크기도 작고 드문드문 분포해 있어 수확하는 일이 쉽지 않아 보였다. 프랑스산 야생 라벤더와 타임 정유가 비싼 이유가 있었다.

그런데 오가는 길 들판 곳곳에 꽃잎 색이 너무나 선명하게 빨간 꽃들이 군데군데 피어 있었다. 가까이에서 보니 단순한 형태의 꽃잎 서너 장으로 된 꽃으로 꼭 속이 반쯤 비치는 선물 포장용 종이로 만든 조화처럼 보였다. 무슨 꽃이냐고 물어보니 양귀비란다. 문득 클로드 모네의 작품 「양귀비」가 떠올랐다. 모네는 이런 풍경을 보고 캔버스에

과천 서울대공원 가는 길에 있는 개양귀비밭에 꽃들이 만발했다. 붉은 양귀비꽃 사이에 드문드문 변이체로 보이는 흰 양귀비꽃이 보인다. (제공 강석기)

붉은 물감을 점점이 뿌린 것처럼 양귀비 꽃밭을 묘사했을 것이다. 그런데 그 꽃이 이렇게 매혹적이었다니.

당나라 현종의 애첩 양귀비를 따 꽃의 이름을 지었다지만 사실 그때까지 필자는 식물 양귀비 하면 아편을 떠올렸을 뿐 왜 이 식물에 절세미인의 이름을 붙여줬는지 생각해보지 않았다. 모양과 색, 향 모두에서 균형을 보이는 장미의 우아한 기품에서 '꽃의 여왕'이라는 문구를 떠올리지 않을 수 없었듯이, 다른 건 볼품없고 오로지 꽃잎 자체의 매혹만으로 모든 것을 거는 식물에서 한 시대를 풍미한 절세미인을 떠올린 것 역시 필연적인 귀결이 아니었을까.

지난주 과천 서울대공원에서 열리고 있는 장미축제를 보러 갔다. 여러 나라에서 개발한 다양한 품종의 장미들이 저마다 자태를 뽐내고 있었다. 다만 사람들이 너무 많고 날도 좀 더워 차분히 감상할 분위기는 아니었다. 그런데 장미정원 가는 길에 양귀비 꽃밭이 펼쳐져 있었다. 한 2000~3000평방미터에 이르는 꽤 넓은 공간을 활짝 핀 양귀비가 꽉 채우고 있었다. 장미에게는 미안한 말이지만 정말 장관이었다. 문득 15년 전 그라스가 떠올랐다.

사실 모네가 그리고 필자가 그라스와 과천에서 본 양귀비는 당나라 현종의 그 양귀비(학명이 *Papaver somiferum*으로 아편이 나옴)가 아니다. 같은 속으로 분류되는 개양귀비(학명 *Papaver rhoeas*)로 아편을 만들지 않아 관상용으로 재배되고 있다(법정 스님이 본 꽃도 개양귀비일 것이다). 필자는 아직 (아편)양귀비꽃 실물을 보지 못했다.

흥미롭게도 개양귀비 역시 미인과 인연이 있어 우미인초虞美人草라는 별칭으로도 불린다. 초나라 항우가 죽자 그 애첩인 우희虞姬도 자결을 했고 우희의 무덤에 핀 꽃이 바로 개양귀비라 이런 이름이 붙었다. 양귀비속屬 꽃들의 자태에는 남심男心을 홀리는 뭔가가 있는가 보다.

빛의 흡수와 반사, 투과로 색 결정돼

학술지 「영국왕립학회보 B」 2016년 5월 11일자에는 다양한 식물

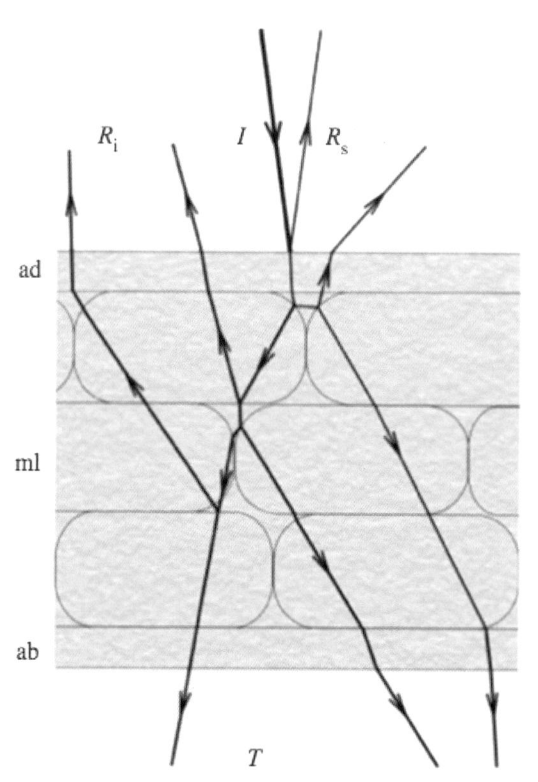

꽃잎의 색은 빛의 흡수와 반사, 투과의 효과가 종합된 결과다. 그림은 꽃잎의 앞면(adaxial side, 꽃을 오므렸을 때 안쪽)에 빛이 들어왔을 때(I) 경로를 보여준다. 꽃잎을 이루는 세포의 구조에 따라 반사(R)와 투과(T)가 일어난다. (제공 「영국왕립학회보 B」)

의 꽃잎 색상이 어떻게 결정되는지를 광학의 관점에서 해석한 논문이 실렸다. 화훼의 나라인 네덜란드의 흐로닝언대 연구자들은 개양귀비를 포함해 속씨식물 23과科 39종을 대상으로 꽃잎의 광학적 특성을 조사했다.

얼핏 생각하면 꽃잎의 색이라고 특별할 건 없다. 꽃잎의 세포에는 빛에서 특정 파장대를 흡수하는 색소가 분포해 들어온 빛의 일부를 흡수할 것이고 나머지 빛이 반사돼 꽃잎의 색으로 보이는 것이다. 그런데 논문을 보니 그렇게 간단하지는 않다. 꽃잎 표면에 도달한 빛 가운데 일부가 색소에 흡수된 뒤 나머지가 다 반사되는 게 아니라 일부는 투과돼 반대쪽 표면으로 빠져나가기도 한다. 즉 꽃잎의 두께나 내부 구조에 따라 반사되는 비율과 투과되는 비율이 결정된다. 빛이 많이 투과되는 꽃잎은 뒤가 비친다는 말이다(뒷면에서 들어오는 빛이 앞면으로 투과돼 나오므로).

연초에 집에서 키우는 동백이 처음으로 꽃을 피워 기념으로 그려봤는데, 당시 꽃잎 두 장이 겹친 부분이 어두운 걸 묘사하는 데 신경을 썼다. 창가에 둬 약간 역광이라 그런 효과가 더 두드러졌던 것 같다(꽃잎 뒷면에 닿는 빛의 양이 더 많으므로).

논문에는 39종의 꽃잎에서 빛의 파장에 따른 흡수와 반사, 투과 정도를 보여주는 스펙트럼 데이터가 있다. 그 가운데 네 종에 대한 데이터가 견본으로 소개돼 있는데, 맨 아래 개양귀비가 보인다. 예상대로 가시광선의 짧은 파장과 중간 파장의 흡수도가 꽤 높고 긴 파장은 거의 흡수하지 않는다(그래프에서 파란색 선). 그 결과 반사되거나(녹색 선) 투과되는(빨간색 선) 빛 대부분은 긴 파장이다. 개양귀비가 선명한

꽃잎은 얇기 때문에 대부분의 식물에서 반사되는 빛보다 투과되는 빛이 더 많다. 이 효과는 역광, 즉 꽃잎의 뒷면에 닿는 빛이 더 많을 때 잘 드러난다. 그 결과 꽃잎이 한 장인 부분과 두 장 이상이 겹친 부분이 확연하게 구분된다. 지난 초봄 필자는 동백꽃을 그리며 이 효과를 묘사해봤다. (캔버스에 유채(부분), 제공 강석기)

붉은색인 이유다.

그런데 스펙트럼을 자세히 보면 반사도보다 투과도가 더 크다. 물론 양귀비는 꽃이 꽃대 위로 솟아 식물체 맨 위에 있기 때문에 꽃잎 양면으로 비슷한 양의 빛이 도달하고, 따라서 눈에 보이는 색은 반사된 빛과 투과된 빛이 합쳐진 것이므로 큰 문제는 아니다. 아무튼 대부분의 꽃에서도 반사도보다 투과도가 더 큰 이유는 꽃잎 두께가 얇기 때

파장에 따른 빛의 투과도(빨간색 곡선)와 반사도(녹색), 흡수도(파란색)를 나타낸 그래프다. 위로부터 수박꽃, 보리지, 달맞이꽃, 개양귀비다. 개양귀비 꽃잎의 선명한 붉은색은 가시광선의 짧은 파장과 중간 파장 대부분을 흡수하기 때문이다. (제공 「영국왕립학회보 B」)

문이다. 39종을 보면 가장 두꺼운 게 개연꽃(학명 *Nuphar lutea*)으로 419마이크로미터(㎛)다. 가장 얇은 건 75㎛로 개양귀비 꽃잎이다. 참고로 보통 두께의 종이가 대략 100㎛ 내외다. 투과도를 낮추려면 꽃잎을 두껍게 하면 되지만 그럴 경우 비용(자원)이 많이 들고 꽃이 클 경우 식물체가 무게를 감당하기도 어렵다(특히 풀인 경우).

색소 분포 패턴 달라

빛의 흡수는 색소의 종류와 양에 따라 결정된다. 그런데 여기에 한 가지 요소가 더 있으니 바로 색소의 분포다. 즉 꽃잎을 이루는 세포들 가운데 어디에 색소가 존재하느냐에 따라 꽃잎의 색에 영향을 미친다고 한다. 꽃잎을 이루는 세포 모두에 균일하게 색소가 분포할 줄 알았던 필자로서는 전혀 생각하지 못했던 사실이었다.

아래 이미지들은 꽃잎의 단면 현미경 사진으로 색소가 균일하게 분포하는 것만은 아님을 알 수 있다. 왼쪽 달맞이꽃은 균일하게 분포하지만 가운데 울타리콩은 양쪽 표피의 세포 한 층씩에만 색소가 분포한다. 오른쪽 안데스물망초의 경우는 위층(앞면)에만 색소가 있다.

색소 분포 가능성은 이 밖에도 두 가지가 더 있는데, 뒷면에만 있

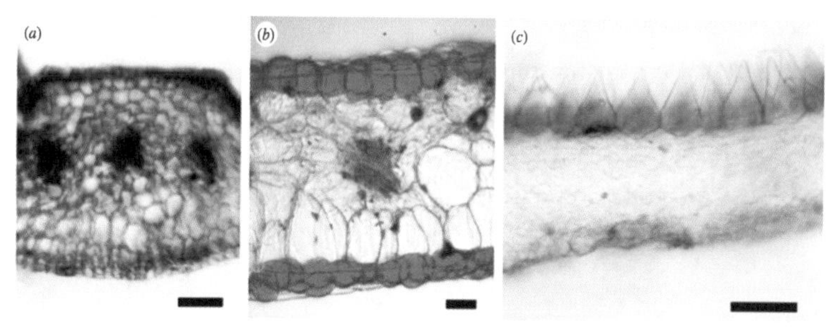

꽃잎의 단면 사진을 찍어보면 색소 분포가 세 가지 패턴 가운데 하나를 보인다. 전체적으로 퍼져 있거나(왼쪽 달맞이꽃) 양쪽 표면세포에만 존재하거나(가운데 울타리콩) 앞면에만 존재한다(오른쪽 안데스물망초). 색소를 만드는 데는 자원이 들어가기 때문에 식물의 입장에서 최선인 배열이 선택된다. (제공「영국왕립학회보 B」)

는 경우와 가운데 층에만 있는 경우다. 그런데 자연계에 이런 예는 없다고 한다. 빛 가운데 상당 비율이 색소층에 닿기도 전에 사라지므로(반사로 인해) 선별적인 파장대 흡수라는 색소 존재 이유가 약화되기 때문이다.

논문에 따르면 앞면에 색소가 분포할 때 색소의 효율이 가장 높게 발휘될 수 있다고 한다. 그 대표적인 예로 든 게 수박풀(학명 *Hibiscus trionum*)이다. 참고로 무궁화도 히비스커스속屬에 속한다. 수박풀의 꽃잎은 대부분 흰색이지만(즉 색소가 없다) 수술과 암술 주위로는 짙은 자주색이다. 이를 현미경으로 들여다보자 앞면 한 세포층에만 자주색 색소가 잔뜩 들어 있다. 연구자들은 논문에서 "색소를 만드는 건 비용이 많이 드는 일이기 때문에 식물에 따라 수분곤충을 끌기에 적합한 배치로 진화했을 것"이라고 설명했다.

그런데 논문 어디를 봐도 개양귀비 꽃잎의 색소분포에 대해 말이 없다. 아쉬운 마음에 논문의 주저자이자 교신저자인 캐스퍼 반 데르 쿠이Casper van der Kooi 박사에게 문의를 했다. 필자 생각에 울타리콩처럼 양쪽 표피층에 분포할 것 같다고 언급하면서. 현재 스위스 로잔대에 있는 반 데르 쿠이 박사는 바로 답신을 보내왔는데 "시도했지만 실패했다"는 내용을 다소 장황하게 설명했다. 양귀비꽃에는 정말 남자들의 마음을 산란하게 만드는 뭔가가 있는 게 아닌가 하는 생각이 문득 들었다. 다음은 반 데르 쿠이 박사의 답신 전문이다.

"개양귀비에 대한 당신의 질문은 흥미로운 것이다. 우린 이 종에서 색소의 분포 유형을 알아내려고 했지만 두 가지 이유로 실패했다. 1) 꽃

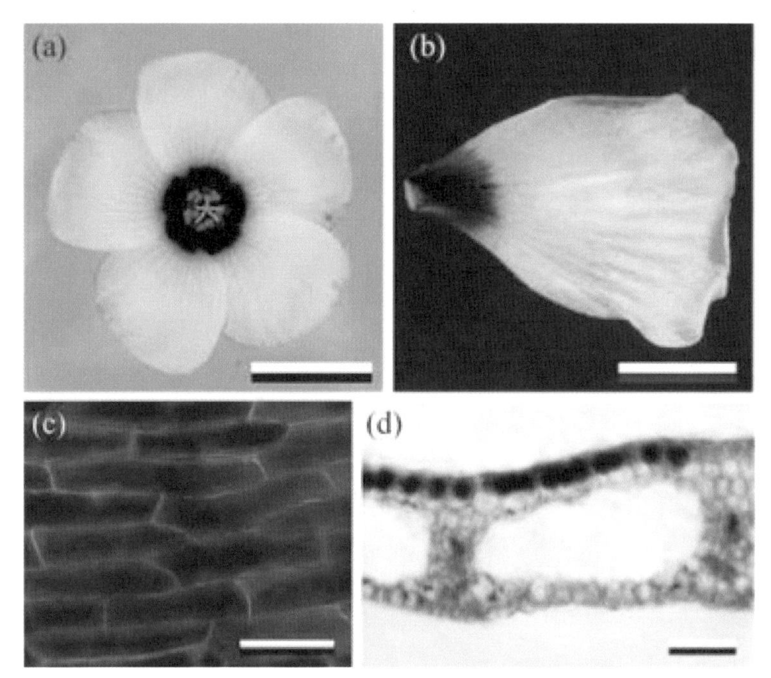

무궁화 같은 다른 히비스커스속 식물처럼 수박꽃 역시 꽃잎 대부분은 흰색이고 암술과 수술을 둘러싼 부분만 짙은 자주색이다. 꽃잎의 단면을 보면 이 부분의 앞면 표층세포에 색소가 집중적으로 분포해 있다. (제공 「영국왕립학회보 B」)

잎이 너무 얇았다(불과 몇 개의 세포로 이뤄져 있다). 따라서 깔끔하게 절단한 단면을 얻기가 매우 어렵다. 2) 꽃잎에 색소가 엄청나게 많다(논문의 흡수스펙트럼에서 볼 수 있듯이). 절단면을 만들 때 색소가 세포 밖으로 빠져나가 꼭 피를 흘리는 것처럼 됐다. 그 결과 사진이 뭉개졌다. 그럼에도 이 종의 경우 색소의 분포가 그 자체로 큰 의미는 없다고 생각한다. 이 종의 경우 꽃잎이 겨우 세 층 내외의 세포로 이뤄져 있어서 각 층이 시각 신호에 기여를 할 것이다. 즉 색소가 두 층에만 있든(필자의 추측) 세 층에 다 있든 차이는 미미할 것이다(다른 꽃들은 그렇지 않다). 이 꽃은 그 아름다움으로 인해 특별할 뿐 아니라 해부학적으로도 예외적인 존재다!(This flower is not only special because it's beautiful, also it's anatomy is exceptional!)"

5-4

기침과 재채기의 물리학

올 겨울(2016~2017)은 최근 수년 사이 가장 따뜻한 것 같은데 어찌 된 영문인지 독감은 기승을 부리고 있다. 조류독감으로 한 달 만에 2천만 마리가 넘는 닭과 오리가 매몰되는 기록을 세웠는가 하면 사람은 사람대로 일찌감치 독감이 유행해 조기방학을 하는 학교가 나올 정도다.

독감바이러스는 스스로는 이동성이 없으므로 결국 퍼지려면 숙주의 힘을 빌려야 한다. 조류독감바이러스의 경우 철새가 이동하면서 지구 곳곳으로 퍼지다가 '운 좋게' 대규모로 조밀 사육을 하는 양계장에 침투하는 데 성공하면 지금처럼 사달이 난다. 인간독감바이러스의 경우도 많은 사람들이 비행기를 타고 돌아다니면서 예전에 비해 지구촌 확산속도가 빨라졌다. 그러나 실제적인 영향, 즉 감염된 사람 수는 여전히 숙주 사이의 접촉에 좌우되는데, 특히 감염된 사람이 기침이나 재채기처럼 순간적으로 체액(주로 침)을 분출할 때가 기회다. 한 공간에 여러 사람이 몰려 있는 학교가 주된 감염지인 이유다.

따라서 기침의 물리학을 제대로 이해하면 호흡기 감염질환의 확산을 효과적으로 차단하는 데 도움이 될 것이다. 학술지 「네이처」 2016년 6월 2일자에는 고성능 비디오를 써서 기침과 재채기의 물리학을 연구하고 있는 미국 MIT의 물리학자 리디아 보로이바Lydia Bourouiba 교수를 소개하는 기사가 실렸다. 유체역학을 공부한 보로이바 교수는 기침이나 재채기를 할 때 입 밖으로 분출되는 체액이 어떻게 사방으로 퍼져나가는지에 대해 여전히 잘 모르고 있다는 사실을 발견하고 자신이 그 과정을 규명해보기로 했다. 그 결과 이 과정에 대한 추측 가운데 상당 부분이 틀리다는 사실을 발견했다.

침방울, 생각보다 오래 머물고 널리 퍼져

보로이바 교수는 기침이나 재채기 장면을 최대 초당 8000플레임으로 촬영할 수 있는 초고속 비디오카메라로 기록한 뒤 침방울의 크기와 확산 범위를 분석했다. 그 결과 침방울이 1~2m 범위 내에서 바닥으로 떨어진다는 기존 상식과는 달리 기침의 경우 6m, 순간 분출 에너지가 더 큰 재채기는 8m까지 퍼진다는 사실을 발견했다. 이는 기침(또는 재채기)을 할 때 공기에서 난류가 생기면서 침방울 구름이 형성되기

재채기를 하는 장면을 찍은 비디오의 스틸. 지름이 큰 침방울(녹색)은 중력의 영향으로 얼마 못 가 바닥으로 떨어지지만 어느 수준 밑이 되면 침방울 구름(빨간색)을 형성해 최대 10분 간 공기 중에 머무르며 8m 범위까지 퍼질 수 있다. (제공 Lydia Bourouiba/MIT)

때문이다. 그리고 침방울 구름은 최대 10분까지 지속되는 것으로 나타났다. 즉 교실 한가운데에서 누군가가 기침을 하면 교실 전체에 바이러스가 퍼질 수 있다는 말이다. 최근 학교를 중심으로 급속도로 확산된 독감의 전파 메커니즘인 셈이다.

한편 보로이바 교수가 2016년 1월 학술지 「유체 실험」에 발표한 논문은 기침과 재채기의 실상에 관한 또 다른 놀라운 사실을 보고하고 있다. 기침이나 재채기를 할 때 입에서 침방울이 튀어나오는 것으로 알고 있었지만, 초고속 촬영 결과 침 상태로 분출되는 양이 상당하다는 사실이 밝혀진 것이다. 양동이에 담긴 물을 뿌릴 때처럼 침이 퍼지면서 침방울이 형성되는데 이 과정에서 침의 조성이 변수인 것으로 나타났다. 침에 점액성분이 많아 침이 끈적할수록 침이 잘 끊어지지 않아 실처럼 늘

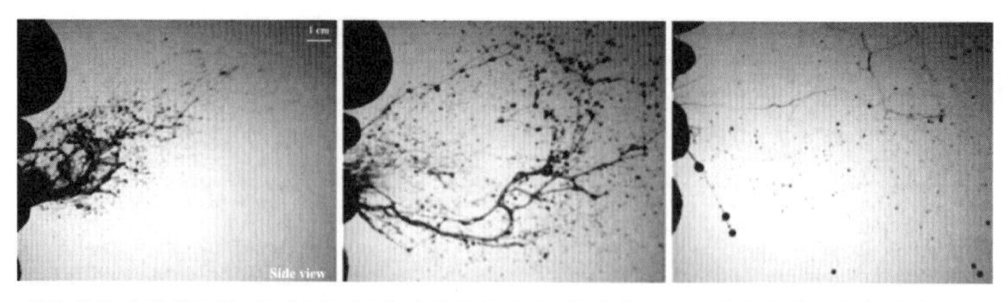

기침이나 재채기를 할 때 나오는 침의 상당 부분은 유체 상태로 그물망처럼 퍼지면서 침방울로 쪼개진다. 재채기를 하고 8밀리초(왼쪽), 21밀리초(가운데), 117밀리초(오른쪽) 뒤의 모습이다. (제공 「유체 실험」)

어진 침에 염주처럼 형성된 침방울이 서로 뭉쳐져 결과적으로 좀 더 큰 침방울이 만들어진다. 즉 건강한 사람의 재채기와 호흡기 환자의 재채기는 침방울 크기 분포가 다를 수 있다는 말이다.

보로이바 교수의 연구는 감기나 독감 같은 호흡기 질환의 경우 공기를 통한 감염 경로가 생각보다 비중이 더 클 수 있음을 시사하고 있다. 감기나 독감에 걸렸을 때는 되도록 외출을 삼가고 불가피하게 사람들 사이에 있게 됐을 때 기침이 나오면 손수건이나 아니면 팔뚝이라도 입 앞에 대야겠다는 생각이 든다.

5-5

양자역학 문제 게임으로 푼다

양자이론을 접하고 당혹해하지 않는 사람은 양자이론을 제대로 이해하지 못한 것이다.

– 닐스 보어Niels Bohr

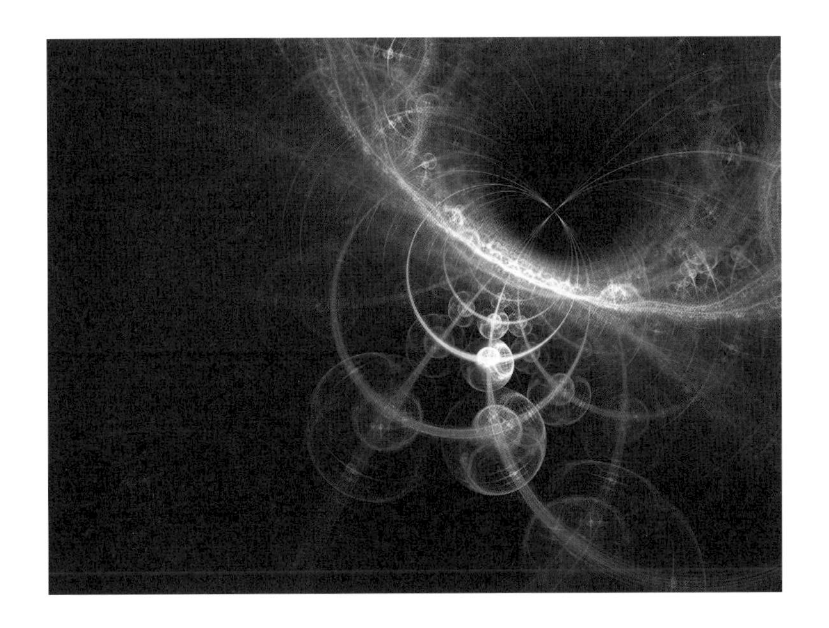

이것은 소리 없는 아우성.

저 푸른 해원을 향하여 흔드는

영원한 노스탤지어의 손수건.

유치환의 시 「깃발」에 나오는 '소리 없는 아우성'은 시적 상상력이 없는 사람들에게는 말이 안 되는 표현이다. 아우성의 사전적 정의가 '여럿이 악을 써 지르는 소리'이기 때문이다. 이런 표현을 '모순어법'이라고 부른다. 두 볼에 흐르는 빛이/정작으로 고와서 서러워라/(조지훈, 「승무」). 움직여라/떠나라/멈추지 말아라, 고정불변의 변화여/(송찬호, 「공중정원 2」). 다들 모순어법을 쓰고 있다(이상은 오규원 시인의 저서 『현대시작법』에 나오는 내용이다).

2016년 초 학술지 「네이처」에 실린 한 사설을 읽다가 시에서나 나오는 줄 알았던 모순어법을 쓴 표현을 보고 고개를 갸웃한 기억이 난다. 바로 '디지털 직관digital intuition'이라는 말로 디지털, 즉 컴퓨터 프로그램이 사람처럼 직관의 능력을 갖고 있음을 강조하는 표현이다. 인간과 컴퓨터의 차이점 가운데 하나가 직관, 즉 '복잡한 사유(계산)를 거치지 않고 대상을 직접적으로 파악하는 작용'의 유무라고 알고 있던 필자로서는 좀 과장이다 싶었다.

「네이처」가 이런 모순어법을 쓰면서까지 극찬한 컴퓨터 프로그램이 바로 알파고다. 바둑 프로그램으로서는 처음으로 프로바둑 선수를 눌렀다는 내용과 함께 그 작동원리를 소개한 논문이 같은 호에 실렸다. 알파고의 상대가 무늬만 프로인 유럽 챔피언 판후이 2단이었기 때문에 디지털 직관이란 표현이 화려한 수사라고만 여겼다. 그러나 두 달 뒤 벌어진 이세돌 9단과의 5번기를 지켜보면서 알파고의 직관에 대한 생각은 경외심으로 바뀌었다.[10]

10 알파고에 대한 자세한 내용은 『티타임 사이언스』 31쪽 '이세돌, 컴퓨터 이창호(알파고)와 붙는다!' 참조.

양자역학이라는 반직관의 세계

그런데 최근 모순어법을 쓰지는 않았지만 알파고 쇼크만큼이나 당황스러운 연구결과를 접했다. 과학 분야 가운데 가장 반직관적 counterintuitive이라는 양자역학 연구에 인간의 직관, 심지어 양자역학을 전혀 모르는 사람들의 직관도 큰 도움이 됐다는 내용이다. 대학 때 양자역학 수업을 들어 그 반직관성이 무슨 의미인지 대충 알고 있는 필자로서는 도무지 그림이 그려지지 않는 '모순 상황'이다.

글 앞에 인용한, 양자역학의 개척자 가운데 한 사람인 닐스 보어의 말처럼 양자역학은 상식의 눈으로는 받아들이기 어려운 세계다. 빛을 파동으로 볼 수도 있고 입자로도 볼 수 있다는 주장에서부터 입자가 자신이 갖고 있는 에너지보다 큰 에너지 장벽을 넘을 수도 있고(터널 효과tunnel effect) 동시에 여러 곳에 '확률적으로' 존재할 수도 있다. 한편 '얽힘entanglement'이라는 상태로 동기화된 두 입자는 우주 양끝에 존재하더라도 서로 동시에 상대의 상태 변화에 영향을 주고받는다. 즉 빛의 속도를 가볍게 뛰어넘는다.

이런 양자역학에 대해 아인슈타인이 "신은 주사위 놀이를 하지 않는다"며 강한 거부감을 표시한 건 잘 알려진 얘기지만, 사실 파동방정식을 고안해 양자역학의 정립에 큰 기여를 한 에르빈 슈뢰딩거조차 자신의 식을 확률론적으로 해석하는 데(파동 진폭의 제곱이 그 위치에서 입자가 발견될 확률이라는) 반대했다.

그럼에도 오늘날 양자역학이 살아남은 정도가 아니라 물리학의 주류가 된 것은 반직관적으로 보이는 수식이 내놓는 예측이 실험결과를 너무나 잘 설명하기 때문이다. 즉 고전물리학이 아무리 직관적이라도(물론 이를 이해하는 사람들에게) 수소원자의 스펙트럼을 전혀 설명하지 못하는 반면, 양자역학은 말이 안 되는 것 같은 이상한 전제조건을 달긴 하지만 아무튼 스펙트럼 패턴을 깨끗하게 설명할 수 있기 때문이다.

컴퓨터 계산으로는 한계

최근 물리학자들은 한걸음 더 나아가 양자역학의 원리로 작동하는 양자컴퓨터를 개발하는 연구를 진행하고 있다. 기존 디지털컴퓨터가 '0 또는 1'이라는 비트bit에 기초한다면 양자컴퓨터는 '0 그리고 1'이라는 큐비트qubit에 기초한다. 양자컴퓨터에서는 한 입자가 큐비트 단위가 되고 여러 입자가 상호작용하면서 동시에 수많은 계산을 수행해 결과를 내놓는다. 수많은 가능성 가운데 최선의 해법을 찾는 '최적화 문제' 등 특정 과제의 경우 양자컴퓨터가 훨씬 더 뛰어난 것으로 알려져 있다.

덴마크 오르후스대 물리천문학과 야콥 셰르슨Jakob Sørensen 교수팀은 광학격자optical lattice에 원자들을 가둬둔 뒤 광학집게optical tweezer로 원자들을 조작해 양자계산을 하는 양자컴퓨터를 개발하고 있다. 여기서 격자나 집게는 실제 물질로 된 게 아니라 레이저로 만들어낸 '빛의 격자'다. 달걀판에 달걀이 들어 있는 모습을 떠올리면 된다. 즉 극저온에서 안정한 상태에 있는 개별 원자에 레이저를 쏴 3차원 공간에서 특정한 위치에 머무르게 조작한 것이다. 마치 물건을 집게로 집어 옮기듯이 레이저를 쏴 원자를 원하는 위치로 움직일 수 있기 때문에 광학집게라는 표현을 쓴다. 연구팀은 루비듐Rb 원자 수백 개로 이뤄진 양자컴퓨터

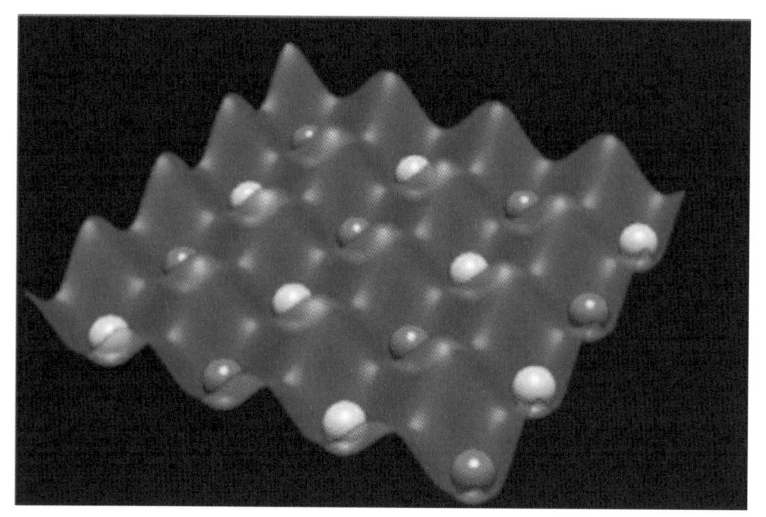

광학격자를 보여주는 도식적인 표현. 달걀판이 연상되는 광학격자 안에 원자가 갇혀 있다. 최근 광학격자를 이용한 양자컴퓨터 개발이 한창이다. (제공 「네이처」)

를 구상하고 있다.

그런데 양자컴퓨터가 제대로 작동하려면 계산과정에서 각 원자의 양자상태가 유지돼야 하는데 이게 보통 어려운 일이 아니다. 외부의 미세한 영향만으로도 양자상태가 바뀔 수 있고 그러면 계산이 엉망이 되기 때문이다. 따라서 양자컴퓨터는 액체헬륨으로 극저온 상태를 만든 환경에서만 작동할 수 있을 뿐 아니라 계산과정에서 원자를 옮겨 서로 상호작용하게 하는 광학격자 타입의 경우 옮기는 시간이 되도록 짧아야 한다. 시간을 끌면 양자상태가 바뀔 가능성이 높아지기 때문이다. 그런데 문제는 원자를 광학집게로 빨리 움직일 경우 에너지가 들어가 원자의 양자상태를 바꿀 수 있다는 데 있다. 따라서 원자의 양자상태는 유지하면서 최대한 빨리 옮길 수 있게 광학집게의 경로를 최적화해야 한다.

셰르슨 교수팀은 컴퓨터 시뮬레이션을 통해 이런 경로를 찾았지만 이런 조건을 만족하는 최소 시간은 0.4초에 머물렀다. 연구자들은 이 한계를 극복하기 위해 사람의 '직관'에 의지해보기로 했다. 광학집게로 원자를 옮기는 과정을 게임으로 시각화했는데, 더 효과적인 경로일수록 게임에서 더 높은 점수를 받을 수 있게 변환시켰다.

원자를 출렁거리는 물로 표현

연구자들은 이렇게 만든 게임 '퀀텀무브스Quantum Moves'를 온라인에 공개했고 사람들은 프로그램(앱)을 다운로드하여 도전했다. 이들 가운데는 양자역학에 조예가 깊은 사람도 있었지만 전혀 모르는 사람도 있었다. 그렇다면 이런 일반인들이 어떻게 컴퓨터도 제대로 못 푸는 양자역학 문제를 해결하는 데 도움을 줄 수 있을까.

덴마크 오르후스대 물리학자들은 광학집게로 원자를 옮기는 과정을 게임(퀀텀무브스)으로 변형시켜 사람들이 최선의 해법을 찾게 유도했다. (제공 Scienceathome.org)

궁금해진 필자는 아이패드에 퀀텀무브스 앱을 다운로드하여 직접 게임을 해봤는데 연구자들의 상상력이 대단하다는 생각이 들었다. 이들은 광학격자에 들어 있는 원자를 파동방정식의 형식으로 구현했다. 앱에서 루비듐 원자는 당구공 같은 형태가 아니라 양동이에 담긴 물처럼 보인다. 움푹 파인 우물(깊을수록 에너지가 낮다는 뜻이다)에서 출렁거리는 물이 원자인 셈이다.

게이머는 커서(광학집게)를 움직여 우물에 들어 있는 물(원자)을 담

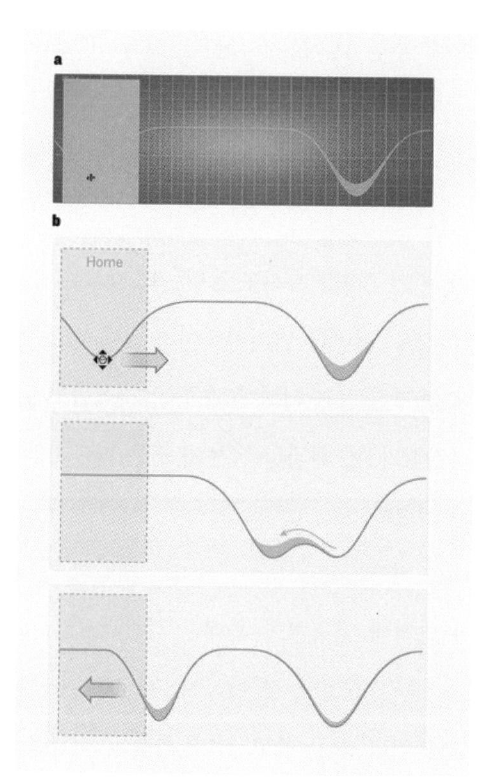

퀀텀무브스에서 광학집게로 원자를 옮기는 과제를 수행하는 장면을 캡처한 사진들이다. 오른쪽 우물에 담긴 물(격자에 갇힌 원자)을 광학집게(왼쪽 커서)를 움직여 옮겨오는 과제로 최대한 빨리 손실 없이 운반해야 높은 점수를 얻는다. (제공「네이처」)

아와 원하는 위치로 옮겨야 한다. 그런데 빨리 하려다 보면 우물 속 원자가 크게 출렁거리면서 사방으로 퍼져나가 광학집게(역시 우물 형태로 표현된다)에 얼마 담지를 못한다. 즉 원자의 일부만(역시 확률적 개념이다) 옮길 수 있기 때문에 실패다. 그렇다고 너무 조심스럽게 접근하면 시간이 무작정 흐른다. 결국 여러 차례 시행착오를 겪다 보면 어느 순간 절묘하게 물 대부분이 내 우물로 넘어오고 넘치지 않는 수준에서 최대한 빨리 옮길 수 있게 된다. 즉 최적에 가까운 경로를 찾은 것이다.

연구자들은 사람들이 이런 식으로 게임을 수행한 결과 가운데 성적이 좋은 데이터를 추린 뒤 이를 바탕으로 해서 컴퓨터가 최적화하게 했다. 그 결과 최소 시간이 기존의 0.4초에서 절반인 0.2초로 줄어들었다. 그 뒤 새로운 알고리듬을 도입해 최종적으로는 0.176초까지 줄일 수 있었다.

이 결과에 대해 연구자들 자신도 놀랐는데 셰르슨 교수는 "양자역학은 우리가 생각했던 것만큼 반직관적이지 않을지도 모른다"며 "게이머들의 전략을 해석한 결과 터널 효과 등 양자역학의 현상도 설명할 수 있었다"고 평가했다. 이 결과를 담은 논문은 학술지 「네이처」 2016년 4월 14일자에 실렸다.

논문 말미에서 저자들은 "사람이 참여한 게임화 결과를 바탕으로 인지과학자들과 협력해 양자역학 문제를 직관적으로 푸는 기계학습machine learning 알고리듬을 개발할 것"이라며 "새로운 게임의 이름은 '퀀텀마인즈Quantum Minds'이다"라고 쓰고 있다. 사람의 직관은 결국 인공지능의 직관을 개발하기 위한 도구인 셈이다. 참고로 알파고를 만든 구글의 자회사 이름이 딥마인드DeepMind다.

Part 6
이런 것도
화학?

6-1

다이아몬드는 어떻게 만들어질까

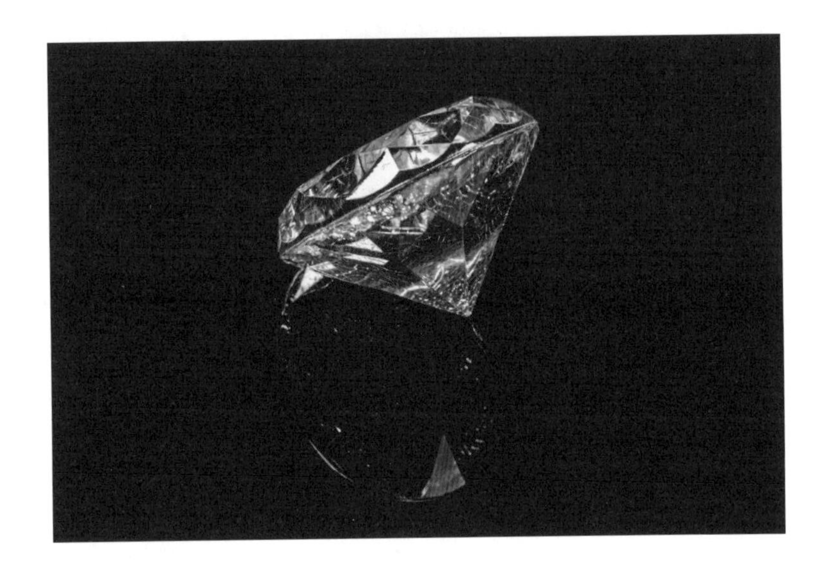

보석 중의 보석 다이아몬드. 겉치레라며 예물도 없애고 결혼식도 간소하게 치르는 데 동의하더라도 '다이아 반지'만은 받고 싶은 게 신부의 심정일 것이다. 이처럼 사람들의 마음을 끄는 대상이어서인지 다이아몬드와 관련한 뉴스(주로 외신)가 가끔 실리곤 한다. 최근에도 흥미로운 뉴스가 세 건 있었다.

먼저 북아일랜드의 골프 선수(세계 3위) 로이 매킬로이의 약혼반지 얘기다. 매킬로이는 지난 2013년 약혼녀 캐럴라인 보즈니아키에게 18만 파운드(약 3억 2000만 원)로 추정되는 4캐럿짜리 다이아몬드 반지를 선물해 화제가 됐다. 그런데 2015년 12월 새로운 약혼자 에리카 스톨에게 43만 파운드(약 7억 8000만 원)로 추정되는 5캐럿짜리 다이아몬드 반지를 선물한 사실이 알려지면서 또다시 사람들을 놀라게 했다. 참고로 전 약혼자와는 2014년 5월 파혼했다고 한다. 그래선 안 되겠지만 만일 또 파혼을 한다면 그 다음 약혼자는 얼마짜리 다이아 반지를 선물받게 될까.

이보다 앞서 2015년 11월에는 훨씬 스케일이 큰 다이아몬드 뉴스가 나왔다. 캐나다의 채굴회사 루카라다이아몬드가 아프리카 보츠와나에서 세계에서 두 번째로 큰 다이아몬드 원석을 발견했다고 발표한 것. 테니스공보다 약간 작은 크기의 이 원석은 무려 1111캐럿으로(222.2g. 1캐럿은 200mg) 아직 정확한 가격을 매길 수는 없지만 업계에서는 대략 4000만~6000만 달러(약 500~700억 원)로 추정하고 있다.

이번 발굴은 세계 최대의 다이아몬드가 나온 지 110년 만의 일이다. 참고로 가장 큰 다이아몬드 원석은 1905년 남아프리카공화국에서 발견된 컬리넌 다이아몬드로 무려 3106캐럿이었다. 이 원석은 다이아몬드 9개로 커팅됐다. 이 과정에서 나온 조각들로 작은 다이아몬드 96개를 덤으로 세공했다.

다이아몬드가 클수록 값이 많이 나가지만 크기가 품질의 전부는 아니다. 업계에서는 4C로 다이아몬드의 가치를 매긴다. 먼저 캐럿carat으로 크기(무게)다. 다음은 세공cut으로 어떤 모양으로 어떻게 커팅했는가가 가격에 영향을 미친다. 색color도 중요한 요소로 보통 완벽한 무색일수록 고가다. 다만 색이 고급스럽고 희귀할 경우 오히려 가치를 더 높인다. 예를 들어 2015년 11월 한 경매에서 16캐럿짜리 핑크색 다이아몬드 '스위트 조세핀'이 2850만 달러(약 330억 원)에 낙찰돼 화제가

1905년 남아공에서 발견된 세계 최대 크기의 컬리넌 다이아몬드 원석으로 3106캐럿에 이른다. 최근 110년 만에 두 번째로 큰(1111캐럿) 다이아몬드가 보츠나와에서 발견돼 화제가 됐다. (제공 위키피디아)

됐다.[11] 끝으로 투명성clarity으로 불순물이 덜 포함된 다이아몬드일수록 가치가 높다.

그런데 다이아몬드는 정말 특이한 광물이라는 생각이 든다. 지금까지 수천 년 동안 그 많은 사람들이 다이아몬드를 얻으려고 땅을 팠지만 가장 큰 게 고작 고기 한 근 정도였으니 말이다. 물론 다이아몬드가 수정처럼 대량으로 채굴되는 광물이었다면 사람들이 동경하는 '보석의 왕'으로 군림하지 못했을 것이다. 아무튼 다이아몬드가 왜 이렇게 소량

11 2017년 4월 4일 소더비 경매에서 60캐럿짜리 다이아몬드 '핑크스타'가 5억 5300만 홍콩달러(약 800억 원)에 낙찰돼 최고가 기록을 경신했다.

존재하고 그 크기도 작은 것일까 하는 궁금증이 일지 않을 수 없다.

맨틀 최상부층에서 형성돼

다이아몬드는 탄소원자로만 이뤄진 결정이다. 그런데 탄소원자로만 이뤄진 결정이 또 있으니 바로 흑연이다. 지각에 있는 탄소결정 대부분이 흑연이기 때문에 다이아몬드가 그렇게 드물다는 말이다. 실제로 지구에서 다이아몬드가 만들어지는 곳은 대륙지각 아래 140~190km에 있는 맨틀 최상부층lithospheric mantle이다. 이곳의 조건이 다이아몬드 결정이 자라는 데 알맞기 때문이다. 다이아몬드 결정은 45~60킬로바, 즉 대기압의 수만 배인 엄청난 압력과 900~1300도의 온도에서 자란다. 맨틀 최상부층에서 더 내려가면 온도가 너무 높아 탄소가 액체로 존재하고 그보다 얕은 지각에서는 압력이 충분치 못해 흑연 결정이 만들어진다.

다이아몬드는 탄소화합물의 산화 또는 환원을 통해 형성된다. 즉 메탄 같은 분자에서는 산화가 일어나 탄소가 결정을 만들고, 이산화탄소 같은 분자에서는 환원이 일어나 탄소가 결정을 만든다. 그런데 맨틀 최상부층에서 형성된 다이아몬드가 어떻게 지각표면 가까이 올라와 사람들이 채굴할 수 있게 됐을까.

유일한 방법은 화산폭발로 인한 마그마 분출이다. 대부분의 화산폭발은 맨틀의 마그마가 두께가 얇은 해양지각을 뚫고 올라온 것이지만 드물게는 마그마가 두꺼운 대륙지각을 뚫고 올라오기도 한다. 이때 다이아몬드가 포함된 맨틀 최상부층의 암석이 마그마에 밀려 같이 올라오는 것. 이렇게 지표에 나와 굳어진 대표적인 암석이 킴벌라이트kimberlite로 남아공 등 아프리카 여러 나라에 있는 킴벌라이트 암맥이 다이아몬드 산지로 유명하다. 즉 다이아몬드는 킴벌라이트에 드문드문 박혀있는 외래결정xenocryst이다.

새로운 생성 메커니즘 제안

학술지 「네이처 커뮤니케이션스」 2015년 11월 3일자에는 다이아몬드가 형성되는 새로운 메커니즘을 제안한 논문이 실렸다. 미국 존스홉킨스대 지구 · 행성과학과 디미트리 스베르옌스키Dimitri Sverjensky 교수팀은 해양지각이 대륙지각 밑으로 들어갈 때 딸려 들어가는 바닷물을 주목했다. 즉 두 지각 사이의 높은 압력과 고온에서 물의 용해도가 올라가면서 탄소를 포함한 화합물의 농도가 올라간다.

연구자들은 압력 50킬로바, 온도 900도의 조건에서 시뮬레이션한 결과 수용액의 포름산과 프로피온산으로부터 다이아몬드 결정이 만들어질 수 있음을 보였다. 포름산의 탄소원자 하나는 환원반응을 통해 다이아몬드 결정에 참여하고, 프로피온산의 탄소원자 세 개는 산화 또는 환원이 되면서 다이아몬드 결정에 참여한다. 흥미롭게도 이 두 반응이 동시에 일어날 경우 탄소의 산화반응과 환원반응이 상쇄된다. 즉 수용액의 산화환원 상태가 변화하지 않은 채 다이아몬드 결정이 만들어질 수 있다는 말이다.

사실 이번 다이아몬드 형성 연구는 최근 수년 동안 스베르옌스키 교수팀이 주력하고 있는 '심층수 모형Deep Earth Water model'의 한 예다. 마땅

$$HCOO^- + H^+ + H_{2,aq} \rightarrow C_{diamond} + 2H_2O$$

$$CH_3CH_2COO^- + H^+ \rightarrow 3C_{diamond} + H_{2,aq} + 2H_2O$$

해양지각이 대륙지각 밑으로 들어가면서 딸려 들어간 물에서도 다이아몬드 결정이 자랄 수 있다는 시뮬레이션 결과가 최근 발표됐다. 포름산(위)과 프로피온산(아래)에서 다이아몬드가 생기는 반응이다. (제공 「네이처 커뮤니케이션스」)

한 번역어가 떠오르지 않아 '심층수'라고 했지만 앞에서 언급한, 해양지각이 대륙지각 밑으로 들어갈 때 딸려 들어가는 바닷물을 의미한다. 즉 물이 두 지각 사이 같은 고온고압의 상태에 존재하면 용해도를 비롯해 특성이 많이 바뀌면서 새로운 반응들이 일어날 수 있다는 것.

스베르옌스키 교수팀의 연구는 이론(시뮬레이션)이라는 한계가 있지만 최근 동료 화학자들이 실험으로 이를 뒷받침하는 결과(예를 들어 고온고압이 되면 상당량의 석회석이 물에 녹아 고농도의 이온으로 바뀐다)를 내놓으면서 갈수록 주목을 얻고 있다. 아무튼 심층수 모형에 따르면 아세트산 같은 분자가 반응해 긴 사슬의 탄화수소, 즉 기름이 만들어진다. 원유는 퇴적된 유기물이 변환돼 형성된 거라는 상식에 도전하는 가설이다.

사실 대다수 사람들에게 다이아몬드가 어떻게 만들어졌는가는 관심사항이 아닐 것이다. 그러나 이런 반응들은 지질학적 시간의 규모에서 일어났고, 그 결과 오늘날 우리가 보는 다이아몬드 대부분은 33억~10억 년 전에 만들어진 것이라고 한다. 반지 위에 올라가 있는 작은 다이아몬드에는 아득한 지구의 역사가 숨 쉬고 있는 셈이다.

6-2

제2의 피부, 마술처럼 보이는 과학

과거에는 대부분의 문명에서 주름을 나이 들어 지혜롭게 되었다는 증거로 간주했다. 그러나 오늘날 대부분의 선진 산업국가에서는 젊어 보이는 외모와 감정을 중요하게 생각하여, 주름은 두려움과 조롱의 대상으로 전락했다.

- 니나 자블론스키Nina Jablonski, 『스킨』에서

얼마 전 동갑인 한 친구를 만나 점심을 하면서 약간 씁쓸한 얘기를 들었다. 하루는 어딜 다녀와 SNS에 '인증샷'을 올리는데 문득 자신의 얼굴이 너무 늙어 보여 놀랐다는 것이다. 한참을 바라보다 사진을 내렸고 그 뒤로는 자기 얼굴이 있는 사진은 올리지 않는다는 것이다.

그러면서 예쁘고 발랄한 젊은이들의 얼굴만 보고 싶다며 40이 넘은 사람들은 자기처럼 얼굴이 나온 사진은 올리지 말았으면 좋겠다는 말을 덧붙였다.

필자는 SNS를 하지 않지만 요즘 돌아가는 상황을 보면 SNS에 올리는 인증샷 붐 덕분에 번창하는 사업이 꽤 되는 것 같다. 스마트폰에서 카메라 기능이 차별화된 콘셉트가 된 지는 오래고 관광지나 산에서 셀카봉을 들고 다니는 사람들도 많다. 옛날에는 음식이 맛있으면 맛집이었지만 이제는 요리가 예쁘게 연출돼 사진발이 좋아야 입소문을 탄다.

그러나 무엇보다도 화장품과 성형이 가장 큰 수혜주인 것 같다. 현재 우리나라 화장품은 'K뷰티'라는 이름으로 아시아를 휩쓸며 한류를 주도하고 있다. 성형수술 역시 세계적인 경기 불황 속에서 예외적으로 급성장하고 있다고 한다. 보톡스 주사가 미 식품의약국FDA의 승인을 받아 상용화된 게 불과 2002년의 일인데 이제 보편화돼 여성은 물론 남성들도 많이 맞는다고 한다.

한때는 동안이라는 얘기를 많이 들었지만, 나이가 들면서 얼굴 살이 많이 빠지고 머리가 세면서 이제는 나이보다도 늙어 보인다는 소리까지 듣고 있는 필자는 노화를 '숙명'으로 받아들이며 이런 트렌드에서 초연하려고 노력하지만 면도를 하려고 거울을 볼 때면(요즘은 웬만하면 거울을 안 본다!) 마음이 착잡하다. 그렇다고 보톡스를 맞을 것 같지는 않다. 물론 장담할 수는 없지만.

살짝 바르기만 했을 뿐인데…

그런데 2016년 5월의 어느 날 아침 신문을 뒤적거리다 놀라운 사진을 봤다. 힐러리 클린턴이 연상되는 백인 여성의 눈 부분이 클로즈업된 사진인데 왼쪽 눈두덩과 오른쪽 눈두덩이 한눈에 보기에도 뚜렷이 달랐다. 오른쪽 눈두덩은 지방 덩어리가 튀어나와 있고 그 아래 깊은 주름이 잡혀 있는 반면, 왼쪽 눈두덩의 피부는 경계를 알아보기 어려울 정도로 매끄러워웠다. 성형수술 전후 사진을 한 얼굴로 합성해놓은 것 같았다.

기사를 읽어보니 놀랍게도 이런 효과는 수술이 아니라 소위 '제2의 피부second skin'라고 부르는 얇은 실리콘 막을 입힌 결과라고 한다. '이거 사기 아냐?' 순간 이런 생각이 들었지만 미국 MIT 연구진들의 연구 결과로 저명한 학술지 「네이처 재료」에 논문이 실렸다고 하니 그렇지는 않을 것이다. 이런 권위에 의지해 가치를 판단하는 행태를 철학자들은 '권위에 호소하는 오류'라고 한다지만 아무튼 다른 뾰족한 판단

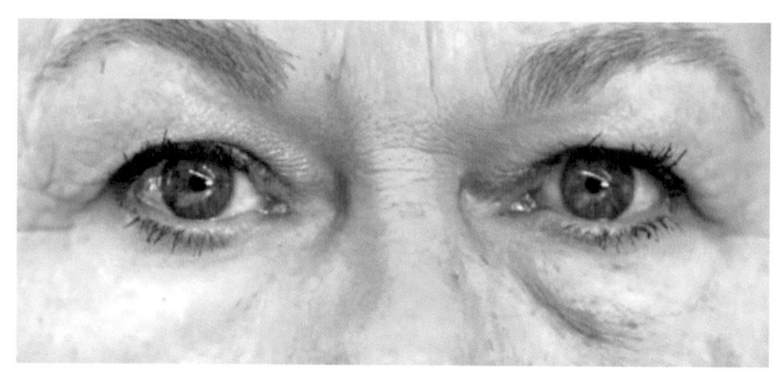

제2의 피부를 도포하자 눈두덩(왼쪽)의 상태가 바르지 않은 눈두덩(오른쪽)의 상태보다 훨씬 젊어 보인다. 이런 효과는 여러 차례 반복해도 재현된다. (제공 「네이처 재료」)

기준이 없으므로 믿을 수밖에.

연구를 이끈 MIT 화학공학과의 로버트 랭어Robert Langer 교수는 세계에서 논문 인용 횟수가 가장 많은 공학자라고 한다. 아무래도 논문을 직접 읽어봐야 할 것 같아 랭어 교수에게 이메일로 논문을 요청했다. 다행이 랭어 교수는 메일을 외면하지 않고 비서에게 토스했고 다음날 필자는 논문을 프린트해 읽어봤다.

논문은 크게 두 부분으로 나뉘는데 먼저 제2의 피부를 어떻게 만들었느냐는 내용을 다루고 다음으로 임상에 적용해 효과를 측정한 결과를 싣고 있다. 연구자들은 젊은 사람의 건강한 피부의 물리적 특성을 지닌 인공피부를 만들 수 있는 조성을 찾았다. 즉 피부의 탄성회복력과 유연성, 신축성을 재현할 수 있어야 한다. 그리고 피부에 직접 닿으므로 피부에 안전해야 함은 물론이고 피부에 밀착해 이물감을 주지 않아야 한다. 그러면서도 수분과 공기가 통해 피부가 숨을 쉴 수 있어야 한다. 끝으로 막이 투명해 눈에 띄지 않아야 미용 분야에서 폭넓게 활용될 수 있다.

피부 위에서 고차결합반응 일어나 막 형성

연구자들은 이런 특성을 충족시켜줄 수 있는 재료의 기본골격으로 폴리실록산polysiloxane, 즉 실리콘silicon 원자와 산소 원자가 교대로 배열돼 있는 골격의 고분자를 택했다. 이를 화학식으로 표시하면 $[R_2SiO]n$으로 흔히 실리콘silicone이라고 부른다(실리콘 원자와 철자가 다르다!). 이하 실리콘은 폴리실록산을 뜻한다. 실리콘의 특성은 R에 따라 결정되는

데, 연구자들은 상온에서 백금촉매의 작용으로 서로 교차결합을 할 수 있는 R을 찾았다. 실리콘을 함유한 크림을 피부에 바른 뒤 백금촉매가 들어 있는 크림을 덧바르면 실리콘 사이에 교차결합반응이 일어나면서 거대한 네트워크, 즉 막이 형성된다.

연구자들은 이렇게 만든 수백 가지 후보 물질을 테스트해 물성이 진짜 피부와 가장 가까운 구조를 찾는 데 성공했다. 교차결합 실리콘 막, 즉 제2의 피부는 잡아당겼을 때 250%까지 늘어난 뒤에야 찢어졌다. 이는 진짜 피부의 180%보다 오히려 더 우수한 값이다.

연구자들은 제2의 피부가 노화로 처지고 주름진 피부를 팽팽하게 펼 수 있을 것이라고 가정했다. 피부에 바른 크림 두 종에서 교차결합 반응이 일어나 막이 형성된 뒤, 시간이 지남에 따라 용매가 증발해 막이 당겨지면서 맞닿아 있는 피부를 조이는 작용을 하기 때문이다. 원더브라가 가슴을 받쳐줘 볼륨감을 키우는 것과 비슷한 원리다.

실제 눈두덩에 지방이 쌓여 눈가 주름이 깊은 피험자들에게 제2의 피부를 발라주자 눈가의 상태가 놀라보게 달라졌다. 피부가 당겨지면서 주름이 희미해졌고 지방 덩어리도 어디론가 사라진 것처럼 펴졌다. 즉 피부 면이 전반적으로 매끄러워진 것이다. 연구자들은 제3자에게 피험자들의 눈두덩 상태를 0(아주 좋음)에서 4(아주 나쁨)까지 5단계로 평가하게 했는데, 제2의 피부를 바른 뒤 무려 두 단계나 개선됐다. 앞의 사진을 봐도 너무 차이가 나 그럴 것 같다는 생각이 든다. 제2의 피부의 이런 성형효과는 24시간이 지나도 지속될 뿐 아니라 막을 떼어낸 뒤에도 어느 정도 효과가 남아 있는 것으로 나타났다.

또 피부를 손가락으로 살짝 집은 뒤 놓는 식으로 탄성복원력을 조

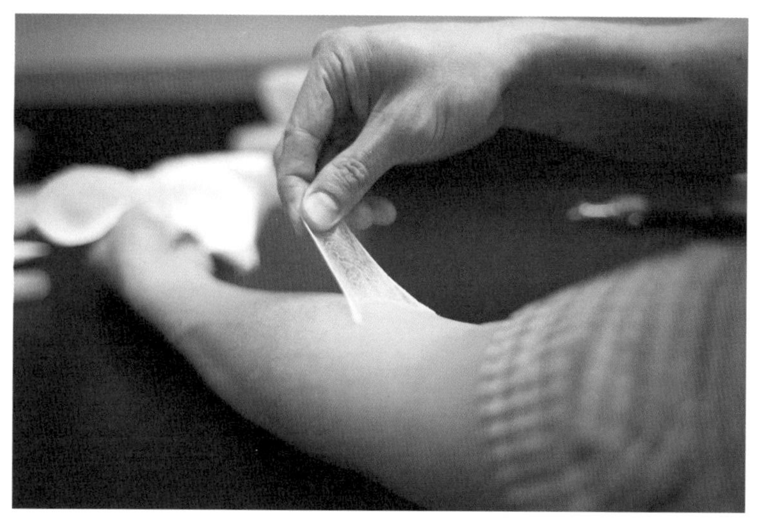

제2의 피부는 교차결합 실리콘 막으로 물성이 진짜 피부와 비슷해 250%까지 늘어나도 찢어지지 않는다. (제공 Melanie Gonick/MIT)

사한 결과 나이가 들어 탄력이 떨어진 눈가는 손가락에 집힌 자국이 한동안 그대로 남아 있는 반면 제2의 피부를 바른 뒤에는 수초 만에 원상태로 돌아왔다. 제2의 피부가 덧발라지면서 피부 탄력도 회복된 것이다.

한편 피부가 건조해지는 것도 피부노화의 대표적인 증상이다. 나이가 들면 피부가 얇아지고 부실해지면서 수분을 제대로 잡아주지 못하기 때문이다. 많은 화장품이 '보습' 기능을 강조하는 이유다. 그럼에도 지금까지 가장 뛰어난 보습제는 소위 '바셀린'으로 불리는, 석유에서 얻는 반고체 왁스다. 그런데 바셀린은 사용감이 그다지 좋지 않아 얼굴에 바르기에는 부담스럽다.

테스트 결과 제2의 피부가 있을 경우 두 시간 뒤 수분손실량이 절반 이하로 떨어져 기존 모이스처크림은 물론 바셀린보다도 뛰어난 것으로 나타났다. 24시간 뒤에도 효과는 많이 약해졌지만(23% 감소) 상대적으로 여전히 가장 효과적이었다. 즉 제2의 피부를 바르면 성형수술과 기초화장품의 효과를 동시에 볼 수 있다는 말이다.

그런데 실리콘의 교차결합반응을 일으키기 위해 백금촉매를 쓰는 게 상업화에 걸림돌이 되지 않을까. 이에 대해 연구자들은 극소량이기 때문에 '원가'에서 차지하는 비율은 크지 않을 것이라고 대답했다. 제2의 피부는 조만간 미 식품의약국FDA에 허가를 신청할 예정이라고 한다. 보톡스 주사와는 달리 제2의 피부가 제품화되면 필자도 한번 사서 써볼 것 같다. 몸에 해로운 성분도 없고 이물감도 없고 바른 흔적조차 없으니 이보다 더 좋을 수는 없는 게 아닐까. 물론 '기대가 크면 실망도 큰 법'이라는 말도 있듯이 막상 써보면 별로일 수도 있겠지만.

6-3

분자와 노화

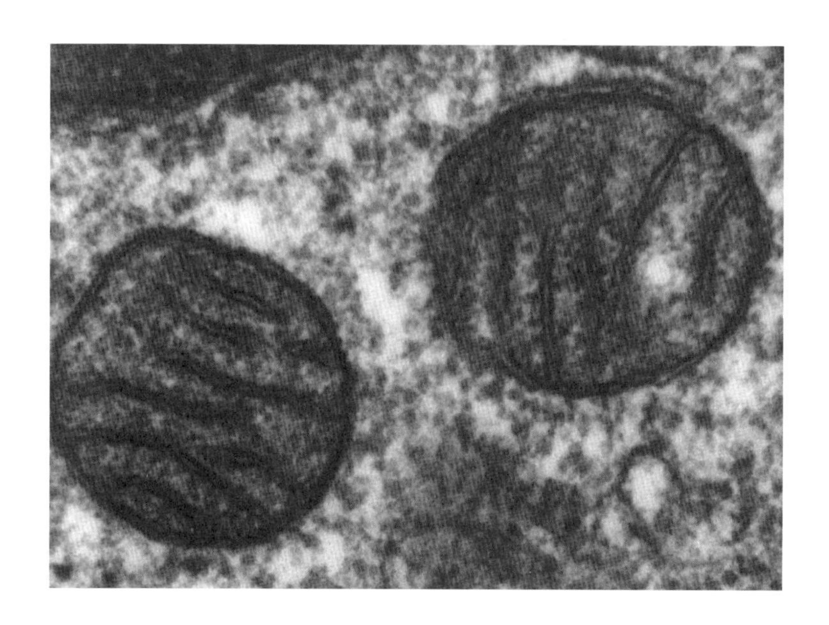

얼마 전 TV를 보다 놀라운 사실을 알게 됐다. 한 프로그램에서 제주도에 사는 최고령자를 찾아가는 코너였는데 이 분의 나이가 무려 117세였던 것이다. 실제 주민등록증을 보니 19세기인 1899년생으로 나와 있다. 제주도가 인구는 적지만 청정지역이라 '최고령자라면 107세쯤 되겠지'라고 생각했다가 눈을 의심했다. 전혀 19세기적이지 않은 이름인 오윤아 할머니는 지금도 정정해 텃밭을 가꾸는 모습도 나왔다.

기네스북에 오른 최고령자는 지난 1997년 122세로 타계한 프랑스의 잔 칼망 할머니다. 우리나라 주민등록증을 증거로 기네스북의 인정

1997년 122세에 사망해 최장수 기록을 세운 프랑스의 잔 칼망 여사. 1897년 22세 때의 모습이다. (제공 위키피디아)

을 받을 수 있을지는 모르겠지만 영상을 보면서 오윤아 할머니가 기록을 깰 수 있을 것 같다는 생각이 들었다. 대부분의 사람들은 80대를 넘기기 어려운데 어떻게 이런 분들은 백세를 넘게 장수할 수 있을까.

미토콘드리아 기능 유지가 관건

필자는 수년 전 노화의 진화와 관련된 한 리뷰논문을 읽었는데 내용이 좀 충격적이었다. 먼저 인간은 장수하는 동물 가운데 생의 막바지에 노화가 급격히 찾아오는 종이라고 한다. 그런데 개인에 따라 급격한 노화가 찾아오는 시기에 편차가 크다고 한다. 즉 심각한 유전적 결함이 없을 경우 '바른 생활'을 하면 대부분 70세까지는 무난하게 살 수 있다. 그러나 아무리 관리를 해도 그 뒤의 삶은 장담할 수 없다고 한다.

결국 죽음을 종착점으로 하는 급격한 노화가 찾아오는 시점은 사실상 개인의 게놈(유전체)으로 결정돼 있다는 말이다. 실제 주위를 봐도 장수는 집안 내력인 경우가 많다. 잔 칼망의 경우도 오빠가 97세, 아버지가 94세, 어머니가 86세까지 살았다. 이렇다 보니 많은 과학자들이 백세 노인들의 게놈을 분석해 '장수유전자'를 찾고 있다.

그러나 사람들이 다 운명론자인 건 아니다. 노화의 메커니즘을 밝혀 그 과정에 개입해 영향을 미칠 수 있는 약물을 개발한다면 노화의 진행을 늦출 수 있다고 믿는 과학자들이 적지 않다. 물론 연구가 진행될수록 노화 메커니즘이 한 장의 도표로 요약될 수 있는 간단한 얘기가 아니라는 게 분명해지고 있지만 그럼에도 핵심에는 근접하고 있는 것 같다. 많은 과학자들이 사건이 일어나는 곳으로 세포호흡을 담당하는 세포소기관인 미토콘드리아(211쪽 현미경 사진 참조)를 주목하고 있다.

우리 세포를 자동차에 비유하자면 미토콘드리아는 엔진에 해당한다. 즉 연료(포도당)를 연소(산화)해 에너지를 낸다. 이 과정에서 이산화탄소와 물이 생기고 열이 발생하는 것도 똑 같다. 다만 엔진은 화학에너지를 운동에너지로 바꿔주는 반면, 미토콘드리아는 또 다른 형태의 화학에너지, 즉 ATP(아데노신삼인산)라는 분자로 바꿔주는 게 차이다. 엔진이 고장 나면 차가 움직일 수 없듯이 미토콘드리아가 기능을 제대로 못하면 세포가 부실해지고 결국 몸이 늙고 병들게 된다.

따라서 미토콘드리아의 활력을 유지할 수 있으면 노화를 늦출 수 있다는 가설이 힘을 얻고 있고 이런 역할을 하는 물질을 찾는 노력이 진행되고 있다. 예를 들어 미토콘드리아가 ATP를 만드는 과정에서 활성산소가 나오고 그 결과 세포뿐 아니라 미토콘드리아 자체도 조금씩 손상돼 결국 노화로 이어진다는 스토리가 있다. 따라서 항산화제를 섭취해 활성산소를 없애면 손상을 줄일 수 있고 노화도 늦출 수 있을 것이다. 레드와인에 많이 들어 있는 레스베라트롤이 대표적인 항산화물질로 실제 노화억제 효과를 봤다는 동물실험 결과가 꽤 있지만 아직 결론을 내릴 만한 상태는 아니다.

세포 노화의 지표 NAD$^+$

그런데 최근 미토콘드리아 기능과 관련해 또 다른 물질이 주목을 받고 있다. 바로 NAD$^+$nicotinamide adenine dinucleotide다. 레스베라트롤이 외부에서 섭취하는 물질이라면 NAD$^+$는 우리 몸에 있는 생체분자다. 효소의 작용을 돕는 조효소의 역할을 하거나 때로 효소의 기질로 작용한다. 나이아신niacin, 즉 비타민B3가 NAD$^+$를 만드는 벽돌 가운데 하나다.

엄밀하게 말해 나이아신은 비타민이 아닌데, 인체에서 아미노산 트립토판으로 만들 수 있기 때문이다. 그럼에도 그 효율이 낮아 식품에서 나이아신을 제대로 공급받지 못하고 단백질 섭취까지 부족해지면 펠라그라pellagra라는 병이 생기는데 대표적인 증상이 피부염과 설사, 치매다. 육류와 생선, 콩류에 나이아신이 많이 들어 있다고 한다.

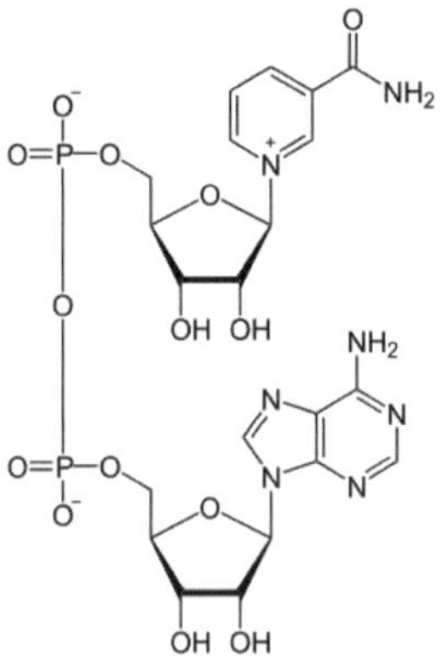

과학자들이 노화와 관련해 NAD$^+$를 주목하게 된 건 나이가 듦에 따라 세포 내 NAD$^+$의 농도가 점차 떨어진다는 사실을 인식하고 나서다. 최근에는 세포 내 NAD$^+$농도를 노화의 지표로 쓸 수 있다는 얘기가 나올 정도다. 그렇다면 NAD$^+$의 어떤 작용이 세포노화와 관련이 있는 것일까.

세포에서 조효소나 효소의 기질로 작용하는 생체분자 NAD$^+$의 분자구조. 최근 노화 억제물질 후보로 주목받고 있다. (제공 위키피디아)

먼저 미토콘드리아를 보면 NAD$^+$는 포도당의 해당 산물인 피루브산을 분해해 ATP를 만드는 과정에서 조효소로 참여한다. 즉 산화반응에 참여해 전자 두 개를 받아 자신은 NADH로 환원된 뒤 다시 NAD^+로 산화되며 ATP를 합성한다. 미토콘드리아에서 NAD^+의 농도가 낮으면 이 과정이 느려지고 따라서 ATP를 충분히 만들지 못한다.

이렇게 에너지원이 부족해지면 평소 에너지를 많이 쓰는 조직이 가장 큰 타격을 받게 된다. 바로 근육과 뇌다. 근육이 줄어들고 인지능력이 떨어지는 게 노화의 대표적인 증상임을 떠올린다면 미토콘드리아가 중요하다는 말을 수긍할 수 있을 것이다.

그렇다면 나이가 듦에 따라 왜 NAD^+의 농도가 떨어지는 것일까. 이건 좀 복잡한 얘긴데 그럼에도 과학자들이 내놓은 설명이 꽤 그럴듯하다. 즉 나이가 들수록 다른 영역에서 NAD^+에 대한 수요가 늘어 결과적으로 미토콘드리아에 할당된 양이 줄어든다는 것이다. 그러면 세포 노화가 더 가속화되고 따라서 NAD^+에 대한 수요는 더 늘어나고 하는 악순환이 일어나는 것이다. 노화가 가속된다는 말이다. 그렇다면 세포 어디에서 NAD^+를 대량 소모하는 것일까.

생물이 나이가 들어감에 따라 게놈을 복제하고 유지하는 데 관여하는 시스템의 오류가 누적되면서 손상을 복구하는 일꾼들이 바빠지게 된다. 지하철 1호선이 노후화되면서 툭하면 고장이 나는 것과 마찬가지다. 그런데 이 복구과정에서 NAD^+가 많이 소모된다. 그 결과 심할 경우 세포내 NAD^+ 농도가 80%나 감소하기도 한다. 나이가 들수록 미토콘드리아 내부의 NAD^+ 농도가 떨어지는 이유다. 그렇다면 NAD^+를 섭취해서 손실분을 어느 정도 보충할 수 있지 않을까. 물론 과학자들은 이미 이런 실험을 해봤고 실제 효모와 선충에서 노화억제를 통한 수명연장 효과가 있다는 연구결과가 나왔다.

학술지 「사이언스」 2016년 6월 17일자에는 생쥐를 대상으로 NAD^+의 노화억제효과를 규명한 연구결과가 실렸다. 연구자들은 나이 든 생쥐에 NAD^+의 전구체인 NR nicotinamide riboside을 섞은 사료를 줬다. 참고로 NR은 나이아신보다 체내에서 NAD^+로 전환되는 비율도 높고 부작용도 적어 실험에서 널리 쓰이고 있다.

실험결과 NR이 포함된 사료를 먹은 집단은 평범한 사료를 먹은 집단에 비해 노화에 따라 일어나는 성체줄기세포의 감소량이 적었다. 이는 줄기세포 안의 미토콘드리아 활성이 회복된 결과였다. 이런 효과는 근육줄기세포에서 두드러졌고 신경줄기세포와 멜라닌세포 줄기세포에서도 관찰됐다. 다들 노화 증상과 밀접한 관계가 있는 세포들이다(멜라닌세포가 줄어들면 흰머리가 늘어난다).

성체줄기세포의 감소는 노화의 주요지표이기 때문에 NR 섭취로 성체줄기세포 감소폭이 줄어들었다면 노화도 억제됐다고 볼 수 있다. 따라서 수명도 늘어날 것이다. 실제 NR 섭취 집단의 수명이 더 긴 것으로 나타났다. 생쥐는 노년기인 생후 700일부터 NR을 섭취했을 경우 섭취군의 평균수명이 868일로 비섭취군의 829일에 비해 5% 더 길었다.

필자는 호기심에 외국 건강보조식품 사이트에서 'nicotinamide riboside'를 검색해봤는데 수명연장을 콘셉트로 한 제품으로 이미 나와 있어 깜짝 놀랐다. 업체들의 재빠른 대응이 대단하다는 생각이 들었다. 그런데 NR 건강보조식품이 과연 효과가 있을까.

「사이언스」에는 논문과 함께 미국 MIT의 유명한 노화연구가인 레오나드 가렌티 Leonard Guarente 교수의 해설도 실려 있는데, NR 보충의 효과를 꽤 희망적으로 바라보고 있는 듯하다. 물론 엄격한 임상시험이 꼭 필요하다고 덧붙이고 있다. 동물실험 결과를 바로 적용하기 어렵기 때문이다.

가장 큰 문제는 섭취량으로 이번 동물실험의 경우 몸무게 1kg에 400mg에 해당하는 양이다. 이를 사람으로 치면 50kg인 경우 20g을 먹어야 한다는 말이다. 참고로 하루 한 알 먹으라는 NR 영양제 한 캡슐에는 100mg이 들어 있다. 동물실험의 200분의 1에 해당하는 양이다.

그럼에도 많은 과학자들은 머지않은 미래에 노화를 억제하는 약물이 나올 것이라고 예상하고 있다. NAD^+(NR)도 그 후보 가운데 하나인 셈이다.[12] 다들 오래 산다고 해서 '100세 시대'라고 말을 하지만 여전히 100세를 사는 건 흔치 않은 일이다. 필자가 노인이 됐을 때 약물의 도움으로 100세 시대가 글자 그대로 구현될지 궁금하다.

12 또 다른 후보물질이 13쪽에서 소개한 메트포르민이다.

6-4

냉동인간은 깨어날 수 있을까?

두렵지 않다고는 못할 겁니다. 하지만 감사하는 마음이 가장 큽니다. 나는 사랑했고 또 사랑받았습니다.

- 올리버 색스Oliver Sacks

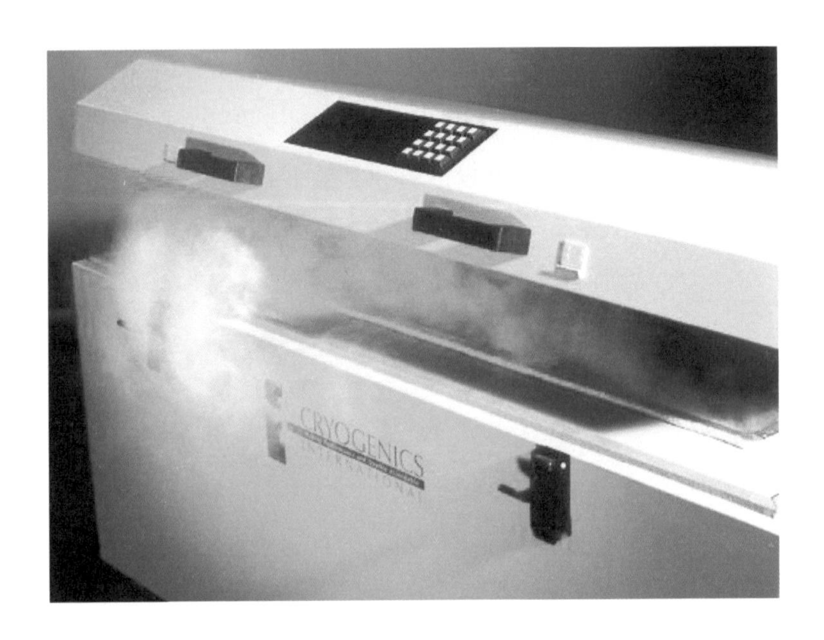

신경과 의사이면서 『아내를 모자로 착각한 남자』를 비롯해 많은 베스트셀러를 집필해 '의학계의 계관시인'으로 불렸던 올리버 색스가 2015년 8월 82세에 작고했다. 2005년 안구흑색종으로 왼쪽 눈을 잃었지만 암에서 완쾌한 줄 알았는데 10년 만에 간으로 전이가 됐다. 의료

진으로부터 돌이킬 수 없는 상태라는 말을 들은 색스는 「뉴욕타임즈」 2015년 2월 19일자에 기고한 'My Own Life(나의 삶)'라는 제목의 글에서 자신의 상황을 인정하면서 그동안의 삶에 감사하고 있다. 색스는 "무엇보다도 난 이 아름다운 행성에 살고 있는 감수성이 있는 존재이자 생각하는 동물로 그 자체가 엄청난 특권이자 모험이었다"고 글을 마무리했다.[13]

한편 2016년 출판계에 큰 화제가 된 책 『숨결이 바람 될 때』도 암 진단을 받은 신경외과 의사의 회고록이다. 영문학을 전공한 뒤 의학대학원에 진학한 폴 칼라니티Paul Kalanithi는 2015년 3월 불과 서른여덟에 세상을 떠날 때까지 2년을 투병하며 삶과 죽음, 일과 사랑에 대해 성찰하며 기록을 남겼다. 인턴과 레지던트 과정에서 숱한 죽음을 목격한 칼라니티는 "모든 이가 언젠가는 마주치기 마련인, 삶과 죽음과 의미가 서로 교차하는 문제들은 대개 의학적 상황에서 발생한다"고 말한다.

쉰을 바라보는 필자도 요즘 부쩍 죽음에 대해 생각하는 시간이 많은데 무엇보다도 두려움의 감정이 앞서는 게 사실이다. 필자가 어릴 때만 해도 팔순이 넘어 세상을 떠나면 '호상好喪'이라며 좀 과장하면 초상집이 잔칫집 분위기였다. 그런데 어느 순간 그건 주변 사람들의 생각이고 죽는 당사자는 환갑 전이나 백 살이 넘어서나 정신이 멀쩡하다면 두려운 건 마찬가지가 아닐까 하는 깨달음이 머리를 스쳤다. 누구에게나 죽음은 첫 경험이고(두 번 죽을 수는 없다!) 나 자신이 영원히 사라진다는 믿을 수 없는 현실을 순순히 받아들이기는 힘들 것이다.

---

13 올리버 색스의 삶과 업적에 대해서는 『티타임 사이언스』 318쪽 '의학계의 계관시인 잠들다' 참조.

그럼에도 제삼자의 입장에서는 죽은 사람의 나이가 적을수록 더 안타까운 게 인지상정인 것 같다. 삶을 온전히 누려보지도 못하고 죽는다는 건 아무튼 슬픈 일일 테니까. 칼라니티의 경우도 아내와 8개월인 딸을 두고 떠나야 했으니 눈을 제대로 감을 수 없었을 것이다.

1967년 처음 시도

최근 TV를 보다 해외 뉴스에서 다소 충격적인 얘기를 접했다. 암으로 죽어가는 영국의 열네 살 소녀가 "이렇게 제대로 살아보지도 못하고 죽고 싶지는 않다"며 자신이 (생물학적으로) 죽으면 즉시 냉동인간을 만들어달라고 법원에 편지를 보내 호소했다는 얘기다. 결국 법원은 소녀의 소원을 들어줬고 2016년 10월 사망한 뒤 소녀의 몸은 영하 196도의 액체질소에 냉동보존됐다. 소녀는 수백 년 뒤 의학이 충분히 발전했을 때 깨어나 암을 고치고 다시 삶을 시작하기를 꿈꾸며 편안히 눈을 감았다고 한다.

살만큼 산 사람이(물론 무덤덤한 제삼자의 관점에서) 죽음을 앞두고 이런 요구를 했다면 노욕老慾이 지나치다고 느꼈을 테지만, 십대 중반에 이 재미있는 세상을 두고 떠나야 하는 소녀의 마음을 생각하면 냉동인간으로라도 삶의 희망을 놓지 않겠다는 의지에 가슴이 뭉클하다. 그런데 과연 소녀의 소망대로 의학이 충분히 발달한 미래에는 냉동인간을 '부활'시키는 일이 가능할까.

언론에서 흔히 냉동인간이라고 부르는 '인간냉동보존술cryonics'은 과학소설에나 나오는 얘기는 아니다. 실제 돈을 받고 시체를 냉동보존

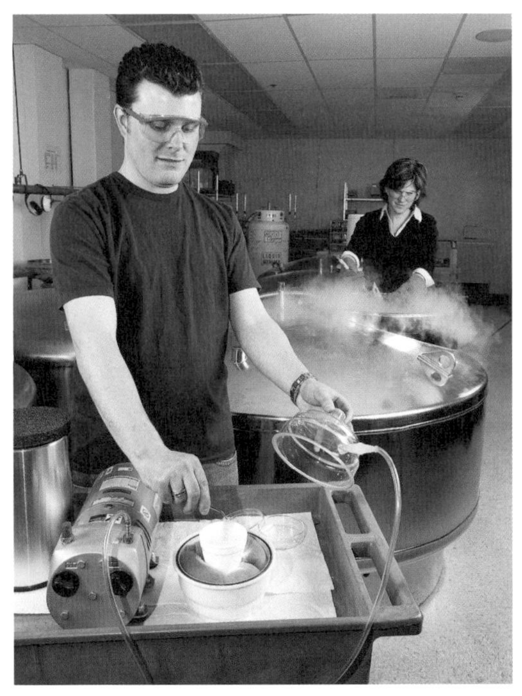

냉동보존 기술이 발전하면서 오늘날 여러 분야에서 널리 쓰이고 있지만 인간냉동보존술에 대해서는 여전히 회의적인 시각이 더 많다. 세포나 조직 등을 보존하기 위해서는 영하 196도인 액체질소가 필요하다. (제공 위키피디아)

해주는 회사가 미국에 세 곳, 러시아에 한 곳 있다(소녀의 경우 미국 회사에 5400만 원을 주고 냉동보존됐다). 인간냉동보존술은 1960년대 본격적으로 논의되기 시작됐고 1967년 1월 2일 제임스 베드포드James Bedford라는 사람이 최초의 냉동인간이 됐다. 지난 50년 동안 300여 명이 냉동보존됐고 대기자도 1500여 명인 것으로 알려져 있다.

이처럼 인간냉동보존술은 점차 성장하고 있는 산업이 됐지만 이에 대한 비판의 목소리도 만만치 않다. 1964년 설립된 저온생물학cryobiology학회는 1982년 인간냉동보존술 분야를 학회에서 배제한다고 발표하기도 했다. 설사 수백 년이 지나더라도 인간냉동보존술 옹호자들이 주장하는 장밋빛 미래는 오지 않을 가능성이 훨씬 크다는 것이다. 왜 그럴까.

논의의 요점은 오늘날 불치병에 대한 치료법이 미래에 나올 수 있느냐가 아니다. 심장이 멎은 직후, 즉 의학적 사망선고를 받자마자 인체를 얼리더라도 그 과정에서 신체기관이나 조직에 손상이 없을 것인가에 대해 회의적이기 때문이다. 실제 포유류 동물을 대상으로 한 실험에서 설사 살아 있던 상태에서 냉동한 것이라도 해동했을 때 다시 살아난 경우는 없다.

이에 대해 인간냉동보존술 옹호론자들은 나노기술이 눈부시게 발전할 먼 미래에는 이런 손상을 일일이 수선할 수 있게 될 것이기 때문에 희망이 있다고 주장한다. 그러면서 냉동 과정에서 손상을 최소화하는 방법도 계속 연구해야 한다고 덧붙인다. 즉 관련 분야의 과학기술이 발전하면 어느 순간부터 '후입선출後入先出' 방식으로 부활 작업이 시작될 것이라는 말이다. 즉 냉동기술이 발전한 최근의 냉동인간부터 부활이 되고 기술과 노하우가 더해지면서 더 오래 전에 냉동된 사람들도 깨어나게 될 거라는 말이다.

유리화 방식으로 얼린 토끼 간 이식 성공

그렇다면 인체에 손상을 최소화하며 냉동시키는 연구가 정말 진행되고 있을까. 인간냉동보존술이 목표는 아니더라도 냉동보존cryopreservation 분야는 활발하게 연구되고 있다. 예를 들어 정자은행에는 정자들이 냉동보존돼 있다. 공여자에게서 채취한 정액을 영하 196도의 액체질소에 담가 얼리면 그만이다. 이렇게 10년이고 20년이고 보관하다 필요할 때 녹여 쓰면 된다.

그러나 난자나 수정란, 배아는 이런 식으로 냉동보존하면 세포가 파괴돼 생명력을 상실한다. 따라서 지난 수십 년 동안 과학자들은 이런 세포들을 성공적으로 냉동보존하는 방법을 찾는 연구를 진행해왔다. 그 결과 지금은 다들 냉동보존이 가능해졌다. 이때 핵심은 세포가 얼 때 얼음결정이 최대한 생기지 않게 하는 것이다. 얼음과 물은 밀도가 꽤 차이가 나기 때문에 얼음결정이 형성될 경우 세포가 파괴될 가능성이 높기 때문이다.

따라서 동해방지제cryoprotectant를 처리해 얼음결정이 만들어지지 않게 하는 기술이 개발됐다. 글리세롤이나 DMSO 같은, 세포막을 투과하는 분자를 넣어주면 세포 안팎의 액체 점도가 커지고 어는점이 떨어진다. 이 상태에서 온도를 서서히 낮춰주면 얼음결정 형성을 최소화할 수 있다.

여기서 한걸음 더 나아가 물을 유리화vitrification로 얼리는 방법도 개발됐다. 유리는 비결정성 고체 상태로 어느 순간 액체로 바뀌는 온도(녹는점)가 없다. 마찬가지로 물 역시 적당한 용질(동해방지제)을 넣어 걸쭉한 상태로 만들면 유리화가 가능해져 세포의 손상을 극적으로 줄일 수 있다. 실제 유리화로 냉동보존한 난자를 해동해 인공수정한 시험관아이가 1999년 처음 태어났다.

이처럼 냉동보존기술이 발전하면서 이제 과학자들은 세포를 넘어 조직이나 심지어 신체기관을 냉동보존하는 데 도전하고 있다. 예를 들어 암환자의 경우 화학요법이나 방사선요법을 받다 보면 생식계가 손상될 수 있다. 이 경우 난소나 고환 조직을 떼어내 냉동보관해두고 치료가 끝난 뒤 녹여 제자리로 되돌리면 생식력을 유지할 수 있다.

한편 장기이식 분야도 냉동보존기술의 발전이 절실하다. 안 그래도 이식받을 장기가 부족한 상황에서 운송이나 수술이 지연돼 때를 놓쳐 보존상태가 나빠져 쓸 수 없게 되는 경우가 꽤 된다고 한다. 만일 떼어낸 장기를 냉동보존할 수 있게 되면 시간에 쫓기는 일도 없어질 것이고 훨씬 안정한 상태에서 이식수술이 이뤄질 수 있을 것이다. 지난 2009년 21세기메디슨21st Century Medicine이라는 미국의 냉동보존 전문회사는 유리화 기술로 토끼의 신장을 영하 135도에서 냉동보존한 뒤 녹여 이식해 제대로 작동함을 보였다. 물론 여기에 쓰인 동해방지제 처방은 회사 기밀이다.

2015년 이 회사는 다른 관점에서 놀라운 연구결과를 발표했다. 즉 토끼의 뇌를 온전하게 냉동보존하는 데 성공했다는 것이다. 연구자들은 학술지 「저온생물학」에 발표한 '알데히드로 안정화된 냉동보존Aldehyde-stabilized cryopreservation'이라는 제목의 논문에서 이 내용을 상세히 소개했는데, 뇌의 신경회로, 즉 정보가 온전히 보존돼 있는 현미경 사진이 다수 포함돼 있다. 그러나 자세히 들여다보면 이 실험은 근본적인 문제가 있다. 뇌의 복잡한 네트워크를 유지하기 위해 글루타르알데히드glutaraldehyde라는 고정제를 써서 인접 단백질들을 묶었기 때문이다. 즉 형태는 멀쩡해도 이미 굳어져 해동해도 다시 작동할 가능성이 원천 봉쇄된 상태라는 말이다.

이에 대해 연구자들은 중요한 건 물리적 실체가 아니라 네트워크

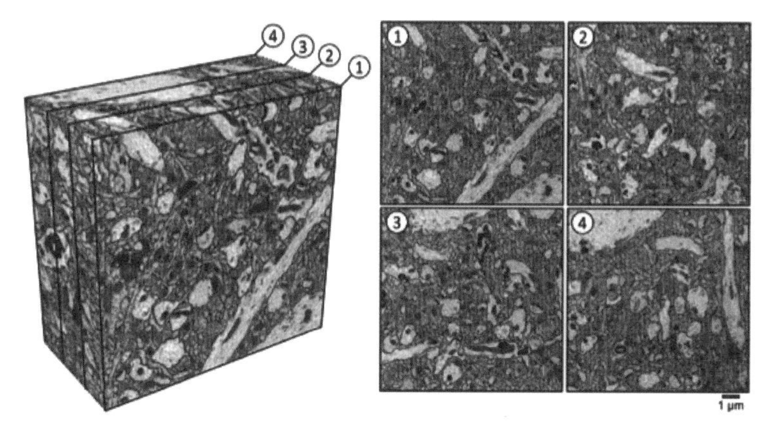

2015년 21세기메디슨이라는 회사의 연구자들은 토끼의 뇌를 온전히 냉동보존하는 데 성공했다고 발표했다. 글루타르알데히드라는 고정제를 써서 인접 단백질들을 묶어 신경회로의 정보를 보존하는 방법이다. 이렇게 고정된 뇌의 한 조각으로 가로 세로 10㎛, 두께 5㎛ 크기다. 고정된 네트워크를 분석해 그 정보를 컴퓨터 회로로 재현하면 '가상 토끼'로 부활할 수 있다는 말이다. (제공 「저온생물학」)

의 배열에 대한 정보라는 놀라운 관점을 피력한다. 즉 뇌를 이루는 모든 뉴런(신경세포) 사이의 네트워크(시냅스) 정보를 보존할 수 있다면 이 정보를 컴퓨터에 복제해 의식을 부활시킬 수 있다는 말이다. 즉 3D 스캔으로 배열을 분석해 컴퓨터 회로로 재구성한다는 것이다. 말은 그럴듯한데 사람의 경우 뉴런이 약 860억 개이고 그 사이에 대략 100조 개의 시냅스로 연결돼 있는데 과연 이 정보를 재현하는 것이 가능할 것인가, 설사 그렇다고 하더라도 의미가 있을까 하는 의문이 들지 않을 수 없다.

적어도 냉동보존술 분야에서는 정보과학보다 화학이 더 기대할 게 있다는 생각이 든다.

6-5

아세요? 사탕수수가 벼보다 광합성 효율이 높다는 사실을…

매년 시월 노벨상 시즌은 '생리의학상' 수상자 발표로 시작된다. 그런데 고교 교과과정은 물론 대학 학과를 봐도 물리학상 화학상과 어울리는 건 '생물학상'이 아닐까. 알프레드 노벨이 '실사구시實事求是'형이어서 생물학은 인류의 삶에 도움을 주기에는 너무 동떨어진 학문이라고 생각한 결과일까. 아니면 19세기에는 생물학의 위상이 낮았기 때문일까.

아무튼 이름이야 어찌 되었건 생리의학상은 의학이 강조된 생물학상이라고 봐도 별 무리는 없다. 다만 예외가 있는데 바로 식물학 분야다. 아무리 위대한 발견이라도 식물에 고유한 현상이라면 노벨 생리의학상 대상이 되지 못한다. 물론 옥수수를 연구한 식물유전학자 바바라 맥클린톡Barbara McClintock이 1983년 생리의학상을 받기는 했지만, 맥클린톡이 발견한 '전이성 인자'는 사람을 포함한 진핵생물에 존재하는 것으로 밝혀졌다.

그렇다고 식물학 연구로 노벨상을 받은 사람이 전혀 없는 것도 아니다. 식물의 가장 중요한 특징인 광합성을 연구한 사람들은 세 차례나 노벨상을 받았다. 다만 모두 화학상이다. 독일의 리하르트 빌슈테터Richard Willstatter는 엽록소를 분리하고 정제해 그 특성을 규명한 공로로 1915년 상을 받았고, 미국의 멜빈 캘빈Melvin Calvin은 광합성 메커니즘을 밝혀 1961년 수상했다. 1988년에는 독일의 요한 다이젠호퍼Johann Deisenhofer와 로베르트 후버Robert Huber, 하르트무트 미헬Hartmut Michel이 광합성 반응센터라는 단백질복합체의 3차원 구조를 규명한 공로로 상을 받았다. 사실 최근 광합성이 생화학적 과정이 아니라 양자물리학적 현상이라는 주장이 제기되면서 어쩌면 광합성 연구로 노벨 물리학상이 나올지도 모르겠다.[14]

노벨상은 못 받았지만…

그런데 광합성과 관련해 정말 놀라운 연구결과를 내놓고도 노벨상을 못 받은 과학자가 둘 있다. 지금은 은퇴한 할 해치Hal Hatch와 로저 슬랙Roger Slack이 그들이다. 두 사람은 1966년 학술지 「생화학 저널」에 사

14 광합성의 양자이론에 대해서는 『과학을 취하다 과학에 취하다』 281쪽 '광합성의 양자생물학' 참조.

탕수수 잎에서 관찰된 특이한 광합성 현상을 보고했다. 훗날 'C4 광합성C4 photosynthesis'이라고 불리는 새로운 광합성 메커니즘이었다. 2016년은 C4 광합성 발견 50주년이 되는 해다.

식물학에 관심이 많지 않은 사람은 C4 광합성이라는 용어를 들어보지 못했을 수도 있다. 사실 두 사람의 논문이 발표된 당시만 해도 이 현상의 심오한 측면을 간파한 사람은 거의 없었다. 그러나 그 뒤 C4 광합성에 대한 연구가 하나둘 더해지면서 오늘날에는 식물학뿐 아니라 고생물학, 고기후학 등 지구의 역사를 이해하는 데 큰 도움을 줄 뿐 아니라 2050년 지구촌 90억 식구 시대를 맞아 먹을거리를 확보하는 데도 결정적인 기여를 할 전망이다.

1966년 C4 광합성 연구를 이해하려면 먼저 광합성 메커니즘을 밝힌 멜빈 캘빈의 연구방법론을 알아야 한다. 시아노박테리아와 조류algae, 식물이 도대체 어떻게 빛의 도움을 받아 이산화탄소와 물로 포도당을 만드는지 궁금했던 캘빈은 1950년대 녹조류를 대상으로 '방사성원소 표지법'이라는 기발한 방법을 써서 그 과정을 추적했다. 즉 동위원소인 탄소14로 만든 이산화탄소($^{14}CO_2$)를 공급해 탄소14가 포함된 분자를 하나둘 확인했다. 그 결과 나온 게 그 유명한 '캘빈 회로Calvin's cycle'다.

캘빈 회로를 간단히 설명하면 세포 안으로 들어간 이산화탄소가 리불로오스-1,5-이인산이라는 탄소 5개짜리 분자와 결합해 3-포스포글리세르산이라는 탄소 3개짜리 분자 두 개로 바뀐다. 즉 탄소만 보면 '1+5→3+3'인 셈이다. 그 뒤 복잡한 과정을 거쳐 탄소 6개짜리인 포도당이 만들어진다. 이처럼 이산화탄소가 처음 결합해 만들어지는 분자(3-포스포글리세르산3-phosphoglyceric acid)가 탄소 3개로 이뤄져 있기 때문에

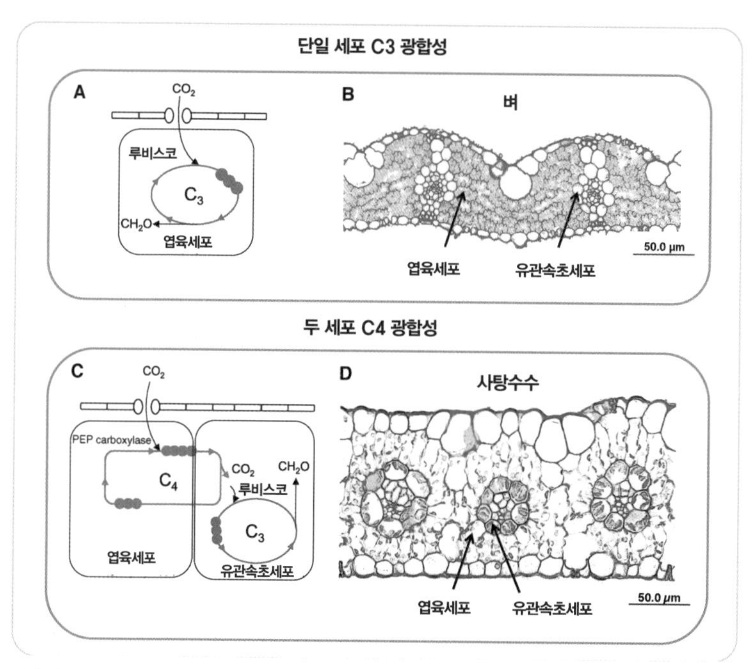

광합성은 이산화탄소를 고정하는 방식에 따라 C3 광합성과 C4 광합성 두 가지가 있다. 둘 가운데 원조인 C3 광합성은 여전히 벼를 비롯해 식물종의 95%가 채택하고 있다(위). 기후변화로 약 3000만 년 전 등장한 C4 광합성은 별도의 세포에서 이산화탄소를 고정해 효율을 높였다. 그 결과 사탕수수 등 식물종의 5%만이 C4 광합성을 하지만 이산화탄소 고정량은 30%에 이른다(아래). (제공 「사이언스」)

이를 'C3 광합성'이라고 부른다. 그리고 이 반응을 촉매하는 효소가 루비스코Rubisco로 지구에서 가장 많이 존재하는 단백질이다.

그 뒤 여러 과학자들이 다양한 식물을 대상으로 같은 방법을 써서 광합성 메커니즘을 조사했다. 그런데 이 과정에서 몇몇 과학자들은 이상한 현상을 발견했다. 1950년대 말 미국 하와이당재배자협회실험실 소속 연구자들은 사탕수수의 광합성 과정에서 말레이트malate 같은 탄소가 4개인 분자들이 탄소14로 표지돼 있다는 사실을 발견했다. 그러나 이 결과는 내부 보고서에만 수록됐다. 실험 과정 중의 오염이나 부수적인 반응 등의 가능성을 배제할 수 없었기 때문이다. 결국 연구자들은 1965년이 돼서야 학술지 「식물생리학」에 연구결과를 발표했다.

술자리에서 의기투합

이 해 호주 호바트에서 열린 호주생화학회컨퍼런스에 참석한 콜로니얼제당주식회사의 연구원 할 해치와 로저 슬랙은 회의장을 나와 맥주를 마시며 잡담을 나누다 하와이 연구자들의 논문을 화제에 올렸고 그 결과를 제대로 규명해보기로 했다. 이들은 이리저리 머리를 굴리다 '펄스추적방사성동위원소표지법'이라는 기발한 방법을 떠올렸다. 즉 사탕수수 잎에 탄소14인 이산화탄소를 1분 정도로 짧게 노출시킨 뒤 잎을 갈아 분석하면 이산화탄소가 처음 결합한 분자가 정말 탄소 4개짜리인지 알 수 있다고 가정했다. 그리고 실험한 결과 정말 그랬고 이를 발표한 게 1966년 논문이다.

그 뒤 C4 광합성 연구가 이어지면서 흥미로운 사실이 밝혀졌다. 즉 C4 광합성을 하는 식물은 잎의 내부 구조가 달랐다. 즉 C3 광합성을 하는 식물은 엽육세포 안에서 이산화탄소를 고정해 탄소 3개짜리 분자를 만들어 바로 캘빈 회로가 돌아간다. 반면 C4 광합성을 하는 식물은 엽육세포 안에서 이산화탄소를 고정해 탄소 4개짜리 분자를 만든 뒤 이 분자를 인접한 유관속초세포로 넘긴다. 여기서 분자가 분해돼 다시 이산화탄소가 나온 뒤 C3 광합성의 과정이 시작된다. 그런데 이렇게 번거로운 C4 광합성이 왜 존재할까.

기후변화가 진화 이끌어

이런 의문에 답을 하는 과정에서 과학자들은 지구의 대기조성과 기후변화가 식물의 진화에 미치는 영향을 알게 됐다. 대략 30억 년 전 미생물이 광합성을 하기 시작했을 때 대기는 이산화탄소가 많았고 산소는 별로 없었다. 따라서 이산화탄소를 붙잡는 루비스코 단백질은 구조가 정교할 필요가 없었고 따라서 산소도 붙잡게 됐다. 그런데 대기 중의 산소가 늘어나고 이산화탄소가 줄기 시작하면서 문제가 생겼다. 즉 이산화탄소 대신 산소를 붙잡는 비율이 높아지면서 광합성 효율이 떨어졌기 때문이다. 게다가 기후가 건조해지면 수분의 증발을 막기 위해 기공을 닫아야 해 세포 내 이산화탄소 농도가 더 낮아진다.

이런 기후변화는 신생대, 특히 대략 3000만 년 전인 올리고세에 본격적으로 시작됐고 이 무렵 C4 광합성을 하는 식물이 등장했다. 즉 이산화탄소를 붙잡는 세포와 캘빈 회로가 돌아가는 세포를 분리함으로써 대기 중 이산화탄소 농도 감소와 대기 건조라는 광합성에 불리한 조건을 극복하게 진화한 것이다. 그리고 숲이 광범위하게 사바나(초원)로 바뀌는 1000만~600만 년 전 C4 식물들이 폭발적으로 늘어났다. 침팬지와 공통조상에서 인류가 진화를 시작한 시점과 비슷하다. C3 식물이 유인원들이라면 C4 식물은 사람인 셈이다.

놀랍게도 이렇게 C4 광합성을 '발명'한 식물은 무려 61가지 계열에 이른다. 즉 새로운 환경에 적응하기 위해 수십 차례나 서로 독립적인 '수렴진화'가 일어났다는 말이다. 오늘날 C4 광합성을 하는 식물은 전체 식물 종수의 5%에 불과하지만 이들이 광합성으로 고정하는 이산

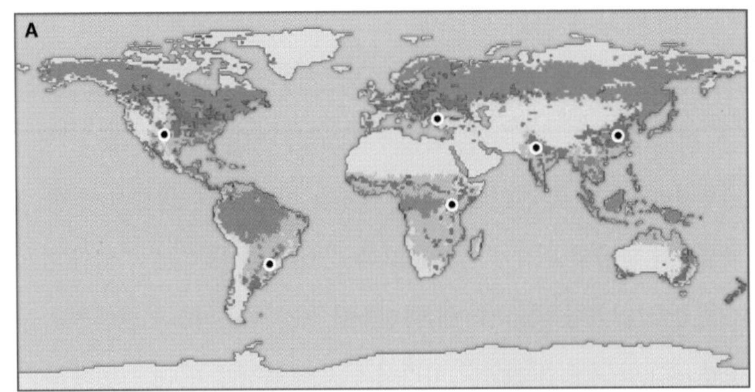

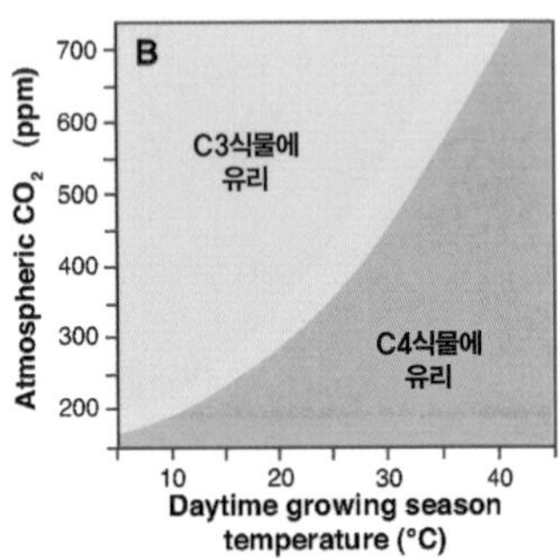

세계의 식물 분포. 풀(초본) 가운데 C3 식물은 노란색, C4 식물은 오렌지색이다. 녹색은 숲(목본), 빨간색은 농경지다. 덥고 건조한 지역에서 C4 식물이 우세함을 알 수 있다. 오른쪽은 C3 식물과 C4 식물이 선호하는 환경을 그래프로 나타낸 것으로, 오늘날 대기 중 이산화탄소 농도인 400ppm의 경우 30도가 넘으면 C4 식물이 20도 밑에서는 C3 식물이 확실히 유리함을 알 수 있다. (제공「사이언스」)

화탄소의 양은 30%에 이른다.

C3 식물은 대기 중 이산화탄소 농도가 높고 기공을 열어도 수분 손실이 적은 저온에서 경쟁력이 있고 C4 식물은 그 반대다. 산업혁명 이후 대기 중 이산화탄소 농도가 꾸준히 늘고 있지만(280ppm에서 150여년 만인 2015년 400ppm을 돌파했다) 신생대 초기에 비하면 낮은 수준이다. 아무튼 지역에 따라 이산화탄소 농도는 별 차이가 없으므로 기온과 습도가 두 식물의 경쟁력을 좌우한다. 실제 두 식물의 분포를 보면 저위도에서 C4 식물이 우세하고 중위도, 고위도에서 C3 식물이 우세하다.

열대식물이라고 다 C4 식물인 건 아니다. 대표적인 예가 벼로 여전히 C3 광합성을 하고 있다. 그런데 소위 '잡초'는 대부분 C4 식물이기 때문에 벼보다 광합성의 효율이 높다. 특히 가뭄이 심할 때 더 그렇다. 그렇다면 벼를 C4 식물로 바꿀 수 있을까. 물론 지구가 더 건조해지고 수백만 년 수천만 년 세월이 흐르다 보면 벼가 C4 식물로 진화할 수도 있겠지만 불과 한 세대 뒤 인류를 먹여 살려야 하는 절박한 현실에서 영원과 같은 시간이다.

따라서 과학자들은 벼를 C4 식물로 만들려고 한다. 필리핀 로스바뇨스에 있는 국제미작연구소IRRI에서는 수년 전부터 'C4 벼 프로젝트'를 진행하고 있는데 아직은 성공하지 못했다. 물론 C4 광합성 메커니즘은 자세히 규명됐기 때문에(이에 따르면 20개가 넘는 유전자를 도입해야

1966년 당시 호주 콜로니얼제당주식회사의 연구원 할 해치와 로저 슬랙은 학술지 「생화학 저널」에 C4 광합성의 존재를 명쾌히 규명한 논문을 발표했다. 두 사람은 50년이 지난 2016년 4월 호주 캔버라에서 열린 C4 광합성 컨퍼런스에 참석했다. 오른쪽에서 두 번째가 해치, 맨 오른쪽이 슬랙이다. (제공 C4 광합성 컨퍼런스)

한다) 최근 급속히 발달한 게놈편집기술을 적용할 경우 머지않아 C4 벼가 나올 수도 있을 것이다. 그 경우 수확량이 50%는 늘어날 것으로 예상될 뿐 아니라 가뭄에 저항력이 높아져 재배 가능지역도 넓어질 것이다.

2016년 4월 호주 캔버라에서 열린 'C4 광합성 컨퍼런스: 과거와 현재, 미래'에는 1966년 논문의 저자인 해치와 슬랙도 참석했다. 80대에 접어든 두 사람은 후배들의 발표를 열정적으로 경청하며 그 순간을 마음껏 즐겼다고 한다. 이런 모습을 보여주는 원로 과학자가 우리나라에도 많이 있었으면 하는 생각이 문득 든다.

6-6

바이오부탄올 100년 만에 빛 보나

"내 조국 이스라엘로부터 이 제안을 받고 나는 깊은 감동을 느낌과 동시에 한편으로는 이 제안을 받아들일 수 없다는 사실에 슬픔과 부끄러움을 느끼고 있습니다. 나는 지금까지 줄곧 객관적인 문제만을 다루어 왔습니다. 때문에 사람을 적절히 다루고 공적인 직무를 수행해나갈 타고난 재능과 경험이 모두 부족합니다."

1952년 73세의 알베르트 아인슈타인은 신생국 이스라엘의 2대 대통령이 되어달라는 제안에 대한 답신에서 이렇게 쓰고 있다. 사물의 관계에 천착한 과학자로서 사람 사이의 얽히고설킨 정치와 행정을 이끈다는 건 능력 밖이라는 고백이다. 이스라엘 대통령 자리가 공석이 된 건 초대 대통령 하임 바이츠만Chaim Weizmann(사진)이 재임 3년 만에 78세로 사망했기 때문이다.

그런데 바이츠만 역시 과학자였다. 물론 아인슈타인 같은 위대한 과학자는 아니었지만 100여 건의 특허를 낸 대단한 과학자였다. 더 놀라운 건 바이츠만은 과학자 생활을 접고 정치를 시작한 게 아니라 오랫동안 투잡을 뛰었다는 사실이다.

1921년 아인슈타인과 바이츠만(그 오른쪽)이 미국을 방문했을 때 함께 한 모습이다. (제공 위키피디아)

1차 세계대전에서 큰 공헌해

1874년 당시 러시아제국(현재는 벨라루스)의 핀스크 근처 모텔 마을에서 유태계 목재상의 아들로 태어난 바이츠만은 어려서부터 유태인에 대한 차별에 민감하게 반응했다. 과학에 재능이 있었음에도 러시아에서는 대학에 진학하기 어렵게 되자 1892년 열여덟에 독일 다름슈타트공대로 유학을 떠났고 그 뒤 다시는 러시아로 돌아가지 않았다.

2년 뒤 베를린공대로 옮겨 학부를 마쳤고 1897년 스위스 프라이부르그대로 옮겨 1899년 유기화학 전공으로 박사학위를 받았다. 1901년 제네바대에서 강사로 임명됐고 1904년 영국 맨체스터대에서 선임강사 자리를 얻었다. 1910년 영국시민권을 얻은 뒤 1934년까지 30년 동안 맨체스터에서 살았다.

바이츠만은 스위스 유학 시절부터 시온주의Zionism 운동에 깊이 관여했다. 시온주의란 유럽 각지에 퍼져 있는 유태인들이 조상의 땅인 팔레스타인에 자신들의 조국을 건설하려는 목적을 실현하려는 민족운동이다. 헝가리 태생의 저널리스트 테오도르 헤르츨이 주도해 1897년 스위스 바젤에서 세계시온주의자기구를 설립했다. 바이츠만은 이듬해 열린 2회 총회부터 죽 참석했다.

바이츠만이 영국에 머물면서 낸 100여 건의 특허 가운데 가장 유명한 건 1915년 발견한 박테리아로 옥수수 전분 같은 탄수화물을 발효시켜 아세톤과 부탄올 같은 유기용매를 얻는 방법이다. 이 해에 시범공장이 세워져 대량생산 가능성을 확인했고 이듬해부터 영국 각지의 증류소를 개조해 대량생산에 들어갔다.

이처럼 산업화가 빨리 진행된 건 그만큼 시급했기 때문이다. 1914년 제1차 세계대전이 터진 뒤 아세톤의 수급에 빨간불이 들어온 상황에서 영국정부가 바이츠만의 연구를 알게 된 것이다. 아세톤은 코다이트cordite라는 폭약을 제조하는 데 꼭 필요한 용매였다. 영국은 바이츠만이 개발한 발효공정으로 전쟁 기간 동안 아세톤 3만 톤을 만들 수 있었고 전쟁의 승리에 큰 보탬이 됐다.

이때 나오는 산물은 대략 아세톤이 3, 부탄올이 6, 에탄올이 1의 비율이었고 따라서 각 화합물의 약자를 써 이 공정을 'ABE발효'라고 부른다. 양으로 따지면 BAE발효라고 불러야겠지만 당시 중요한 건 아세톤이었기 때문이다.

전쟁이 끝나고 1920년 발효공정은 CSC라는 회사로 넘어갔고(물론 바이츠만은 로열티를 받았다) 1964년까지 미국과 영국의 여러 공장에서 생산됐다. 그러나 그 뒤 공장들이 하나둘 문을 닫았고 1983년 남아공의 마지막 발효공장이 폐쇄되면서 ABE발효산업은 종말을 고했다. 그 이유는 가격경쟁에서 밀렸기 때문이다. 석유화학산업이 발달하면서 석유에서 부탄올과 아세톤을 훨씬 싸게 만들 수 있었다.

아무튼 바이츠만은 ABE발효공정을 개발한 덕분에 영국 정계에 든든한 지원군을 두게 됐고 결국 시온주의 운동은 1948년 이스라엘 건국으로 열매를 맺었다. 이 과정에서 바이츠만은 1920~31, 1935~46년 시온주의기구 의장을 지냈고 1949년 초대 대통령으로 추대됐다. 우리가 흔히 영어식 발음으로 이스라엘 와이즈만연구소라고 부르는 바이츠만과학연구소는 그의 이름을 딴 것이다.

대사공학으로 생산성 높여

오랫동안 사람들의 뇌리에서 잊힌 ABE발효공정이 21세기 들어

바이츠만이 개발한 ABE발효는 1920년부터 미국회사 CSC가 라이선스를 받아 1964년까지 생산했다. 미국 인디애나주 테라호잇의 공장 모습.

다시 주목을 받기 시작했다. 석유의 고갈이 시간문제이고 온실가스로 인한 지구온난화가 이슈가 되면서 지속가능한 친환경 원료에 대한 관심이 높아졌기 때문이다. 그런데 이번엔 아세톤이 아니라 부탄올이 주인공이다. 부탄올은 용매로도 쓸모가 많지만 휘발유를 대체할 수 있는 뛰어난 연료이기 때문이다.

물론 바이오연료는 이미 거대한 산업이 됐다. 브라질 같은 곳은 바이오에탄올이 휘발유를 대체했다. 바이오디젤 역시 널리 쓰이고 있다. 그러나 연료로서는 바이오부탄올(물론 석유에서 만든 부탄올과 화학적으로 동일하다)이 한수 위이다. 바이오부탄올은 단위 무게당 낼 수 있는 에너지가 가장 많고 휘발유와 어떤 비율로도 섞이면서도 물은 좋아하지 않는다. 반면 에탄올은 물을 빨아들이기 때문에 부식의 위험성이 있다. 또 부탄올은 물과 섞이지 않기 때문에 발효 뒤 분리하기 쉬운 반면 에탄올은 증류를 통해 분리해야 하므로 에너지가 추가로 들어간다.

그렇다면 왜 브라질은 부탄올 대신 에탄올을 선택했을까. 수천 년의 유구한 역사를 자랑하는, 효모를 이용한 에탄올발효(양조와 본질적으로 같은 과정이다)가 훨씬 쉽고 수율이 높기 때문이다. 반면 부탄올은 클로스트리디움 아세토부틸리쿰*Clostridium acetobutylicum*이라는 박테리아가 만드는데 반응조건이 까다롭고(산소를 싫어한다) 수율이 낮다. 따라서 석유계 부탄올이나 바이오에탄올 같은 기존 주자들과 경쟁하려면 이 박테리아가 바뀌어야 한다.

2000년대 들어 각국의 과학자들은 '대사공학metabolic engineering'이라는 생명공학 기술을 써서 다양한 측면에서 클로스트리디움 아세토부틸리쿰을 본격적으로 개조하기 시작했다. 즉 녹말의 포도당뿐 아니라 바이

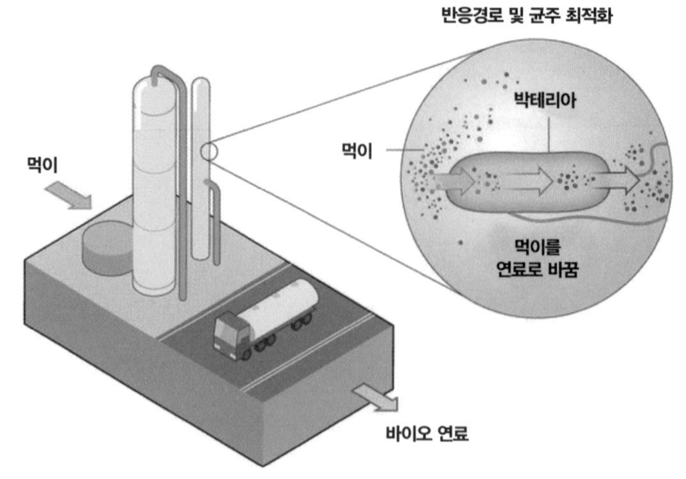

21세기 들어 석유고갈과 환경문제로 친환경 바이오연료에 대한 관심과 수요가 높아지고 있다. 연구자들은 대사공학기술을 써서 미생물이 먹이를 연료로 바꾸는 효율을 높이는 연구를 진행하고 있다. (제공 「네이처」)

오디젤을 만들 때 나오는 부산물인 글리세롤을 먹게 한다든가 심지어 목재의 셀룰로오스를 소화할 수 있게도 만들었다. 또 대사에 관여하는 유전자를 끄거나 증폭해 대사경로를 바꿔 아세톤은 덜 만들고 부탄올은 더 만들게 유도하기도 했다. 또 클로스트리디움속屬의 다른 종 박테리아를 대상으로 연구를 넓히기도 했다.

오늘날 대사공학 연구에서 가장 앞서가는 곳 가운데 하나가 카이스트 생명화학공학부 이상엽 교수팀으로 특히 바이오부탄올이 두드러진다. 이 교수팀과 GS칼텍스 연구팀이 공동으로 연구해 지난 2012년 학술지 「엠바이오」에 실은 논문은 2017년 3월 현재 124회 인용됐을 정도로 획기적인 내용이다.

클로스트리디움 아세토부틸리쿰은 두 가지, 즉 직접 경로와 간접 경로로 부탄올을 만드는 것으로 알려져 있는데, 연구자들은 이 메커니즘을 명쾌하게 규명했다. 그리고 더 많은 부탄올을 만드는 직접 경로의 비율이 높게 대사를 조작했다. 그 결과 간접 경로의 두 배였던 직접 경로가 18.8배가 됐다(물론 비율이므로 직접 경로가 는 것과 간접 경로가 준게 반영된 결과다).

아무튼 전체적인 수율도 많이 늘어나 배양액 1L당 18.9ml의 부탄올이 만들어져 야생 균주에 비해 160%나 더 높았다. 투입한 포도당(먹이) 한 분자당 부탄올 0.71분자가 만들어져 역시 기존에 비해 245%나 더 높았다. 실제 연속배양 공정에 적용한 결과 배양액 1L에 시간당 1.32g의 부탄올을 얻었고 전환율도 포도당 한 분자당 부탄올 0.76분자였다.

2016년 9월 29일 GS칼텍스는 여수에 세계 최초로 비식용 바이오매스를 쓰는 바이오부탄올 시범공장을 짓는 첫 삽을 떴다. 연간 생산량이 400톤으로 공정의 상업화 가능성을 알아보는 게 주목적이다. 옥수수나 사탕수수 같은 식용(1세대) 바이오매스를 쓰는 바이오부탄올 공장은 있지만 폐목재나 볏짚 같은 비식용(2세대) 바이오매스를 이용하는 공장은 아직 없다.

1세대 바이오매스는 결국 식량 또는 사료를 전용하는 것이므로 세계 곡물시장을 불안하게 하는 원인으로 지목받고 있는 데다, 원료를 확보하려면 숲을 개간해 밭을 만들어야 하므로 전혀 친환경이 아니라는 비난의 목소리가 높다. 따라서 최근 2세대 바이오매스를 이용한 바이오연료 연구가 활발하다.

연구자들은 비식용 바이오매스를 황산으로 처리해 셀룰로오스 같은 고분자를 당으로 분해한 뒤 클로스트리디움 아세토부틸리쿰에게 먹여 부탄올을 만들게 했다. 이때 포도당뿐 아니라 여러 당이 나오는

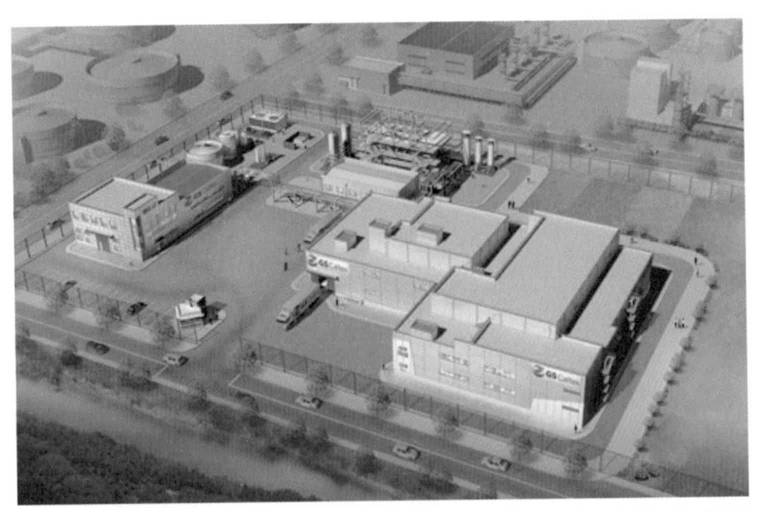

2016년 9월 29일 GS칼텍스는 여수에 세계 최초로 2세대 바이오매스를 쓰는 바이오부탄올 시범공장을 착공했다. 2017년 하반기 완공될 예정인 이 공장의 생산성에 따라 상용화 여부가 결정된다. (제공 GS칼텍스)

데 이를 다 잘 먹게 균주를 만들었다고 한다. 아마도 2012년 카이스트와 함께 만든 균주를 추가로 개량한 것으로 보인다.

이 회사의 홍보자료에 따르면 매년 우리나라에서 나오는 폐목재가 300만 톤에 이른다고 한다. 부디 2017년 하반기에 완공될 예정인 시범공장이 잘 돌아가 상업성이 있는 것으로 결론이 나 우리나라가 2세대 바이오부탄올 생산기지로 자리하기를 바란다.

Part 7

생물은 언제나 신기해

7-1

시골 새와 도시 새

이솝우화 가운데 '시골 쥐와 도시 쥐' 이야기가 있다. 어느 날 시골 쥐가 도시 쥐를 집으로 초대했다. 그런데 먹을 게 보리 같은 낟알밖에 없자 이를 딱하게 여긴 도시 쥐가 당장 자기 집으로 가자고 했다. 도시 쥐의 집에는 곡식은 물론이고 콩, 대추야자, 치즈, 꿀, 과일 등 시골 쥐가 구경도 못한 먹을거리가 잔뜩 있었다.

둘이 막 먹으려는데 문이 열리며 사람이 들어오자 도시 쥐는 시골 쥐를 데리고 얼른 쥐구멍으로 들어갔다. 사람이 나간 뒤 다시 식사를 하려고 하는데 또 문이 열리며 다른 사람이 들어왔다. 두 번 놀란 시골 쥐는 "잘 있게나 친구! 자네나 배불리 먹으며 마음껏 즐기게나. 위험과 온갖 두려움 속에서 말일세!"라고 말하며 시골로 떠났다.

이솝은 이 이야기를 통해 불안함 속에 사치스럽게 살 게 아니라 평온함 속에 검소하게 사는 삶이 낫다는 메시지를 던진다. 사실 TV에서 귀농귀촌을 한 사람들의 사연을 들어보면 '시골 쥐와 도시 쥐'가 쥐 얘기만은 아니라는 생각이 든다. 그런데 정말 같은 종의 동물이라도 어디에 사느냐에 따라 행동이나 성격이 다를까.

도시 새, 머리 회전 빨라

학술지 「행동생태학」 2016년 3/4월호에는 '시골 새와 도시 새'를 대상으로 한, 우화가 아닌 행동실험 결과를 담은 논문이 실렸다. 캐나다 맥길대 생물학과 연구자들은 카리브해의 작은 섬나라 바베이도스의 고유종인 피리새(학명 *Loxigilla barbadensis*)가 서식지 환경에 따라 행동이나 생리가 다른지 알아봤다.

이들은 섬에서 인구밀도가 높은 네 지역과 낮은 네 지역에서 새에게 손상을 입히지 않는 그물로 피리새 53마리를 잡았다. 널찍한 새장 속에 새들을 이틀 동안 둬 적응시킨 뒤 실험을 시작했다. 먼저 '과감함'을 알아보는 실험으로 씨앗이 담긴 페트리접시를 넣어준 뒤 새가 얼마 만에 씨앗을 쪼아 먹는지 측정한다. 그 결과 사람과 마주치는 경우가 많은 도시 새가 더 과감할 것이라는 예상대로 도시 새가 시골 새보다 망설이는 시간이 짧았다.

다음으로 '새로운 것에 대한 두려움neophobia'을 알아보는 실험을 진행했다. 즉 낟알이 담긴 페트리접시 옆에 30cm 길이의 노란 막대기를 두거나 색이 선명한 공 두 개를 뒀을 때 씨앗을 쪼아 먹는 데 걸리는 시간을 측정했다. 그런데 도시 새가 두려움이 덜할 것이라는 예상과는

연구자들은 제주도보다도 작은 섬나라 바베이도스의 여덟 곳에서 피리새를 포획했다. 인구밀도가 높은 지역 네 곳(노란색 표시)에서 26마리를, 인구밀도가 낮은 네 곳(빨간색 표시)에서 27마리를 잡아 비교실험을 진행했다. (제공「행동생태학」)

달리 시골 새보다 시간이 더 걸렸다. 연구자들은 이 결과를 제대로 설명하지 못했다.

다음으로 인지력을 테스트했는데 역시 복잡한 환경에 사는 도시 새가 더 나을 것으로 예상했다. 먼저 뚜껑열기과제로 통 안에 들어 있는 씨앗을 먹으려면 부리로 뚜껑을 열어야 한다. 테스트 결과 정말 도시 새가 시행착오를 덜 겪고 뚜껑을 열어 씨앗을 먹었다. 다음으로 좀 더 어려운 터널과제를 제시했는데, 투명한 플라스틱 터널(길이 10cm) 안에 있는 씨앗을 먹으려면 씨앗을 담은 통에 연결된 막대를 부리로 끌어내 뚜껑을 열어야 한다. 이 문제 역시 도시 새가 더 빨리 파악했다.

반면 식별과제에서는 도시 새와 시골 새 사이에 차이가 없었다. 녹색 상자 안에 들어 있는 페트리접시에는 정상적으로 씨앗이 담겨 있고

바베이도스 피리새가 문제해결능력(인지력)을 시험하는 '뚜껑열기과제'를 수행하고 있다. 뚜껑을 열어 통 안의 씨앗을 먹는 데 걸리는 시간을 측정하는 실험으로, 도시 새가 시골 새보다 시간이 덜 걸렸다. (제공 맥길대)

노란색 상자 안에 들어 있는 페트리접시에는 접시바닥에 고정된 씨앗이 담겨 있는 경우를 경험하게 한 뒤 녹색 상자와 노란색 상자를 함께 제시하자 도시 새 시골 새 모두 녹색 상자 쪽으로 갔다.

끝으로 연구자들은 면역반응을 측정했다. 연구자들은 인구밀도가 높아 다양한 병원균에 노출될 가능성이 높은 도시 새가 면역반응이 더 민감할 것으로 예상했는데, 세포면역반응을 측정하는 PHA라는 성분을 주사한 결과 정말 도시 새의 면역반응이 더 큰 것으로 나왔다.

연구자들은 "도시 새가 과감함, 문제해결능력, 면역력이 더 높은 건 먹이와 사람의 개입, 병원체 등 환경변화에 대한 경험에서 비롯된 반응의 결과"라며 이런 차이가 장기화될 경우 도시 새와 시골 새 사이에 유전적인 차이도 생길 수 있을 것이라고 설명했다.

논문에 따르면 현재로서는 겉모습으로 바베이도스의 도시 피리새와 시골 피리새를 구분할 수 없지만 왠지 시골 피리새가 더 정겹게 느껴진다.

7-2

지의류 세 번째 공생자 발견?

지의류는 농사짓는 법을 터득한 균류다.

- 트레버 고워드Trevor Goward, 지의류학자

도심에서 떨어진 산을 찾으면 표면에 뭔가가 덮여 있는 나무줄기나 바위가 쉽게 눈에 띈다. 흔히 이끼라고 잘못 말하는 '지의류'다. 지의류는 독특한 생명체로 오랫동안 생물학자들을 헷갈리게 해왔다. 지구 도처에 존재함에도 그 실체가 밝혀진 게 불과 140여 년 전이다. 지의류는 균류fungus와 광합성을 하는 미생물의 공생체다. 따라서 두 종으로 이뤄진 개체에 학명을 붙이는 게 말이 안 되는 것 같지만 아무튼 지금까지도 그렇게 하고 있다. 다만 소속은 균류 밑에 두고 있다.

지의류에서 균류는 형태와 구조를 담당하고 녹조류(진핵생물)나 시아노박테리아(원핵생물)는 광합성을 통해 에너지를 공급한다. 균류 덕분에 극지방 같은 곳에서도 살 수 있고 광합성 미생물 덕분에 먹을 게 없는 바위 위에서도 살 수 있다. 바로 이런 공생 덕분에 지의류는 지표의 6%를 덮고 있을 정도로 지구 전역에 걸쳐 퍼져 있다. 생김새가 특이한 석이버섯도 엄밀히 말하면 지의류다.

두 종으로는 설명할 수 없는 차이

학술지 「사이언스」 2016년 7월 29일자에는 두 종의 공생체로 알고 있었던 지의류가 실제로는 세 종의 공생체일지도 모른다는 흥미로운 연구결과가 실렸다. 오스트리아 그라츠대와 미국 몬타나대 연구자들은 브료리아*Bryoria*속屬의 지의류 두 종을 연구하다가 이런 뜻밖의 발견을 했다.

브료리아 프레몬티*B. fremontii*와 브료리아 토르투오사*B. tortuosa*라는 두 지의류는 공생체를 이루는 균류와 녹조류를 따로 놓고 봤을 때는 구분할 수 없을 정도다. 그럼에도 공생체인 지의류는 형태가 비슷하지만 프레몬티는 짙은 갈색이고 토르투오사는 노란색이다. 게다가 토르투오사의 경우 불핀산vulpinic acid이라는 독성물질의 함량이 훨씬 더 높다.

그런데 최근 두 지의류의 게놈을 해독한 결과 별다른 차이가 없다는 연구결과가 나왔다. 연구자들은 다음으로 전사체transcriptome를 분석해보기로 했다. 비록 게놈 서열이 비슷할지라도 유전자 발현 패턴이 다르면 표현형(형태나 생체물질합성)이 다를 수 있기 때문이다. 그러나

브료리아속 지의류 두 종에 대한 연구를 통해 지의류가 실은 세 종으로 이뤄진 공생체라는 연구결과가 최근 발표됐다. 세 번째 공생체는 단세포 균류(효모)로 형광표지법으로 그 존재를 알 수 있다. 사진을 보면 프레몬티(위)보다 토르투오사(아래)에 효모(오른쪽 녹색 점)가 훨씬 많이 분포함을 알 수 있다. (제공「사이언스」)

뜻밖에도 전사체 패턴까지 비슷했다.

당황한 연구자들은 전사체 분석을 다시 해보기로 했다. 즉 기존에는 브료리아의 공생 종인 자낭균류와 녹조류의 게놈만 봤는데 이번에는 균류 전반에 걸쳐 확인해보기로 한 것이다. 그 결과 놀랍게도 담자균류에 속하는 유전자들이 무더기로 드러났고 그 발현량이 두 지의류에서 크게 차이가 난다는 사실이 확인됐다. 즉 토르투오사에서 담자균류의 유전자들이 훨씬 많이 발현됐다.

뜻밖의 발견에 놀란 연구자들은 세계 곳곳에 있는 52속의 지의류에 대해 유전자 분석을 해봤고 역시 다들 두 가지 균류로 이뤄져 있다는 사실을 확인했다. 즉 많은 지의류가 균류 두 종과 광합성 미생물 한 종의 공생체라는 말이다. 그렇다면 지의류에서 세 번째 공생체인 균류의 역할은 무엇일까.

기존 균류가 지의류의 골격을 맡고 있다면 이번에 발견된 균류는 단세포 상태, 즉 효모로 존재하며 색소나 독소 등 특정한 생체분자를 만들어 어떤 식으로든 지의류의 생존에 도움을 주는 것으로 보인다. 그런데 지의류가 공생체라는 사실이 알려지고 140년이 지나는 사이 어떻게 제3의 공생자들이 그 존재를 들키지 않았을까.

연구자들은 이 균류가 단세포인 효모 상태로 기존 균류 골격 사이사이에 박혀 있기 때문에 현미경으로 보더라도 그 존재를 파악할 수 없었다고 설명했다. 논문을 보면 효모에만 달라붙는 형광표지기법을 써서 제3의 공생자의 존재를 확인한 사진이 실려 있다. 즉 독소를 만드는 토르투오사에 효모가 훨씬 많이 분포한다. 그럼에도 아직은 이들이 진정한 공생자인지 단정 지을 수 없다. 연구자들은 효모의 게놈을 좀 더 정밀하게 분석해 독소를 만드는 데 관여하는 유전자들이 정말 포함돼 있는지 알아볼 계획이다.

이번 연구가 지의류에 보편적인 사실로 확인될 경우 지의류는 두 종이 아니라 세 종의 공생체라고 생물학 교과서가 바뀌어야 할 것이다.

7-3

해바라기 꽃은 해바라기를 하지 않는다!

오래 전에 난 해바라기의 친척인 노랑데이지 밭을 지나갔다. 모든 꽃들이 아침 해를 향하고 있었다. 난 그 광경을 찍으며 늦은 오후에 다시 사진을 찍으면 태양추적을 기록할 수 있다고 안이하게 생각했다. 하지만 해질 무렵 그 자리에 돌아왔을 때 모든 꽃들이 여전히 동쪽을 향하고 있었다.

- 윈슬로 브릭스Winslow Briggs

국어사전을 보면 '해바라기'는 식물 이름일 뿐 아니라 '추울 때 양지바른 곳에 나와 햇볕을 쬐는 일'이라는 행동을 가리키기도 한다. 사전에는 없지만 '일편단심 해바라기'처럼 누군가를 향한 변함없는 마음

(주로 애정)을 나타낼 때도 쓰인다. 실제 해바라기는 중국어 이름 '향일규向日葵'를 풀어쓴 우리말이다.

지금까지 필자는 해바라기 꽃이 이름대로 해를 따라 도는 것으로 알고 있었다. 그러나 사실 해바라기 꽃은 동쪽을 향해 고정돼 있다고 한다. 따라서 아침에만 해바라기를 할 뿐 오후에는 오히려 해를 등지는 셈이다. 앞의 인용문처럼 카네기과학연구소의 윈슬로 브릭스 같은 저명한 식물학자도 해바라기나 그와 가까운 식물의 꽃들이 '해바라기'를 하는 줄 알고 있었다니 필자의 무식함이 그렇게 부끄러운 일은 아닌 것 같기도 하다.

브릭스 박사는 1928년생으로 88세나 되지만 학술지 「사이언스」 2016년 8월 5일자에 글을 실을 정도로 아직 정정한가 보다. 그는 같은 호

미국 노스캐롤라이나의 풍경으로 한 방향(동쪽)을 향해 일제히 핀 해바라기 꽃들이 장관이다. (제공 위키피디아)

에 실린 해바라기의 향일성向日性을 다룬 논문에 대한 해설을 쓰며 말미에 이런 깜짝 고백을 하며 글을 재미있게 마무리했다. 그런데 눈치 빠른 독자는 여기서 모순을 발견했을 것이다. 앞에서 해바라기 꽃의 방향이 동쪽으로 고정돼 있다고 했는데 해바라기의 향일성, 즉 해를 따라가는 성질을 다룬 논문이 실렸다는 게 말이 안 되는 것 아닌가.

흥미롭게도 해바라기는 진짜 '해바라기'를 한다. 다만 꽃이 피기 전까지만 그렇다. 즉 식물체 줄기의 윗부분이 아침에는 동쪽, 늦은 오후에는 서쪽을 향한다. 그렇다면 해가 진 뒤 서쪽을 향해 있던 줄기 끝이 아침에 해가 뜨면 '순식간에' 동쪽으로 돌아간다는 것일까. 그건 아니고 밤사이에 알아서 동쪽으로 방향을 바꿔 해를 기다린다. 그리고 엄밀히 말하면 완벽한 해바라기는 아닌 게 정오 무렵에는 수직방향이기 때문이다(보통 북반구에서 이때 해는 남쪽에 있다). 즉 줄기 끝이 하루 주기로 동서를 왔다 갔다 하는 셈이다.

성장호르몬 옥신이 관여

미국 캘리포니아대 데이비스 캠퍼스의 식물학자들은 꽃이 생기기 전, 즉 성장하는 해바라기의 줄기 끝이 왜 해바라기를 하는지 그리고 그 메커니즘은 무엇인지를 밝히기로 했다. 연구자들은 어린 해바라기의 향일성이 생장효율과 관련이 있을 것이라고 가정하고 화분에 심은 해바라기를 갖고 이를 입증하는 실험을 해봤다. 해뜨기 직전 화분의 방향을 180도 돌려 줄기 끝이 서쪽을 향하게 한 것. 이런 식의 조작을 하자 정말 식물체가 제대로 자라지 못해 식물체 무게도 덜 나갔고

잎의 면적도 약간 줄어들었다.

사실 이런 결과는 어느 정도 예상된 것이다. 실제 해바라기 말고도 적지 않은 식물들이 향일성을 보이고 그 이유가 빛을 최대한 받아 광합성 효율을 높이기 위해서라는 게 알려져 있다. 즉 줄기의 축이 해를 향해야 보통 줄기와 수직방향인 잎에서 단면적당 더 많은 빛을 받을 수 있기 때문이다. 그렇다면 어린 해바라기의 향일성은 어떤 메커니즘으로 일어날까.

줄기나 잎꼭지가 방향을 바꾸는 메커니즘은 두 가지가 알려져 있다. 하나는 옥신auxin이라는 식물성장호르몬이 관여하는 것으로, 줄기에서 옥신 농도가 높은 쪽이 세포분열이 많이 일어난다. 즉 낮에는 줄기 동쪽에 옥신이 몰려 성장이 더 활발하게 일어나 그 결과 줄기가 점차 서쪽을 향하게 되고, 밤에는 줄기 서쪽의 옥신 농도가 높아 줄기가 다시 동쪽으로 향하게 된다. 다른 메커니즘은 물의 삼투압을 이용하는 방식이다. 삼투압이 커져 세포가 팽창하면 그 방향의 줄기가 늘어나 반대 방향을 향하게 된다. 실험결과 해바라기는 옥신을 통해 줄기 방향이 조절되는 것으로 확인됐다. 마치 계단에서 양쪽 다리를 번갈아 내디디며 올라가듯 해바라기 줄기는 동서로 방향을 바꿔가며 키가 커진다는 말이다.

연구자들은 밤에 옥신의 농도가 재배치되며 줄기 끝이 다시 동쪽으로 향하게 된다는 사실에서 해가 신호가 아니라 식물체에 내재돼 있는 일주리듬이 관여한다고 가정했다. 그리고 이를 입증하기 위해 하루를 24시간이 아니라 30시간으로 만든 조건(20시간 낮 10시간 밤)에서 해바라기를 키웠다. 만일 해의 존재가 향일성의 주된 변수라면 30시간으

해바라기는 꽃이 피기 전까지 성장할 때 줄기 끝이 동서로 해바라기를 한다. 즉 해가 질 무렵에는 서쪽을 향해 있고(왼쪽) 자정에는 수직으로 서 있고(가운데) 해가 뜰 무렵에는 동쪽을 향해 있다(오른쪽). 여기에는 식물체의 일주리듬이 관여한다. (제공「사이언스」)

로 주기만 길어질 뿐 식물체에는 큰 영향이 없을 것이다. 그러나 실험 결과 30시간 조건이 되면 향일성이 무너진다는 사실이 밝혀졌다. 즉 적어도 밤사이에 서쪽에서 동쪽으로 방향이 돌아가는 건 옥신의 재배치가 식물체에 내재된 24시간 리듬의 영향을 받은 결과라는 말이다.

동쪽을 향해야 아침에 따뜻해

줄기 끝이 동서를 왕복하며 키가 커진 해바라기가 성숙해져 꽃이 필 무렵이 되면 성장이 늦춰지는데 이에 맞춰 동서 왕복의 폭이 좁아진다. 그런데 그 속도가 달라 동쪽으로 휘는 정도는 더디게 줄어드는데 서쪽으로 휘는 정도는 빠르게 줄어든다. 그 결과 줄기 끝이 점점 동쪽을 향하면서 꽃이 필 무렵이면 완전히 동쪽을 향해 굳어진다. 그렇다면 더 이상 성장에 필요한 것도 아닌데 굳이 해바라기 꽃이 동쪽이라는 방향성을 유지할 필요가 있을까.

연구자들은 꽃의 수분효율이 그 이유임을 밝혔다. 즉 해바라기 꽃이 동쪽을 향해 있을 때 꿀벌 같은 수분곤충이 찾아오는 빈도가 높다는 것이다. 밤새 온도가 떨어져 있는 상태에서 꽃이 동쪽을 향해 있어야 아침에 떠오르는 해를 정면에서 받아 온도가 빨리 올라가고 그런 '따뜻한' 꽃을 곤충들이 좋아한다. 실제 아침에는 동쪽을 향한 꽃이 서쪽을 향한 꽃보다 온도가 3, 4도 더 높다. 그 결과 서쪽을 향한 해바라기 꽃(화분을 180도 돌려놓음)에 비해 동쪽을 향한 해바라기 꽃을 찾는 빈도가 다섯 배나 더 높았다.

그렇다면 서쪽을 향한 꽃에 열을 가해 동쪽을 향한 꽃과 온도를 같게 해주면 곤충이 찾아오는 빈도도 같아질까. 실험결과 곤충이 찾는 빈도가 훨씬 많아졌지만 여전히 동쪽을 향한 꽃보다는 적었다. 따라서 곤충의 선호도에는 온도 말고 다른 요인도 있을 가능성이 있다.

문득 해바리기 꽃이 진정한 의미에서 '해바라기'를 하고 있는 것일 수도 있겠다는 생각이 든다. 변덕스러운 태양을 좇는 대신 마음에 품고 있는 해를 생각하며 동쪽으로 일편단심 해바라기를 하고 있는 건 아닐까.

7-4

그린란드상어, 400년 사는 북극해의 터줏대감

하루는 한 노파가 오줌에 머리를 감은 뒤 천으로 물기를 닦았다. 그런데 천이 날아가 바다에 떨어졌다. 이 천이 스칼럭수악이 됐다.

- 이누이트족의 설화에서

나이 들어 푸석푸석해지는 머릿결에 조금이라도 윤기를 주려고 했는지 오줌에 머리를 감은 할머니가 머리를 말릴 때 쓴 수건이 마침 불어온 바람에 바다로 날아가 변신했다는 스칼럭수악Skalugsuak은 그린란드상어Greenland shark를 가리키는 이누이트 말이다. 오줌 묻은 수건과 상어가 무슨 관계가 있는지 도무지 모를 것 같은 이 설화는 그러나 그린란드상어를 먹으려고 고기 한 점을 집어 입에 가져가는 순간 바로 이해가 된다. 이 상어의 고기에서 오줌 냄새가 나기 때문이다.

그린란드상어의 혈액에는 오줌의 주성분인 요소urea가 고농도로 존재한다. 요소는 바닷물의 염분과 균형을 맞춰 체액의 삼투압을 조절하는 역할을 하는 동시에 빙점 이하로 떨어지기도 하는 차가운 북극해에서 몸 안에 얼음결정이 생기는 걸 막는 역할도 한다. 한편 그린란드상어의 몸에는 요소 말고도 트리메틸아민옥시드TMAO라는 분자도 존재한다. 요소의 농도가 너무 높으면 체내 단백질이 불안정해지는데 TMAO는 요소의 작용을 방해해 단백질을 안정화시킨다.

그런데 TMAO를 먹게 되면 소화과정에서 트리메틸아민TMA으로 바뀐다. TMA는 섭취량에 따라 숙취 같은 증상에서 심하면 죽음에 이를 정도까지 강한 독성이 있다. 따라서 이누이트족은 그린란드상어를 거의 먹지 않는다. 다만 아이슬란드에서는 그린란드상어 고기를 6~12주 동안 자갈에 묻어 TMAO를 빼낸 뒤 수개월간 건조발효시켜 먹는데 이를 '해칼hákarl'이라고 부른다. 한 유명 음식칼럼니스트는 해칼을 시식한 뒤 "내가 지금까지 먹어본 최악의 음식"이라고 평했다고 한다. 아마도 우리나라의 삭힌 홍어와 같은 맥락이 아닐까.

16년 동안 6cm 자라

학술지 「사이언스」 2016년 8월 12일자에는 설화에 등장하고 토속음식 정도로만 알려진 그린란드상어에 대한 놀라운 연구결과가 실렸다. 이 동물이 엄청난 장수를 누린다는 내용으로 조사한 28개체 가운데 가장 큰 녀석은 대략 400살로 추정하고 있다. 사람 28명을 무작위로 택해 나이를 조사할 경우 최고령자가 대략 80~90세 가량일 것이라고 보면 사람보다 다섯 배 정도 오래 사는 셈이다. 이는 척추동물 가운데 가장 긴 수명으로 기존의 기록 보유자였던 북극고래의 두 배에 이른다.

북극해 차가운 바다에 사는 그린란드상어가 척추동물 가운데 가장 오래 사는 것으로 밝혀졌다. (제공 Julius Nielen)

사실 그린란드상어가 장수할 것이라는 추측은 오래 전부터 있었다. 1936년 어류학자들은 그린란드에서 상어를 잡아 신체측정을 한 뒤 표식을 붙인 뒤 놓아줬는데 16년 뒤인 1952년 다시 사로잡아 몸길이를 재어보니 그 사이에 불과 6cm만 자라 있었다. 그런데 그린란드상어는 성체의 몸길이가 4~5m는 되므로 이를 감안하면 엄청나게 오래 산다는 말이다. 참고로 보통 어류는 성체가 되도 성장이 멈추지 않는다. 그러나 그린란드상어는 수족관에서 키울 수 없기 때문에 제대로 된 연구를 진행하지 못했다.

덴마크 코펜하겐대 연구자들은 어부들에게 수소문해 얻은 그린란드상어 스물여덟 마리를 대상으로 방사성탄소연대측정법을 써서 나이를 산출한 결과 가장 큰 개체(몸길이 502cm)의 경우 400살 정도 될 거라는 결과를 얻었다. 이들 상어는 대부분 재수 없게 어부들이 쳐놓은 그물에 걸린 것이다.

연구자들은 그린란드상어의 눈에서 수정체를 채취해 연대를 측정했다. 수정체는 태아가 발생할 때 형성돼 평생 유지되기 때문에 방사성탄소연대측정법을 쓸 수 있다. 다만 탄소14의 반감기가 5700년이므로 '불과' 수백 년인 나이를 추정하는 데 정밀도가 떨어질 수밖에 없다. 따라서 연구자들은 여러 통계기법을 동원해 나이를 추정했다. 가장 큰 개체의 나이가 적게는 272살에서 많게는 512살의 넓은 범위(평균 392살)로 나온 이유다.

흥미롭게도 그린란드상어 가운데는 몸길이가 6m, 때로는 7m까지 되는 경우도 발견된다. 따라서 이런 개체들의 수정체를 확보해 추가로 연대측정을 해보면 그린란드상어의 최대 수명이 500살, 600살로 늘어날 수도 있다. '조선왕조 500년'을 넘어 살았을 수도 있다는 말이다.

이번 연구결과 그린란드상어는 적어도 150살은 돼야 짝짓기를 할 수 있는 것으로 밝혀졌다. 상어 가운데 가장 차가운 바다에 살기 때문에 사람과 접촉이 거의 없고(이 상어의 공격을 받았다는 비공식 기록이 몇 건 있을 뿐이다) 고기 맛도 고약해 대다수 어부들이 외면했기 때문에 다른 거대 동물과는 달리 사람 등쌀에 멸종하지 않고 살아남은 게 아닌가 하는 생각이 든다.

7-5

침팬지는 당신이 틀리게 알고 있다는 사실을 안다

TV 뉴스에는 해외 화제영상 코너가 있다. 동물 얘기가 많은데 대부분 반려동물인 고양이와 개가 주인공이다. 그런데 고양이는 야성이 살아 있는 결과로 보이는 돌발 행동이 많은 반면 개는 사람(아이)이 연상되는 행동을 해 웃음을 자아내는 경우가 많다. 예를 들어 개 용품점에 갔는데 늦어 문이 닫힌 경우 안 사주면 꼼짝도 안 하겠다는 듯 문 앞에 드러눕는다. 또 물 컵을 쏟는 것 같은 잘못을 한 뒤 그걸 발견한 주인이 화를 내면 모른 체 하는 표정을 지어 웃음을 자아낸다.

이런 영상들을 보고 있노라면 동물들의 마음도 꽤 복잡미묘한 게 아닌가 하는 생각이 든다. 특히 남의 마음을 유추해 그에 맞춰 대응하는 게 아닌가 싶기도 한데, 이런 능력을 '마음의 이론theory of mind'라고 부른다. 예전에는 오직 사람만이 마음의 이론 능력이 있다고 여겨졌는데 최근 동물행동을 관찰한 결과 그렇지 않다는 의견이 늘어나고 있다.

한 차원 높은 마음의 이론

학술지 「사이언스」 2016년 10월 7일자에는 침팬지 같은 유인원이 꽤 높은 수준의 마음의 이론 능력을 지니고 있다는 연구결과가 실렸다. 즉 유인원은 상대가 틀린 믿음을 갖고 있을 경우 그에 따라 행동하리라는 걸 예상한다는 것이다.

미국 듀크대와 일본 교토대 공동 연구자들은 유인원인 침팬지와 보노보, 오랑우탄을 대상으로 흥미로운 관찰실험을 했다. 유인원들은 모니터의 등장인물들이 펼치는 상황을 지켜보고 그 가운데 한 사람의 행동을 예측하는데, 시선이 먼저 가는 방향을 보고 이들이 어떤 예측을 하는지 판단한다.

실험1은 사람이 킹콩(물론 사람이 분장한 것이다)을 쫓는 장면인데 킹콩이 오른쪽 짚더미 속에 숨는다. 그 뒤 상황은 두 가지 시나리오로 나뉜다. 상황1은 킹콩이 왼쪽 짚더미 속으로 옮기는 걸 확인하고 사람이 떠난 경우이고 상황2는 사람이 떠난 뒤 킹콩이 자리를 옮긴 경우다. 그 뒤 킹콩도 화면을 떠난다. 잠시 뒤 막대기를 들고 나타난 사람이 킹콩을 찾아 짚더미를 향해 간다. 이때 유인원은 어느 쪽 짚더미를 먼저 볼까.

킹콩의 동선을 기억한다면 두 상황 모두 왼쪽 짚더미를 먼저 볼 것이다. 그런데 상황에 따라 결과가 달랐다. 킹콩이 오른쪽 짚더미에서 왼쪽 짚더미로 옮기는 걸 사람도 본 상황1은 예상대로 왼쪽 짚더미를 먼저 보는 경우가 많았지만(14마리 가운데 10마리), 사람이 못 본 상황2는 오히려 오른쪽 짚더미를 먼저 보는 경우가 많았다(16마리 가운데 10마리). 이 경우 사람이 최종적으로 본 건 킹콩이 오른쪽 짚더미로 숨는 장면이므로 거기 있을 거라고 사람이 믿고 있다고 추정했기 때문이다. 즉 유인원은 상대가 틀린 지식을 토대로 행동할 것임을 파악하고 있다는 말이다.

사람은 24개월쯤 깨우쳐

두 번째 실험도 비슷하다. 킹콩은 사람이 우리에 둔 물건을 사람이 보는 앞에서 오른쪽 벽돌 뒤에 숨긴다. 그 뒤 상황1에서는 역시 사람이 보는 앞에서 물건을 왼쪽 벽돌 뒤로 옮기고 사람이 떠난 뒤 킹콩도 물건을 갖고 퇴장한다. 상황2에서는 사람이 떠나고 나서 물건을 왼쪽 벽돌 뒤로 옮기고 잠시 뒤 물건을 갖고 퇴장한다. 이제 사람이 돌아와서 물건을 찾으려고 한다. 이 과정을 지켜본 유인원은 어느 쪽 벽돌을 먼저 볼까.

유인원과 사람 모두 마지막 위치를 알고 있는 상황1의 경우 예상대로 왼쪽 벽돌을 보는 쪽이 많았지만(10마리 가운데 8마리), 유인원만 알고 있는 상황2에서는 사람이 기억하고 있는 위치인 오른쪽 벽돌을

예비실험 상황1 상황2

유인원을 대상으로 마음의 이론 능력 가운데 남이 잘못된 믿음에 따라 행동하는 걸 이해하는지 여부를 검증하는 실험이다. 왼쪽은 상황을 이해하게 하는 예비실험으로 사람이 우리에 둔 물건을 킹콩이 나타나 벽돌 뒤에 숨기고 떠나는 장면을 사람이 볼 경우 사람이 숨긴 벽돌을 더듬는 장면이다(위에서 아래 순서로). 상황1(가운데)은 예비실험과 같은 상황으로 변수를 줄이기 위해 마지막에 킹콩이 물건을 가져가는 것만 다르다. 이 경우 사람이 본 것과 물건이 마지막으로 있던 위치가 같다. 상황2(오른쪽)는 사람이 떠난 뒤 물건 위치를 바꿔 사람이 기억하는 위치와 실제 마지막으로 있던 위치가 다르다. 관찰 결과 유인원은 사람이 '틀린 믿음'을 바탕으로 행동할 것을 예측했다. (제공「사이언스」)

보는 경우가 많았다(12마리 가운데 9마리). 역시 사람이 틀리게 알고 있다는 사실을 유인원이 파악하고 있다는 말이다.

사실 이번 연구는 2007년 아이들을 대상으로 한 실험을 유인원에게 적용한 것이다. 당시 연구는 사람이 24개월만 지나도 상대가 잘못된 믿음에 따라 행동할 것임을 파악한다는 결과를 얻어 네 살이 돼야 그런 인지능력이 생긴다는 기존 학설을 수정한 바 있다. 이번 연구는 사람의 가까운 친척인 유인원들도 복잡미묘한 대인(대유인원) 관계 속에서 서로 속고 속이며 살고 있음을 시사하고 있다.

사람만이 상대의 '잘못된 믿음'을 인지하는 능력이 있는 종이라는 기존 이론이 틀렸음을 보여주는 이번 연구는 「사이언스」가 선정하는 '2016년 10대 연구성과' 가운데 하나로 뽑히기도 했다.

7-6

젖은 어떻게 만들어질까?

한 7, 8년 전 「과학동아」 기자로 일할 때 하루는 의대에 취재를 갔다가 우연히 연구실에 있는 광고지가 눈에 들어왔다. 시가 15만 원인 의학백과사전을 의사들에게 반값에 공급한다는 내용이었다. 광고지에 있는 번호로 전화를 해 솔직히 직업을 밝히고(의사는 아니라고) 기사를 쓰는 데 큰 도움이 될 것 같으니 어떻게 같은 조건으로 줄 수 없는지 물었다. "글쎄요…" 떨떠름한 대답에 이어 "그러세요. 그럼…"이라며 선선히 그 가격에 주겠단다.

이렇게 갖게 된 의학백과사전은 지금까지도 짭짤하게 이용하고 있다. 인터넷 검색이면 모든 궁금증이 해결되는 시대에(브리태니커 백과사전도 244년 역사를 뒤로 하고 지난 2012년 종이책 제작을 중단했다) 수천 쪽 분량의 책을 상당한 돈을 들여 사놓고 흐뭇해하는 필자가 시대착오적인 사람으로 보이겠지만 아무튼 필자는 두꺼운 책을 뒤적거리는 걸 좋아한다.

사전을 뒤적거리다 보면 '정말 병도 가지가지다'라는 생각이 든다. 아울러 인체 조직 역시 무척 다양하고 복잡하기 이를 데 없어 의대 안 가기를 정말 잘했다는 생각이 절로 든다. 그리고 의학에서 해부학이나 병리학의 기초는 더 연구할 게 없고 이제 의학의 과제는 새로운 약물이나 수술 같은 치료법을 개발하는 일뿐이라고 느껴진다.

그런데 2015년 제2 순환계라는 림프계가 뇌에서도 발견됐다는 연구결과가 나왔다. 뇌에는 림프계가 없다는 '의학상식'이 틀렸다는 발견이었다. 원자도 볼 수 있는 현미경이 있는 시대에 뇌 속 림프관의 존재를 최근에야 알았다는 게 의아했지만 논문을 읽어보니 신체조직을 세세하게 파악하기가 쉽지 않다고 한다.[15]

수유기 전후해서만 존재

학술지 「네이처 커뮤니케이션스」 2016년 4월 22일자에는 뇌 속 림프관 발견이 연상되는 흥미로운 연구결과가 실렸다. 포유류의 젖샘에서 세포핵이 두 개인 세포를 발견했다는 논문이다. 잠깐 교과서를

---

15 뇌 속 림프관에 대한 자세한 내용은 『티타임 사이언스』 256쪽 '봉한관과 림프관' 참조.

떠올리면 세포는 핵의 유무에 따라 원핵세포와 진핵세포로 나뉜다. 그리고 진핵세포 하나에 세포핵이 하나 있다. 그런데 핵이 두 개인 세포가 있다니 어찌된 영문일까. 그리고 포유류를 상징하는 젖샘 조직에 이런 특이한 세포가 존재하는데 어떻게 지금까지 모르고 있었을까.

"2차원 현미경은 수유기 젖샘처럼 조밀한 신체조직의 원래 상태에 있는 세포를 시각화하는 데 한계가 있다."

호주 월터&엘리자홀의학연구소 연구자들은 논문에서 그 이유를 위와 같이 설명하고 있다. 실제로 1984년 생쥐의 젖샘에서 핵이 두 개인 세포가 존재한다는 보고를 한 논문이 나왔지만 조직시료를 처리하는 과정에서 생긴 인위적인 결과라는 주장에 밀려 사장됐다. 연구자들은 이런 한계를 극복하기 위해 '3차원 공초점 현미경'을 자체 제작해 생체조직 그대로의 상태에서 세포 하나하나를 관찰하는 데 성공했다.

연구자들은 이 장치를 써서 포유류가 임신을 한 뒤 일어나는 젖

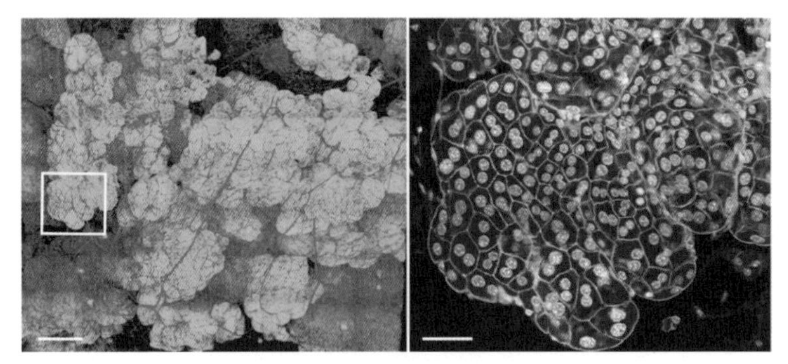

수유기 생쥐의 젖샘조직의 3차원 공초점 현미경 사진(왼쪽). 오른쪽은 왼쪽 작은 네모 안을 확대한 단면 사진으로 세포핵(흰색)이 두 개인 세포들이 뚜렷이 보인다. (제공 「네이처 커뮤니케이션스」)

샘조직의 변화를 관찰하다가 이런 놀라운 발견을 하게 됐다. 생쥐에서 임신 뒤 16.5일까지는 젖샘의 모든 세포가 핵이 하나였지만 18.5일 차에 핵이 두 개인 세포가 보였던 것이다. 이 세포는 새끼를 낳고 젖을 먹일 때까지 보이다가 젖을 끊은 뒤에는 사라졌다. 즉 젖샘에서 관찰된 핵이 두 개인 세포는 수유기를 전후해 존재했다. 핵이 두 개인 젖샘세포가 지금에야 발견된 또 하나의 이유이기도 하다. 그렇다면 왜 수유기에만 핵이 두 개인 젖샘세포가 보일까?

연구자들은 먼저 이 세포가 어떻게 만들어지는지 알아봤다. 그 결과 세포분열 과정에 변화가 생기는 것을 발견했다. 보통 체세포가 분열할 때는 먼저 게놈이 복제되고 세포핵이 두 개로 나눠진 뒤 최종적으로 세포질도 나눠지면서 세포가 두 개로 된다. 그런데 수유기 젖샘세포의 경우 세포핵이 나눠지는 단계에서 과정이 끝난다. 그 결과 세포핵이 둘인 세포가 된다. 세포분열을 준비하느라 세포질도 늘어났기 때문에 결국 세포가 커진 결과가 된다.

다음으로 핵이 두 개인 젖샘세포의 유전자발현을 조사했는데 예상대로 유단백질과 유지방, 탄수화물을 만드는 데 관여하는 유전자들의 발현이 높았다. 즉 핵이 두 개인 젖샘세포들이 젖을 만드는 생체공장이라는 말이다. 연구자들은 이런 특이한 세포가 생쥐에만 있는지 포유동물에 공통으로 있는지 알아보기 위해 사람과 소, 물개, 왈라비의 젖샘세포도 관찰했는데 역시 같은 패턴을 보였다. 즉 수유기를 전후해 젖샘세포의 세포핵이 두 개가 되는 변화는 포유류의 진화에서 본질적인 사건이라는 말이다.

세포핵이 감당할 수 있는 부피 한계 있어

사실 진핵세포 생물에서 세포핵이 하나가 아닌 세포가 존재한다는 건 오래 전부터 알려져 있는 현상이다. 예를 들어 적혈구나 혈소판의 경우는 세포핵이 없다. 원핵세포처럼 게놈이 세포질에 분포하는 게 아니라 아예 게놈이 없다. 즉 혈액줄기세포가 이들 세포로 분화하는 과정에서 세포핵이 사라진다. 어차피 산소운반이나 혈액응고 같은 정해진 역할만 하면 되므로 굳이 세포핵을 지닐 필요가 없기 때문이다. 적혈구나 혈소판에게는 좀 미안한 얘기지만 한마디로 소모품이라는 말이다. 참고로 혈액으로 DNA 검사를 할 수 있는 건 백혈구가 있기 때문이다.

반면 근육에는 세포 하나에 세포핵이 수백 개나 되기도 한다. 근육은 기다란 섬유로 된 조직이기 때문에 세포 하나가 굉장히 크다. 근육줄기세포가 분화할 때 서로 융합하면서 하나의 거대한 근육세포로 바뀌는데, 이 과정에서 세포핵은 그대로 남아 있어 이런 상태가 된다. 그런데 세포핵이 한 개이거나 백 개이거나 담고 있는 게놈 정보는 똑같은데 왜 세포가 융합할 때 여분의 세포핵이 사라지지 않을까.

세포핵의 용량 때문이라는 게 이에 대한 유력한 설명이다. 즉 게놈 한 벌(2n)에서 유전자가 발현해 만들어낼 수 있는 단백질이 감당할 수 있는 세포질의 부피에는 한계가 있기 때문에, 세포가 커지면 핵도 여러 개가 돼야 한다는 말이다. 그런데 근육세포처럼 수백 배로 커진다면 모를까 수유기 젖샘세포처럼 겨우 두 배 커지겠다고 이렇게 특이한 현상을 개입시킬 필요가 있을까. 두 배 크기의 핵 두 개인 젖샘세포 대신 보통 크기의 젖샘세포 개수가 두 배이면 같은 양의 젖을 만들 수 있지 않을까.

논문은 이에 대해 명쾌하게 설명하고 있지 않지만 젖 생산에 세포핵이 두 개인 젖샘세포가 필수임을 실험으로 확인했다. 즉 유전적 결함으로 이런 세포를 만들지 못하는 생쥐는 젖을 제대로 분비하지 못한다. 그리고 핵이 세 개 또는 네 개인 세포는 존재하지 않아 이 과정이 정교한 통제 아래 일어남을 시사한다.

지난 2010년 학술지 「네이처」에 발표된, 간에 존재하는 다핵세포, 즉 핵이 두 개 이상인 세포에 대한 연구는 젖샘세포의 특이한 현상을 이해하는 데 영감을 준다. 다핵세포는 단순히 게놈의 양이 많은 게 아니라 게놈의 재조합(편집)이 일어나면서 기존 세포에는 없는 특성이 나타날 수 있다는 사실이 밝혀졌다.

간의 경우 다핵세포는 독성물질 같은 스트레스에 대한 대응력이 높았다. 단핵세포의 경우 게놈의 편집이 일어나면 치명적인 결과로 이어질 수도 있지만, 다핵세포에서는 여유분이 있으므로 이런 일이 가능하다는 설명이다. 핵이 두 개인 젖샘세포도 게놈의 재조정을 통해 젖 생산에 가장 효율적인 상태가 되는 건 아닐까.

18세기 생물학자 칼 폰 린네는 동물을 분류할 때 젖분비를 주요 기준으로 삼아 '포유강Memmalia'을 만들었다. 린네가 이번 연구에 대해 알게 된다면 흐뭇하게 고개를 끄덕일 것 같다는 생각이 문득 든다.

7-7

가짜 가짜유전자 있다!

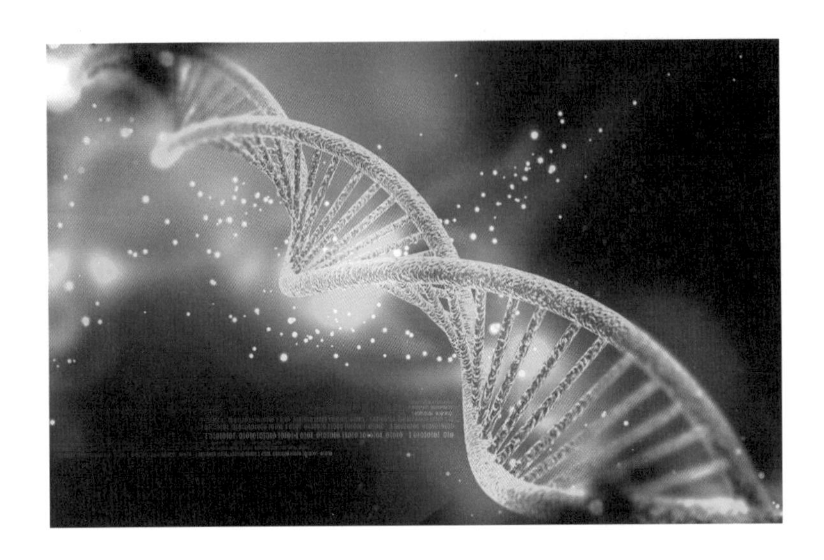

1991년 당시 박사후연구원으로 미국 컬럼비아대 리처드 액설Richard Axel 교수팀에서 일하던 린다 벅Linda Buck은 후각수용체 유전자군을 발견했다. 유전자군gene family이란 비슷한 기능을 하는 유전자의 무리다. 벅 박사가 찾은 후각수용체, 즉 냄새분자가 결합하는 단백질을 만드는 유전자군을 이루는 유전자는 무려 1000개가 넘는 것으로 나타났다. 이는 당시 추정하고 있던 사람의 유전자 3~4만 개의 3%에 해당하는 어마어마한 숫자다. 이는 후각이 동물의 생존에 얼마나 중요한 감각인가를 새삼 일깨운 발견이었고 두 사람은 그 업적으로 2004년 노벨생리의학상을 받았다.

그런데 흥미로운 사실은 쥐나 개 같은 네발짐승의 경우 유전자 대부분이 기능을 하고 있었지만 사람은 불과 3분의 1만(그래도 350여 개나 된다!)이 실제 기능을 하는 단백질 즉 후각수용체를 만들고, 나머지 3분의 2는 퇴화돼 기능이 없는 위僞유전자pseudogene라는 점이다. 직립을 하면서 후각정보보다 시각정보가 더 중요해지면서 인류의 후각이 퇴화됐다는 진화론적 설명과 잘 맞는 결과다. 그럼에도 여전히 유전자의 2% 가까이(인간 게놈 해독 결과 유전자 수가 2만1000여 개로 확 줄었다)가 후각에 관여한다는 건 놀라운 사실이다.

중간 종결신호 무시하고 끝까지 번역

학술지 「네이처」 2016년 11월 3일자에는 사람에서 기능을 하는 후각수용체 유전자가 이보다 더 많을 수 있음을 시사하는 연구결과가 실렸다. 스위스 로잔대 연구자들은 초파리(*Drosophila*속屬)의 한 종인 드로소필라 세셸리아(*D. sechellia*)의 후각수용체 위유전자가 알고 보니 기능을 하는 유전자라는 놀라운 사실을 발견했다. 연구자들은 이를 위-위유전자(pseudo-pseudogene), 즉 가짜 가짜유전자라고 불렀다. 참고로 생명과학 연구에 널리 쓰이는 초파리는 노랑초파리(*D. melanogaster*)다.

보통 초파리는 과일이 발효할 때 나는 시큼한 냄새에 이끌린다. 쓰레기통에 있는 과일껍질에 꼬이는 작은 파리가 바로 초파리다. 노랑초파리의 게놈을 분석한 결과 Ir75a라는 유전자가 발현된 후각수용체 단백질이 시큼한 냄새를 지닌 아세트산 분자와 결합하는 것으로 나타났다. 그런데 인도양 서부의 세이셸 군도의 토착종인 세셸리아는 아세트

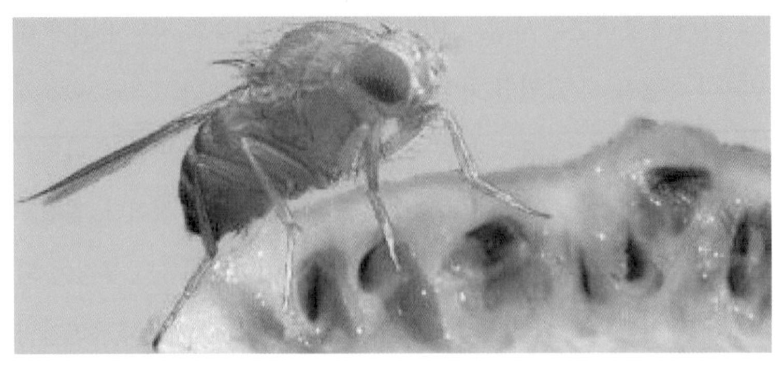

인도양 서부의 세이셸 군도의 토착종인 초파리 드로소필라 세셸리아는 잘 익은 노니 열매에 거의 전적으로 의존해 살아간다. (제공 Prof Jones)

산 냄새를 맡지 못한다. Ir75a 유전자가 위유전자가 됐기 때문이다.

즉 640번째 염기인 시토신이 티민으로 바뀌면서(C640T) 아미노산 글루타민을 지정하는 코돈(CAA)이 종결코돈(TAA)이 됐기 때문이다. 즉 중간이 잘린 반쪽짜리 단백질이 만들어져 기능을 못하게 된 것이다. 이처럼 유전자 중간에 생긴 비정상적인 종결코돈을 '조기종결코돈'이라고 부른다. 세셸리아는 노니Noni라는 식물의 익은 열매만을 먹고 살기 때문에 아세트산 냄새를 못 맡아도 별 문제는 없다.

그런데 특이하게도 세셸리아는 땀 냄새가 연상되는 프로피온산 냄새는 잘 맡는다. 이게 왜 특이하냐면 노란초파리에서 프로피온산 냄새를 담당하는 후각수용체도 Ir75a이기 때문이다. 연구자들은 세셸리아에서 이 기능을 하는 후각수용체를 찾다가 후각신경세포에서 온전한 Ir75a 단백질이 존재한다는 놀라운 사실을 발견했다. 즉 세셸리아에서 프로피온산 냄새를 담당하는 후각수용체도 Ir75a였다. 그렇다면 세셸리아는 왜 아세트산 냄새는 못 맡을까?

Ir75a의 아미노산 서열을 비교한 결과 냄새분자가 달라붙는 걸로 추정되는 부위에서 세 군데가 달랐다. 그 결과 단백질의 구조가 바뀌어 인식할 수 있는 냄새분자의 프로파일이 달라진 것이다. 즉 노랑초파리의 Ir75a는 아세트산과 프로피온산에 반응하고 세셸리아는 프로피온산과 부티르산에 반응한다. 부티르산은 들쩍지근한 다소 불쾌한 냄새가 난다.

흥미롭게도 노니의 열매가 익으면서 부티르산이 연상되는 냄새가 강해진다. 즉 세이셸 군도에 정착한 초파리 세셸리아는 주식이 된 노니의 익은 열매를 잘 찾는 방향으로 Ir75a가 진화한 것이다. 그런데 어떻게 조기종결코돈이 있는 위유전자가 온전한 단백질을 만들어낼 수 있을까.

연구자들은 논문에서 이에 대해 아직 제대로 이해하지 못하고 있다고 고백했다. 다만 세셸리아의 Ir75a 유전자처럼, 변이로 조기종결코돈이 된 바로 뒤의 염기가 시토신일 경우 이를 무시하고 번역이 계속 일어난다는 2011년 연구결과를 인용하고 있다. 실제 세셸리아의 Ir75a

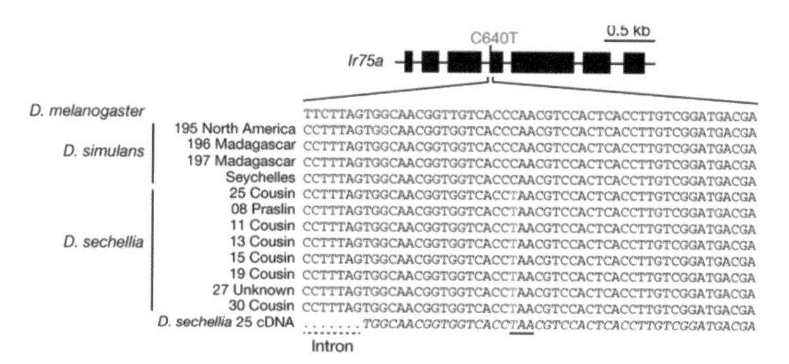

세셸리아는 노니의 익은 열매 냄새를 잘 맡는 방향으로 후각수용체 Ir75a 유전자가 진화하는 과정에서 조기종결코돈이 생겼지만 이를 무시하고 온전한 단백질을 만든다는 사실이 밝혀졌다. 세이셸 군도에서 채집한 세셸리아 여러 변종에서 공통적으로 640번째 염기가 시토신에서 티민(빨간색 T)으로 바뀌어 조기종결코돈이 됐다. (제공「네이처」)

유전자에서 이 부분의 시토신을 티민으로 바꿀 경우(TAAC에서 TAAT로) 온전한 단백질이 만들어지지 않았다.

위-위유전자 보편적인 현상일 듯

연구자들은 이런 현상이 세셸리아의 Ir75a 유전자에만 국한된 게 아닐지 모른다고 가정하고 노랑초파리의 후각수용체 유전자군 가운데 위유전자를 같은 방법으로 조사했다. 그 결과 Ir75b 유전자가 위유전자로 알려진 RAL707 변종에서 이 유전자가 온전한 단백질을 만드는 것으로 확인됐다. 한편 RAL441 변종에서는 Ir31a가 위유전자로 알려져 있는데, 알아본 결과 역시 온전한 단백질을 만들었다. 또 T09와 T29 변종에서는 Or35a가 위유전자로 알려져 있는데, 역시 온전한 단백질을 만들었다.

연구자들은 논문 말미에 조기종결코돈으로 위유전자로 분류된 유전자들을 전면 재조사할 필요가 있다고 주장했다. 즉 사람의 후각수용체 유전자군에서 위(가짜)유전자로 여겨지는 3분의 2 가운데 실제 기능을 하는 가짜 가짜유전자가 꽤 될지도 모른다는 말이다.

Part 8
역사책 속에서
튀어나온 과학

8-1

4000년 전 중국 대홍수 유적 찾았다!

"거센 홍수가 하늘로 넘치고 거대한 물줄기가 산을 둘러싸고 언덕까지 덮쳤소. 백성들이 매우 걱정하니 홍수를 다스리도록 시킬 사람이 있겠소?"

- 요임금, 「사기 본기」(김원중 옮김)에서

역사책을 읽다 보면 문득 이 세상에 대단한 사람들이 많이 살다 갔다는 생각이 든다. 그런데 이렇게 대단한 사람들의 삶과 업적을 기록한 사람이 더 대단하다는 생각이 드는 책이 있으니 바로 『사기史記』다. 중국 한나라의 사관 사마천司馬遷은 왕의 미움을 사 사형을 언도받은 뒤 생식기를 없애는 형벌인 궁형宮刑을 선택하는 치욕을 감수하고 살아

남아 여생을 바쳐 이 책을 완성한 뒤 기원전 86년 경 사망했다.

총 130편 52만 자가 넘는 엄청난 분량의 『사기』는 2500년의 중국 역사를 담고 있다. 사마천이 2100여 년 전 사람이므로 중국 역사가 4600년에 이르는 셈이다. 『사기』는 독특한 구성을 갖고 있는데 먼저 「사기 본기本紀」 열두 편에서는 왕조나 제왕(천자)이 주인공이다. 다음으로 서른 편으로 이뤄진 「사기 세가世家」에서 주요 제후(왕)들을 소개하고 있다. 그리고 오늘날 가장 널리 읽히는 「사기 열전列傳」 칠십 편에 제왕과 제후들을 도왔던 인물들이 나온다. 이밖에 「표表」 열 편, 「서書」 여덟 편을 더해 총 130편이다.

하夏나라, 신화의 끝 역사의 시작

「사기 본기」 열두 편은 연대순으로 구성돼 있는데 앞의 몇 편을 어디까지 역사로 봐야 하는가에 대해서는 아직도 입장이 엇갈리고 있다. 즉 1편 '오제五帝 본기'와 2편 '하夏 본기', 3편 '은殷 본기'에 나오는 내용을 뒷받침하는 고고학 증거가 부족하기 때문이다. 다만 은나라는 1930년대 은허에서 궁터의 유적이 발굴되면서 왕조로서 고증된 상태다.

오제는 중국 고대 전설에 나오는 다섯 제왕으로 황제皇帝, 전욱顓頊, 제곡帝嚳, 요堯, 순舜을 일컫는다. 이 가운데 요임금과 순임금은 이상적인 왕의 모범으로 후세에서 널리 칭송됐다. 사마천은 오제 본기 말미에서 그가 참고한, 당시를 기록한 문헌에 대해 "다만 깊이 고찰하지 않은 것에 불과할 뿐, 거기에 기술된 내용이 전부 허황한 것은 아니다"라고 썼다.

하는 중국 하나라를 뜻한다. 3편 '은 본기'를 보면 하나라의 제후국인 상商나라의 탕왕이 포악하고 방탕했던 하의 걸왕을 쫓아내고 천자의 자리에 올랐다. 이때가 기원전 1600년 무렵이다. 참고로 은나라는 상나라의 별칭이다. '은 본기'의 기술이 어느 정도 사실에 기반했는지는 모르겠지만 하나라가 가상의 국가일 리는 없다는 생각이 든다.

실제 2편 '하 본기'를 보면 국가의 성립과정이 꽤 구체적으로 기술돼 있다. 순임금 시대의 신하 우禹가 황허黃河 일대에서 대대적인 토목사업에 성공하면서 백성들의 신망을 얻게 되고 결국 순임금이 죽은 뒤 임금으로 추대돼 하나라를 세운 것으로 나온다. 좀 더 구체적으로 살펴보자.

본격적인 중국 제국의 문을 연 하나라의 시조 우임금의 초상. 송나라 화가 마린馬麟의 작품이다. 우임금은 대홍수로 인한 재난을 수습해 민심을 얻은 것으로 역사서에 기록돼 있다. (제공 위키피디아)

글 앞에 인용한 것처럼 요임금 시절 대홍수가 일어났다. 요임금은 재난을 극복하기 위해 적임자를 찾았고 곤鯀이라는 사람이 중책을 맡았다. 그러나 불행히도 9년이 지나도록 사태를 수습하지 못했다. 요임금을 이어 즉위한 순임금은 책임을 물어 곤을 귀양 보내고 그 아들 우가 직책을 잇게 했다.

우는 13년 동안 집에도 들어가지 않으며 불철주야 토목사업에 매진해 '아홉 산의 길을 열고 아홉 강의 물길을 이끌어' 마침내 지긋지긋한 홍수피해로부터 황허 유역을 살려내고 새로운 국가의 틀을 만들었다. 사마천은 글 말미에 "순과 우 때 비로소 공물과 부세가 갖추어졌다"고 평가했다.

지진으로 산사태 나 댐 만들어져

학술지 「사이언스」 2016년 8월 5일자에는 곤과 우 부자父子가 22년에 걸쳐 토목사업을 벌인 끝에 간신히 극복한 대홍수가 4000년 전 실제 일어난 사건이라는 고고학 연구결과를 담은 논문이 실렸다. 이에 따르면 이 홍수는 홀로세에 있었던 가장 큰 물난리였다. 놀랍게도 대홍수는 폭우 자체가 원인이 아니라 호수의 둑이 무너지면서 엄청난 양의 물이 쏟아진 결과로 밝혀졌다.

중국 베이징대 등 여러 기관의 공동 연구자들은 하나라가 있었을

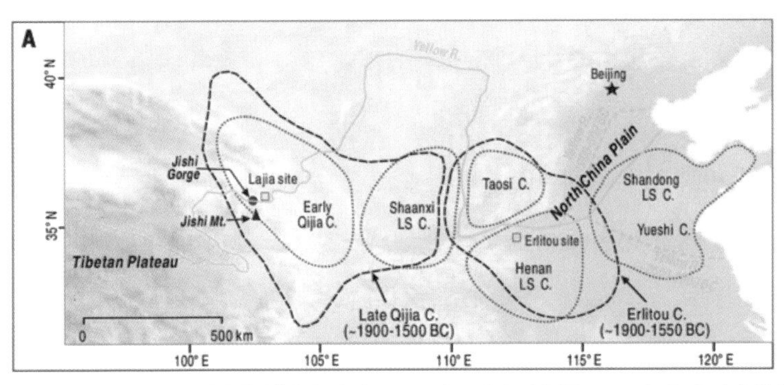

최근 고고학 발굴 결과 사마천의 『사기』에 나오는 요임금 시대 대홍수는 3900여 년 전 실제 일어났던 사건이었음이 밝혀졌다. 당시 지진으로 지시 협곡Jishi Gorge(지도 왼쪽)에 산사태로 댐이 생기며 물이 고였고 이듬해 댐이 터지면서 대홍수가 일어나 수천 킬로미터에 이르는 지역이 물에 잠기고 지형이 달라졌다. 지도 오른쪽을 보면 대홍수 이전 황허 하류(아래쪽 파란색 점선)와 이후 하류(위쪽 파란색 점선)가 크게 바뀌었음을 알 수 있다. 파란색 실선은 오늘날 물줄기이다. 이번 발굴로 초기 청동기 문화인 얼리터우 유적Erlitou site이 하나라와 관련이 있다는 학설이 한층 힘을 얻게 됐다. (제공 「사이언스」)

것으로 추정되는 황허 중류 일대를 발굴하는 과정에서 지진의 흔적을 발견하고 이를 토대로 당시의 상황을 재구성했다. 이에 따르면 한 해에 지진이 일어났고 그 결과 티베트 고원 가장자리인 황허 상류 지스 협곡에서 산사태가 일어나 바위무더기가 쌓이며 현재 강 수위보다 240미터 더 높은 엄청난 높이의 자연 댐이 만들어졌다. 그 뒤 6~9개월에 걸쳐 물이 고이며 길이가 1300미터에 이르고 수위가 현재 강 수위보다 185~210미터 더 높은 거대한 호수가 만들어졌다. 당시 저수량은 120~170억 톤에 이르렀을 것으로 추정된다(참고로 소양강댐의 저수량은 29억 톤이다).

결국 물의 무게를 더 이상 감당할 수 없게 된 댐이 무너져 그 일대 수천 킬로미터가 순식간에 물에 잠겼다. 연구자들은 둑이 무너지면서 호수의 수위가 110~135미터나 낮아졌고 이때 쏟아진 물의 양이 113~160억 톤에 이르렀을 것으로 추정했다.

당시 충격이 워낙 커 황허를 비롯한 여러 하천의 둑이 터지고 토사가 쌓이면서 물길이 바뀌었고 그 결과 비가 내리면 침수가 되는 수해가 반복됐다. 결국 흙을 퍼내 새로 물길을 만드는 대대적인 토목사업을 벌였고 마침내 재난을 극복했다. 그 결과 저지대에서도 마음 놓고 농사를 짓게 됨에 따라 황허 주변에 사람들이 늘고 문화가 꽃피었다. 『사기』에 따르면 이 일을 해낸 사람이 바로 우임금이다.

하나라 역사 300여 년 늦춰져

연구자들은 지스 협곡에 남아 있는 최대 30미터 높이의 당시 호수

퇴적층과 댐 아래 황허 주변에 여전히 있는 최대 20미터 높이의 당시 퇴적층에서 시료를 수거해 연대를 측정한 결과 기원전 1920년 경이라는 결과를 얻었다. 따라서 곤과 우 부자가 22년에 걸쳐 토목사업을 벌였다면 하나라는 기원전 1900년 경 성립됐다는 얘기가 된다.

흥미롭게도 대홍수의 피해를 입은 황허 중류 일대는 기원전 1900~1550년에 걸쳐 초기 청동기 문화인 '얼리터우二里頭 문화'가 번성했다. 그동안 얼리터우 문화가 하나라의 존재를 입증하는 고고학 유적이라는 설이 제기됐는데, 이번 대홍수의 증거 발견으로 『사기』의 기술이 신빙성이 높아지면서 유력해졌다. 결국 대홍수를 극복하기 위한 대대적인 토목공사의 성공이 신석기시대가 막을 내리고 청동기시대가 출범한 전환점이 된 것으로 보인다.

전통적으로 중국의 역사가들은 하나라가 기원전 2200년 무렵 시작됐다고 주장해왔다. 한편 중국 정부가 돈을 댄 '하-상-주 연대기 프로젝트'는 2000년 발표한 보고서에서 그 시기를 기원전 2070년 경으로 추정했다. 이번 대홍수 유적 결과로 그 시기가 조금 더 늦춰진 셈이다. 그래도 3900년 전이므로 여전히 아득한 옛날이다.

사마천은 기원전 108년 아버지 사마담司馬談을 이어 천문 달력 기록을 총괄하는 부서의 장관인 태사령太史令직을 물려받았다. 당시 사마담은 역사서를 편찬하고 있었는데 죽으며 아들에게 완성을 부탁했다. 사마천은 기원전 99년 전쟁에서 패한 장수를 두둔하다 한무제漢武帝의 노여움을 사 사형을 언도받고 목숨을 부지하기 위해 궁형을 감수했다. 오로지 아버지와의 약속을 지키기 위함이었다.

사마천은 기원전 91년 경 『사기』를 완성했으나 현정부를 비난하는 내용이 포함돼 있었기 때문에 공표하지는 않고 딸에게 넘겼다. 그 결과 그와 한무제가 죽고 난 뒤에야 공개됐다. 사마천이 곤과 우의 토목사업에 대해 쓸 때 아버지와 자신을 떠올리지 않았을까.

8-2

1800년 훔볼트의 전기뱀장어 목격담은 진짜!

"내 온 삶이 한 청년(훔볼트)의 체험담을 읽고 또 읽은 데서 비롯되었다는 사실을 영영 잊지 못할 것이오."

- 찰스 다윈Charles Darwin, 조지프 후커Joseph Hooker에게 보낸 편지에서

진화론의 아버지 찰스 다윈은 1831년 스물두 살 때 우연히 비글호 탐사에 참여해 1836년까지 무려 5년을 돌아다녔다. 이때의 경험은 그의 인생에 깊은 흔적을 남겼는데, 비글호 탐사에 참여하지 않았더라면 다윈이 『종의 기원』을 쓸 일은 없었을 것이다.

그런데 앞의 다윈의 편지에서 볼 수 있듯이 다윈의 비글호 승선 결정에 큰 영향을 미친 사람이 바로 독일의 박물학자 알렉산더 폰 훔

볼트Alexander von Humboldt다. 1769년 생으로 다윈보다 40세 연상인 훔볼트는 서른 살에서 서른다섯 살까지 역시 5년 동안 중남미를 탐험했다. 청년 다윈은 훔볼트의 탐험담인 『신변기』를 통째로 외울 정도로 탐독하면서 자신도 그런 경험을 해보길 꿈꾸다 운 좋게 비글호에 오른 것이다.

훔볼트의 삶은 꽤 드라마틱한데 많은 사람이 한번쯤 꿈꿔보는 그

프리드리히 게오르크 바이트슈가 그린 알렉산더 폰 훔볼트의 초상. 중남미 탐사에서 돌아온 지 2년이 지난 1806년 37세 때의 모습이다. (제공 위키피디아)

런 것이기도 하다. 귀족인 아버지와 부유한 어머니 사이에서 태어난 훔볼트는 아홉 살 때 아버지가 죽고 스물일곱에 어머니마저 잃게 된다. 당시 광산개발부 감독관, 즉 공무원이었던 훔볼트는 어머니의 죽음으로 막대한 유산을 물려받자 바로 퇴직하고 탐험을 계획한다.

우여곡절 끝에 1799년 프랑스의 식물학자 에메 봉플랑Aimé Bonpland과 신대륙으로 탐사여행을 떠났고 베네수엘라, 콜롬비아, 멕시코 등 중남미 지역을 5년 동안 탐험하며 수많은 동식물 견본을 채집하고 지질 측량과 대기 측정을 했다. 이 탐사에 훔볼트는 재산의 절반을 날렸다고 한다.

이 기간 훔볼트는 유럽의 학자들에게 수많은 편지를 보냈고 이들은 편지 내용을 요약해 신문이나 학술지에 발표했다. 그 결과 1804년 유럽에 돌아온 훔볼트는 이미 명사가 돼 있었다. 1805년부터 1834년까지 30년 동안 훔볼트는 『신대륙 열대지역으로의 여행』이라는 제목으로 보고서 30권을 출판했다. 화려한 장정과 도판이 포함된 이 책들을 내느라 남은 절반의 재산을 다 쏟아부었다고 한다. 훔볼트는 평생 독신으로 지냈고 『종의 기원』 발간 6개월 전인 1859년 5월 90세로 세상을 떠났다.

말을 이용한 뱀장어잡이

1799년 6월 5일 스페인 라코루냐 항구를 떠난 배는 목적지인 쿠바로 가는 도중 열병이 퍼져 7월 16일 베네수엘라의 쿠마나 항구에 들른다. 훔볼트와 봉플랑은 베네수엘라를 먼저 탐험하기로 계획을 바꿨고 여러 준비를 마친 이듬해 2월 7일 수도 카라카스를 출발했다. 이들은 오리노코강을 거슬러 상류 밀림지대를 탐사하고 다시 내려오는 계획을 세웠다. 이 과정에서 훔볼트는 현지인들이 노새와 말을 써서 전기뱀장어를 잡는 장면을 목격한다. 훔볼트는 이 경험을 1807년 한 학술지에 발표했고 그 뒤 책에서도 언급했다.

훔볼트의 친구이자 제자인 로베르트 숌부르크Robert Schomburgk는 1843년 펴낸 책 『박물학자 도서관, 어류학』에 이때의 장면을 묘사한 그림을 직접 그려 넣었다. 즉 건기에 물이 줄어 생긴 웅덩이에 말들을 몰아넣으

훔볼트의 친구인 로베르트 숌부르크는 1843년 펴낸 책 『박물학자 도서관, 어류학』에 1800년 훔볼트가 목격한 말을 이용한 뱀장어잡이 장면을 묘사한 그림을 직접 그려 넣었다. (제공 「PNAS」)

면 흥분한 전기뱀장어들이 뛰어오르며 말을 공격해 감전시킨다. 이 과정에서 말들이 겁을 먹고 대혼란에 빠지지만 뱀장어 역시 방전으로 탈진된다. 그러면 기다리던 사람들이 조심조심 뱀장어를 잡는다.

이 장면은 훔볼트의 수많은 체험 가운데 가장 흥미로운 에피소드로 널리 알려졌지만 놀랍게도 몇몇 전문가들은 사실이 아니라 상상의 장면이라고 평가했다. 즉 이를 두고 '시적으로 변용된 표현'이라고 점잖게 얘기하거나 심지어 '헛소리'라고 폄하하기도 했다. 실제로 훔볼트의 발표 이후 비슷한 사례가 보고된 논문이 전혀 없었다.

전기 충격 더 크게 하려고 접촉

학술지 「미국립과학원회보」 2016년 6월 21일자에는 216년 전 훔볼트의 목격담이 거짓이 아님을 입증한 논문이 실렸다. 미국 반더빌트대 생명과학과 케네스 카타나Kenneth Catania 교수는 수년 동안 전기뱀장어를 연구하고 있는데 우연히 흥미로운 현상을 발견했다. 즉 전기뱀장어가 수조에 반쯤 잠겨 있는 움직이는 전도체를 향해 뛰어올라 턱을 갖다 대 감전시키는 장면을 본 것이다.

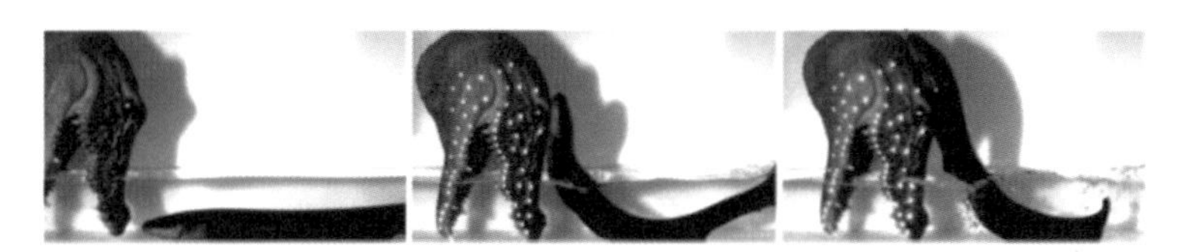

전기뱀장어가 악어인형을 위협적인 존재로 착각해 공격하는 장면이다. 뱀장어는 악어를 향해 다가간 뒤(왼쪽) 갑자기 솟구쳐 올라 턱을 갖다댄다(가운데). 더 높이 올라갈수록 전압이 커져 더 강한 충격을 준다(오른쪽). 뱀장어에 닿는 순간 감전돼 악어 얼굴의 LED에 불이 들어온다. (제공 「PNAS」)

처음 보는 행동에 당황한 카타냐 교수는 뱀장어가 전도체를 자신을 해칠 포식자로 착각해 공격한 것이라고 가정했다. 평소에 전기뱀장어가 이렇게 나서서 공격하는 일은 없지만 수조처럼 더 이상 숨을 곳이 없는 곳에서 최후의 선택을 한 것이라고 해석했다. 그리고 문헌을 살펴보다 훔볼트의 글을 발견했을 것이다. 즉 건기에 물이 줄어 고립된 웅덩이가 되면서 역시 피할 곳이 없어진 뱀장어가 말이나 악어 같은 덩치 큰 동물이 가까이 오면 너 죽고 나 살자며 덤빈다는 것이다.

카타냐 교수는 이 가정을 입증하기 위해 악어의 머리처럼 생긴 전도체를 수조에 반쯤 담갔다. 그러자 뱀장어는 순간 가짜 악어를 향해 뛰어올랐고 전기를 발사했다. 그 결과 악어 얼굴 곳곳에 박아놓은 LED 전등에 불이 들어왔다. 추가 실험결과 뱀장어가 높이 뛰어올라 접촉할수록 전압이 더 높게 나오는 것으로 확인됐다. 그런데 왜 뱀장어는 안전한 물속에서 전기를 방출하지 않고 이런 위험을 감수하는 걸까.

카타냐 교수는 논문에서 "타격을 입히는 건 전압이 아니라 전력"이라고 설명했다. 전압에 전류를 곱한 값인 전력이 크려면 표적에 직접 닿아야 한다는 것이다. 물에 방전하면 전기가 사방으로 퍼지므로 어느 정도 거리가 떨어져 있는 큰 동물에게는 찌릿한 정도의 타격밖에 주지 못한다. 카타냐 교수는 전기뱀장어의 과격한 공격도 결국은 방어 행동이라고 설명했다. 즉 뱀장어는 먹이를 통째로 삼키기 때문에 잡아먹으려고 자기보다 큰 상대를 공격하지는 않는다는 것이다.

훔볼트가 자신의 결백을 입증해준 이번 연구결과를 알게 된다면 누구보다도 기뻐하지 않았을까.

8-3

스코틀랜드의 신사임당 메리 소머빌, 10파운드 지폐 인물로

수년 전 정신분석학자 사비나 슈필라인의 얘기를 담은 「데인저러스 메소드」라는 영화가 개봉했다.[16] 슈필라인의 역을 맡은 배우의 연기에 깊은 인상을 받았는데 낯설지 않은 얼굴이었다. 당시 필자는 몰랐지만 키이라 나이틀리Keira Knightley라는 꽤 유명한 배우로 출연작을 보니 2005년 스무 살 때 「오만과 편견」에서 주인공 엘리자베스 베넷 역을 맡았다. 영화는 제인 오스틴Jane Austen의 동명 소설이 원작이다.

필자는 장편 「오만과 편견」이 영국 소설가 제인 오스틴의 대표작

16 슈필라인과 영화에 대한 자세한 내용은 『사이언스 소믈리에』 219쪽 '비운의 정신의학자 사비나 슈필라인을 아십니까?' 참조.

이라는 건 알고 있었지만 읽어볼 생각은 없었다. 그런데 우연히 TV에서 방영된 영화를 보고(특히 나이틀리의 호연에 깊은 인상을 받아) 뒤늦게 책을 봤다. 제인 오스틴은 섬세한 심리묘사가 탁월했는데, 그 뒤 「설득」이라는 장편도 재미있게 읽은 기억이 난다.

페이스북 투표에서 맥스웰 눌러

얼마 전 배달된 학술지 「사이언스」 2016년 2월 19일자(보통 한 달 뒤에나 온다)를 뒤적거리다 단신에서 흥미로운 사실을 알게 됐다. 제인 오스틴이 2017년부터 잉글랜드 10파운드 지폐의 인물로 나온다는 것이다. 참고로 현재 10파운드에는 찰스 다윈의 얼굴이 있다. 물론 과학자가 작가에게 밀리는 게 아쉽다는 내용은 아니다.

단신은 19세기 스코틀랜드 천문학자인 메리 소머빌Mary Somerville이 2017년부터 스코틀랜드 10파운드 지폐의 인물로 나온다는 내용이다.

2000년부터 영국 잉글랜드의 10파운드 지폐에는 찰스 다윈이 등장했다. 2017년 9월에는 소설가 제인 오스틴이 뒤를 이을 예정이다.

참고로 현재 스코틀랜드의 모든 지폐는 1995년부터 작가 월터 스콧이 주인공이다.

기사를 읽으며 필자는 두 가지 사실을 알게 됐는데, 영국은 잉글랜드와 스코틀랜드가 지폐에 다른 인물을 쓸 정도로 느슨한 연합국가라는 것(부결되기는 했지만 2014년 스코틀랜드에서는 독립을 놓고 국민투표도 있었다)과 지폐 인물도 바뀔 수 있다는 것이다. 참고로 찰스 다윈은 2000년부터 잉글랜드 10파운드 지폐에 등장했다.

그런데 메리 소머빌이 스코틀랜드 10파운드 지폐의 새로운 인물로 선정된 과정이 흥미로웠다. 스코틀랜드 왕립은행은 소머빌과 물리학자 제임스 클러크 맥스웰James Clerk Maxwell, 토목공학자 토마스 텔포드Thomas Telford를 두고 페이스북에서 투표를 진행했고 그 결과 소머빌로 정해졌다. 소머빌과 텔포드에 대해서는 전혀 모르고 있던 필자로서는 물리학계에서 뉴턴과 아인슈타인 다음가는 천재라는 맥스웰이 뽑히지

2016년 2월 스코틀랜드 왕립은행은 물리학자 맥스웰(왼쪽), 천문학자 소머빌(가운데), 토목공학자 텔포드를 대상으로 투표를 진행해 소머빌이 2017년부터 스코틀랜드 10파운드 지폐 인물로 선정됐다고 발표했다.

않는 게 놀라웠다. 물론 소머빌이 여성이라는 점도 작용했겠지만 이런 쟁쟁한 경쟁자들을 누른 건(알고 보니 텔포드도 2009년 세계문화유산으로 등재된 '폰트치실트 다리Pontcysyllte Aqueduct'를 설계하는 등 대단한 업적을 남긴 사람이었다) 뭔가 다른 이유가 있었을 것이다.

전기라도 있으면 읽어볼까 하고 국내 인터넷 서점을 검색해봤는데 소머빌에 대한 책이 전혀 없다. 별수 없이 위키피디아에서 'Mary Somerville'을 검색해보니 꽤 긴 글이 뜬다. 문득 신사임당이 떠올랐다. 외국인 가운데 언어학에 관심이 있는 사람이라면 세종대왕을 알 것이고 유학의 역사에 정통한 사람은 이황과 이이의 이름을 들어봤을 수도 있다. 그러나 5만 원 권에 나오는 신사임당은 우리나라 밖에서는 거의 알려져 있지 않을 것이다.

위키피디아의 글을 읽다 보니 소머빌은 과학자로서보다는 과학 저술가로 더 유명해 책을 여러 권 남겼다. 미국 인터넷 서점 아마존에서는 소머빌의 책들을 여전히 구매할 수 있다. 그 가운데 필자가 가장 재미있을 거라고 생각한, 소머빌 사후 2년 뒤에 출판된 『Personal Recollections(회상)』 전자책을 무료로 다운로드할 수 있다. 좀 읽어보니 소머빌이 맥스웰을 누를 정도로 스코틀랜드 사람들의 애정을 받는 이유를 짐작할 수 있었다. 『회상』과 위키피디아의 내용을 바탕으로 소머빌의 삶과 업적을 요약한다.

열 살 때까지는 글도 읽을 줄 몰라

메리 페어팩스Mary Fairfax는 1780년 스코틀랜드 제드버러의 이모집에서 태어났다. 해군인 아버지는 메리의 유년시절 거의 집에 있지 않았다. 어머니는 독실한 신자로 성서 외에는 거의 책을 보지 않았고 딸의 교육에도 무관심했다. 반면 아들(메리의 오빠) 샘은 에든버러의 할아버지 집에서 지내며 교육을 받았다. 그러다 보니 메리는 번티슬랜드 해안가에 있는 집 주변을 돌아다니며 거의 야생 상태로 살았다.

메리가 열 살 무렵 집에 온 아버지 윌리엄은 딸의 모습에 경악했고, 딸을 머셀버러의 사립학교로 보내 글을 깨치게 했다. 메리는 그 뒤에도 한동안 글을 잘 못 읽어 고생했다고 한다. 그 뒤 몇몇 기회를 통해 프랑스어와 지리학, 산수 등을 공부하며 지식에 대한 갈망을 느끼게 됐고, 열세 살 때 자신이 태어난 이모집에서 한동안 머무르며 이모부 토마스 소머빌Thomas Somerville에게 부탁해 라틴어를 배우기도 했다.

이 무렵부터 어머니는 에든버러에 작은 집을 구해 겨울을 보냈고 메리는 풍경화가 네이즈미스의 화실에서 그림을 배웠다. 메리는 꾸준히 그림을 배워 뛰어난 풍경화를 여러 점 남겼고 자화상을 그리기도 했다. 어느 날 네이즈미스에게서 원근법을 제대로 구사하려면 유클리드의 『기하학원론』을 읽어야한다는 얘기를 듣고 책을 구하려고 했지만 실패했다.

열다섯 무렵 동생 헨리의 입주가정교사로 온 크로 씨에게 부탁해 『기하학원론』과 보니캐슬이라는 수학자가 쓴 『대수학』을 입수했다. 여자 친척들은 메리의 이런 모습을 보고 "여자가 많이 배우면 재수가 없다"며 반대했다. 메리는 새벽에 침대에서 독학으로 조금씩 읽어나갔고 낮에는 다른 여자들처럼 피아노를 치고 자수를 배웠다. 회고록에서 메리

메리 소머빌은 뛰어난 풍경화가이기도 했다. 소머빌의 작품 「호숫가의 성채」(제공 소머빌 칼리지)

소머빌은 시간이 많았던 이 시절을 헛되이 보냈다며 아쉬워하고 있다.

첫 남편 죽은 뒤부터 운 풀려

1804년 스물넷에 먼 친척으로 런던의 러시아 영사로 있던 사무엘 그레이그Samuel Greig와 결혼해 런던에 살면서 아들 둘을 낳았지만 3년 만에 남편이 죽었다. 그런데 이게 인생의 전환점이 됐다. 회고록을 보면 "첫 남편은 여자가 배우는 걸 반대했고 과학에는 관심이 없었다"고 쓰고 있다.

친정으로 돌아온 메리는 뉴턴의 『프린키피아』를 읽기 시작했고 에든버러대 수학교수인 윌리엄 왈라스William Wallace를 알게 돼 수학과 천문학 교재를 소개받았다. 메리는 회고록에서 "서른셋이 돼서야 이 책들을 다 모을 수 있었다"고 쓰고 있다. 1812년 메리는 이모의 아들, 즉 이종사촌인 아홉 살 연상의 윌리엄 소머빌William Somerville과 재혼했다.

윌리엄은 영국의 아프리카 식민지를 개척하며 젊은 시절을 보냈고 메리와 결혼한 뒤에는 에든버러의 스코틀랜드 육군의무부 책임자로 일했다. 윌리엄은 첫 번째 남편과는 정반대로 메리의 공부를 적극 도왔고 인맥을 통해 많은 학자들을 소개해줬다. 이런 여건 아래에서 메리 소머빌은 점차 스코틀랜드 지식층에 알려지게 된다.

당시 영국 수학계는 뉴턴의 유율법을 고집하며 라이프니츠가 고안한 유럽 대륙의 미적분학을 받아들이지 않아 많이 뒤처진 상태였고 몇몇 수학자들이 본격적으로 대륙의 수학을 도입하려는 시점이었다. 왈라스 교수도 이런 사람 가운데 하나로 그가 메리 소머빌에게 추천한 책 가운데는 프랑스 수학자이자 천문학자인 피에르 시몽 라플라스Pierre Simon Laplace의 『천체역학』도 있었다. 소머빌은 1831년 이 책의 번역서를 냈는데, "나는 라플라스의 대수학을 일반 언어로 번역했다"고 말했을 정도로 읽기 쉽게 의역했다고 한다.

이처럼 뒤늦게 학자들과 교류하며 수학과 천문학을 열심히 공부한 소머빌은 1826년 46세에 학술지 「영국왕립학회보」에 '태양 스펙트럼의 보라색 빛의 자기적 특성'이라는 제목으로 첫 논문을 발표했다. 과학책도 몇 권 썼는데, 『물리과학의 연관성에 대해』(1834), 『물리 지리학』(1848), 『분자 및 미시 과학』(1869) 등이 있다.

1835년 소머빌은 독일의 천문학자 캐롤라인 허셜Caroline Herschel과 함께 영국왕립천문학회 최초의 여성 회원으로 선출됐다. 소머빌은 『물리과학의 연관성에 대해』 6판(1842)에서 천왕성의 공전궤도를 교란시키

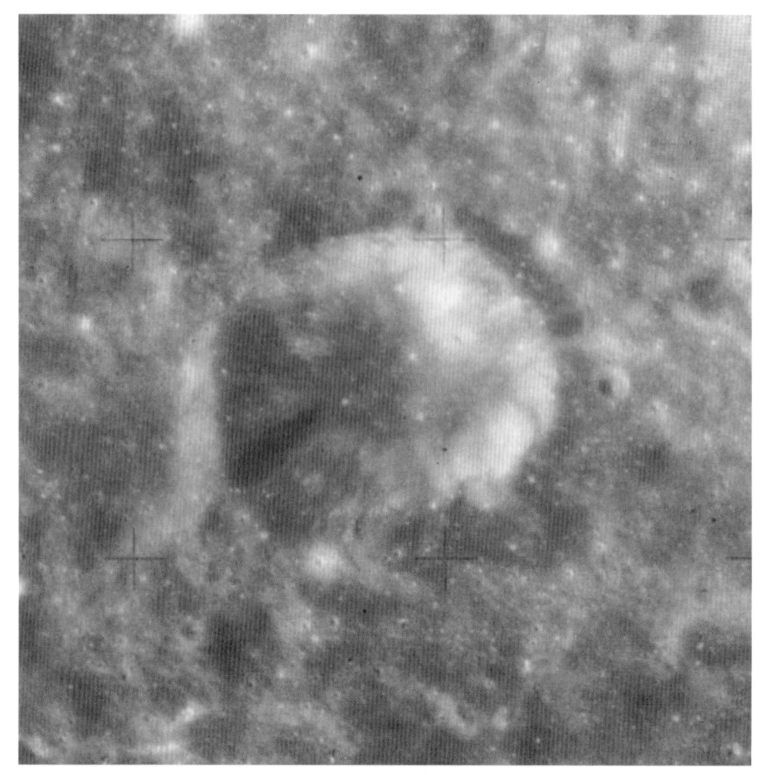

국제천문연맹은 메리 소머빌을 기념해 달의 분화구 가운데 하나를 '소머빌 크레이터'라고 명명했다. 아폴로 15호가 찍은 사진이다. (제공 NASA)

는 가상의 천체에 대해 언급했는데, 1846년 해왕성이 발견되면서 미스터리가 풀렸다.

1838년 소머빌 부부는 이탈리아에 정착했고 메리 소머빌은 1872년 11월 나폴리에서 92세를 일기로 타계했다. 소머빌은 고령에도 명료한 정신을 유지했는데, 이 해 여름에 쓴 다음 글을 보면 잘 알 수 있다.

"내가 어렸을 때는 지금보다 새들이 훨씬 많았는데, 농부와 정원사들이 지금 사람들보다 가난했지만 덜 잔인했고 욕심도 덜했기 때문이다.

그들은 자연의 산물을 새들과 기꺼이 나누었다. 오늘날 도처에서 볼 수 있는 근시안적인 잔인성은 화를 자초하고 있다. 새들을 무자비하게 죽이자 자연의 평형이 깨져 곤충이 늘어나면서 농작물이 광범위한 피해를 보고 있다. 올여름을 보낸 소렌토에서도 올리브와 포도, 오렌지까지 심각한 피해를 봤다."

문득 우리도 영국처럼 한 20년 주기로 지폐 인물을 바꾸면 어떨까 하는 생각이 들었다. 그러면 최근 종영된 사극의 주인공 장영실도 1만 원 권에 등장할 수 있지 않을까. 천출賤出인줄 알면서도 장영실을 중용한 세종대왕은 물론 기쁜 마음으로 자리를 내줄 것이다.

8-4

그레고르 멘델을 변호하다

비록 내 평생 힘들 때도 많았지만, 아름다운 일과 좋은 일이 더 많았다는 사실에 감사드린다. 또 내가 이룬 과학 업적에도 대단히 만족한다. 틀림없이 전세계가 곧 그 가치를 알게 될 것이다.

- 멘델의 유언

그(멘델)는 거짓말쟁이이거나 억수로 운이 좋은 사람이다.

- W. F. R. 웰던, 영국 생물학자

지금은 어떤지 모르겠지만 한 세대 전 필자가 고등학생 때만 해도 찰스 다윈보다 그레고르 멘델Gregor Mendel의 업적에 대해 더 많이 배웠다.

멘델은 오스트리아제국(현 체코)의 브루노수도원에 머무르며 1856년부터 1863년까지 완두를 대상으로 교배실험을 했고 이 결과를 1866년 논문으로 발표했다. 2016년은 논문이 나온 지 150년 되는 해다.

멘델의 법칙 두 가지(분리의 법칙과 독립의 법칙)를 배우며 우성, 열성, 표현형, 유전형 등 유전학 용어도 익혔다. 대학교재인 『캠벨 생명과학』(리스 외, 10판, 2013년)을 봐도 14장의 제목이 '멘델 유전학'이다. 여전히 멘델은 '현대 유전학의 아버지'로 자리를 지키고 있는 것 같다.

그런데 최근 돌아가는 상황이 좀 심상치 않다. 2009년 다윈 탄생 200주년과 『종의 기원』 출간 150주년을 맞아 우리나라를 포함해 세계 곳곳에서 크고 작은 행사가 많이 열린 반면 멘델이 브르노 자연과학협회에 완두 교배 실험결과를 발표한 1865년의 150주년인 2015년에는 눈에 띄는 행사를 보지 못했고(있었을 수도 있다), 이 결과를 논문으로 발표한 1866년의 150주년인 2016년에도 마찬가지 같다. 게다가 학술지 「네이처」 2016년 5월 19일자에는 생물학 교과서에서 멘델의 연구결과를 빼자는 주장이 실리기도 했다.

시대에 뒤떨어진 결정론?

아무 문제없어 보이는 멘델의 실험을 교과서에서 빼자고 주장하는 사람은 영국 리즈대의 과학사/과학철학과 교수이자 영국과학사학회 회장인 그레고리 래딕Gregory Radick이다. 기고문의 제목은 '학생들에게 동시대의 생물학을 가르치자'로 멘델의 실험은 유전자의 영향력에 대한 '시대에 뒤떨어진 결정론'을 주입할 수 있기 때문에 빼자는 주장이다.

즉 오늘날 유전학은 단순히 유전자뿐 아니라 외부요인도 고려하는 복합적인 학문인데, 유전자로 모든 걸 설명하는 멘델의 방식이 학생들의 사고를 편협하게 할 수 있다는 것이다. 오늘날 미디어가 흔히 쓰는 '노화 유전자' '키 유전자' 같은 표현이 바로 멘델 유전학을 배운 부작용이라는 말이다. 21세기 들어 후성유전학, 즉 유전자의 염기서열 자체는 변화가 없어도 외부요인으로 유전자 발현 정도가 영향을 받아 사실상 다른 유전자를 지닌 것 같은 결과가 나오는 현상에 대한 연구가 깊어지면서 멘델 유전학의 한계가 더 부각되고 있다.

사실 래딕 교수는 2015년에도 학술지 「사이언스」에 멘델 유전학에 대한 기고문을 실었는데 그때는 좀 다른 맥락이었다. 멘델이 데이터를 조작했느냐 여부에 대한 논란은 이제 그만두고 넓은 관점(앞의 주장)에서 비판하자는 내용이다. 래딕 교수가 보기에 멘델이 직접 조작을 하지는 않았더라도, 그의 조수들이 멘델을 기쁘게 하기 위해 멘델이 기대하는 값에 가깝게 데이터를 바꾼 것 같기는 하지만 더 이상 논쟁하는 건 낭비라고 주장했다. 참고로 잊힌 멘델의 논문이 1900년 재발견되면서 명성을 얻기 시작하자 몇몇 과학자들이 논문의 데이터가 너무 이상적인 게 손을 댔다는 증거라고 주장하며 멘델 실험 조작 논란이 시작됐다.

예를 들어 표현형이 다른 두 순종(둥근 완두콩(RR)과 주름진 완두콩(rr))을 교배해 1세대에서 잡종(Rr, 전부 우성인 둥근 콩 표현형을 보임)을 얻은 뒤 잡종끼리 교배해 2세대를 얻으면 둥근 콩과 주름진 콩이 3:1

멘델은 완두의 스물두 가지 형질 가운데 뚜렷하게 구분할 수 있는 일곱 가지를 택해 교배실험을 했다. 사진 속의 완두에 이를 적용해보면 둥근 콩과 부푼 콩깍지는 우성이고(주름진 콩과 수축된 콩깍지가 열성) 녹색 콩은 열성이다(노란 콩이 우성). (제공 Bill Ebbesen)

로 나온다. 이 표현형의 비율은 순종 둥근 콩 : 잡종 둥근 콩 : 순종 주름진 콩=1:2:1이라는 유전형 비율에서 나온다. 멘델의 논문을 보면 2세대 둥근 콩이 5474개, 주름진 콩이 1850개로 2.96:1로 너무 정확하다. 그런데 여러 통계기법을 써 분석하면 이런 결과가 나올 확률이 매우 낮다는 것이다.

다윈은 논문 안 읽은 듯

래딕 교수의 기고문들을 읽으며 필자는 공감하는 측면도 있었지만 그래도 교과서에서 뺀다는 건 좀 심하다는 생각이 들었다. 멘델을 높게 평가하지 않는 사람들은 '멘델 자신이 실험결과의 심오한 뜻을 제대로 알고 있었을까' 라는 의문을 품기도 하지만 필자가 보기에 이는 오늘의 시점에서 바라본 지나치게 엄격한 잣대가 아닐까 한다.

1866년 「브루노 자연과학협회지」에 논문을 실은 뒤 멘델은 사본 40부를 유럽 각지의 저명한 과학자들에게 보냈다. 이 가운데는 그보다 열세 살 연상인 다윈도 포함돼 있다. 그러나 기대와는 달리 별다른 반응이 없었다. 사실 멘델의 해석은 너무 시대를 앞서간 거라 그의 논문을 읽었더라도 의미를 알아차리지 못했을 것이다. 여담이지만 1882년 다윈이 사망한 뒤 유품을 정리하다가 서류 더미에서 멘델의 논문이 발견됐는데 다윈이 읽은 흔적이 없었다고 한다. 만일 다윈이 1866년 멘델의 논문을 읽고 그 중요성을 파악했다면 멘델이 생전에 유명세를 탔을까. 아무튼 멘델은 1868년 대수도원장이 되면서 사실상 과학실험을 접었고 1884년 62세로 영면했다.

1900년 재발견이 있을 때까지도 유전학의 주류는 '혼합 가설'이었다. 즉 두 순종이 교배해 나온 잡종은 그 중간의 특성을 띤다는 것이다. 이에 따르면 완두콩 실험결과는 예외적인 현상이다. 반면 멘델은 유전이 불연속적인 단위로 이뤄진다는 가정을 함으로써 잡종 1세대에서 완전히 사라진 것처럼 보이는 형질이 그 다음 세대에 다시 나타나는 현상을 멋지게 설명했다. 20세기 중반 들어 유전자의 실체가 명확해지면서 멘델이 화려한 스포트라이트를 받은 건 어쩌면 당연한 일이다. 그런데 다시 반세기가 지나자 그 위상이 흔들리고 있으니 과학 패러다임의 변화란 이런 것인가.

물론 모든 과학자가 래딕 교수의 주장에 공감하는 건 아니다. 「네이처」에 기고문이 실리고 5주가 지난 6월 23일 서신란에는 브라질 상파울루대 생명과학연구소 타티아나 토레스Tatiana Torres 박사의 반박문이 실렸다. '멘델의 유산을 계속 기념하자'라는 제목의 글에서 토레스는 멘델을 비롯해 현대유전학의 토대를 쌓은 과학자들의 업적을 시대에 맞지 않는다고 버리는 건 말이 안 될 뿐 아니라 이들의 결과는 여전히 유전현상을 설명하는 데 최고라고 주장했다. 즉 유전학의 지평이 넓어지긴 했지만 멘델의 유전학이 여전히 유전학의 핵심이라는 말이다.

완두의 선택

필자는 대학원 때 식물유전학 연구를 했는데 애기장대란 잡초를 키웠다. 애기장대는 쌍떡잎식물을 대표하는 모델식물이다. 외떡잎식물로는 벼나 옥수수를 주로 연구한다. 그 밖에 담배, 페튜니아 같은 식물도 종종 등장한다. 그런데 어찌된 영문인지 완두를 대상으로 한 논문을 본 기억은 없다. 당시 필자의 연구주제와 완두가 별 인연이 없었기 때문일 수도 있다.

학술지 「커런트 바이올로지」 2016년 7월 11일자에는 모처럼 완두를 대상으로 한 논문이 실렸다. 다만 유전학은 아니고 생리학 분야로 환경에 따른 식물의 적응력을 보여주는 실험이다. 그럼에도 멘델의 위상이 흔들리는 때라서 그런지 반가운 마음에 짧게 소개한다.

동물의 경우 먹이가 풍족할 때는 안정된 환경을 선호하고 부족할 때는 변이가 큰 환경을 선호할 것이라는 가설이 있는데 이를 '위험감

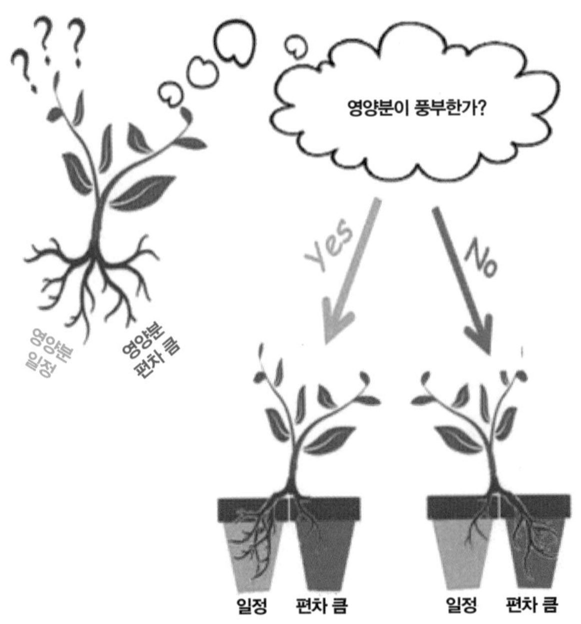

식물도 동물처럼 위험감수성을 보인다는 사실이 밝혀졌다. 토양에 영양분이 풍부할 때는 영양분이 일정한 토양 쪽의 뿌리가 더 무성하고(왼쪽) 부족할 때는 편차가 큰 토양 쪽의 뿌리가 더 무성하다(오른쪽). 자세한 설명은 본문 참조. (제공 「커런트 바이올로지」)

수성이론'이라고 부른다. 즉 부족한 게 없을 때는 위험(불확실성)을 회피하고 부족할 때는 위험을 선호한다(이판사판)는 것이다.

연구자들은 완두를 대상으로 식물도 이런 전략을 보이는지 알아보기로 했다. 완두 싹이 나면 가운데 뿌리를 자른 뒤 양옆으로 난 뿌리를 각각 다른 화분에 심는다. 그 뒤 한쪽 화분은 영양분을 일정하게 공급하고 다른 쪽 화분은 편차가 크게 공급한다. 이때 영양분의 평균값은 같다. 연구자들은 뿌리의 양으로 식물의 투자전략을 추측했다. 즉 식물은 영양섭취를 더 기대한 쪽 화분의 뿌리를 더 키운다는 말이다.

실험결과 영양분이 부족하거나 중간일 때 식물은 위험을 선택했다. 즉 영양 편차가 큰 쪽의 뿌리가 더 무성했다. 반면 영양공급이 풍부할 때는 위험회피 전략을 써 영양공급이 일정한 쪽의 뿌리가 더 무성했다. 연구자들은 뇌도 신경계도 없는 식물이 어떻게 이런 유연한 대처를 할 수 있는지 그 메커니즘까지는 설명하지 못했다. 그럼에도 식물이 겉보기처럼 그렇게 정적인 존재는 아니라는 생각이 든다.

8-5

1941년 하이젠베르크는 왜 보어를 방문했을까

100퍼센트의 진리는 없으며, 모든 것은 엄청나게 복잡하고 서로 뒤섞여 있다.

. – 베르너 하이젠베르크Werner Heisenberg

독일에서는 자네의 지도 아래 원자력 무기를 개발하기 위한 모든 일들이 진행되고 있고, 자네가 그 일을 완전히 꿰고 있기 때문에 세부적인 논의는 필요 없다고 말하지 않았나. 그리고 자네는 지난 2년 동안 그 일에 전념했다고.

– 1957년 보어Neils Bohr가 하이젠베르크에게 쓴, 부치지 않은 편지에서

대부분의 독일 과학자들은 나치와 함께 일했습니다. 하이젠베르크조차도 있는 힘을 다해서 이 범죄자들을 위해 일했습니다.

– 막스 보른Max Born이 알베르트 아인슈타인에게 보낸 편지에서

미국인이 우라늄 폭탄을 가지고 있다면, 당신들은 모두 이류밖에는 안 되겠지요. 가엾은 하이젠베르크.

– 오토 한Otto Hahn, 하이젠베르크와 함께 영국에 포로로 잡혀 있을 때 히로시마 원자폭탄 투하 소식을 듣고 나서.

어떤 직업에 어울리는 얼굴이 있다는 말은 외모에 대한 편견을 뜻하겠지만 그래도 이를 무시하고 배역을 캐스팅하기는 어려울 것이다. 연기

자 가운데 학자에 어울리는 사람을 꼽으라면 남명렬 씨가 1순위 아닐까. 실제 남 씨는 한 제약회사의 광고에서 학자의 풍모를 여지없이 보여주며 약에 대한 '신뢰'를 높이는 데 기여했다.

얼마 전 신문을 뒤적거리다 남 씨의 사진이 있는 기사가 눈에 들어왔다. 훑어보니 남 씨가 「코펜하겐」이라는 연극에 출연하는데 이번이 세 번째라고 한다. 그만큼 적임자라는 말이다. '덴마크 수도가 제목이라… 무슨 얘기지?' 궁금한 마음에 기사를 읽다가 깜짝 놀랐다. 연극의 소재가 과학, 그것도 20세기를 풍미한 양자물리학이 아닌가.

남명렬 씨가 맡은 역할은 양자역학의 대부인 닐스 보어다. 사실 외모로만 보면 얼굴이 길쭉하고 풍채가 좋은 보어가 떠오르지는 않지만(오히려 베르너 하이젠베르크 역을 맡은 서상원 씨가 더 맞을 것 같다) 이론물리학자로서는 잘 어울렸다.

전쟁이 갈라놓은 우정

연극은 사실을 바탕으로 하고 있다. 독일 이론물리학자 하이젠베르크는 1941년 9월 코펜하겐에 있는 보어를 방문했다. 보어는 하이젠베르크의 대선배(16세 연상)이자 오랜 동료이고 두 사람은 1920년대 후반 '코펜하겐 해석'을 내놓으며 아인슈타인을 제치고 양자역학의 발전

1941년 이론물리학자 베르너 하이젠베르크와 닐스 보어의 만남을 소재로 한 연극 「코펜하겐」이 2016년 상연됐다. 출연진으로 왼쪽부터 남명렬(보어), 이영숙(마그리트), 서상원(하이젠베르크). (제공 극단 청맥)

을 이끌었다. 그런데 독일에서 나치가 권력을 잡으면서 두 사람 사이도 멀어지기 시작했고 1940년 덴마크가 독일의 수중에 떨어지면서 불편한 사이가 돼버렸다. 그런 와중에 뜬금없이 하이젠베르크가 보어를 방문한 것이다.

연극은 이미 고인이 된 세 사람(보어의 부인 마그리트Margrethe(이영숙)를 포함해서)이 보어와 하이젠베르크 사이를 돌이킬 수 없는 지경에 이르게 한 이 방문의 의미를 찾는 과정을 과거와 교차하며 그리고 있다. 당시 하이젠베르크는 원자력 연구를 진행하고 있었고 그의 방문은 이와 밀접히 관련돼 있었다.

보어는 수년 전 미국에 머물 때 존 휠러John Wheeler와 함께 우라늄 핵

1934년 코펜하겐에서 열린 컨퍼런스에 참석한 하이젠베르크(왼쪽)와 보어. 이들은 부자와도 같은 친밀한 사이였다.

분열에 대한 이론연구를 수행했는데 흥미로운 결론에 이르렀다. 즉 핵분열이 연쇄반응을 일으키려면 우라늄235를 농축해야 한다는 것이다. 우라늄 광석은 99% 이상이 우라늄238이고 이런 상태에서는 중성자가 흡수되면서 반응이 멈추게 된다. 두 사람은 1939년 발표한 논문에서 당시 기술로 우라늄 광석에서 1% 미만인 우라늄235를 분리농축해서 폭탄을 만들 정도의 충분한 양을 얻으려면 엄청난 시간과 비용이 들기 때문에 사실상 불가능한 일이라고 결론 내렸다.

따라서 보어는 이 문제에 대해 원론적인 차원 이상의 의견을 줄 수 있는 사람이었다. 보어로서는 아끼던 후배였지만 이제 원수의 나라의 국민이면서 그 나라를 위해 연구를 하는 상태에서 자신에게 조언을 구하러 온 상황을 참기 어려웠을 것이다.

연극은 두 사람, 특히 하이젠베르크의 복잡한 심리 상태를 다양한 관점에서 그리고 있는데 옛날 같았으면 어쨌든 하이젠베르크에게 공감할 수는 없나고 말했겠지만 필자도 나이를 먹다 보니 나름 갈등이 컸겠다는 생각이 들기도 한다. 평생 지적 호기심을 원동력으로 살아온 그에게 원자폭탄이 실현 가능한가라는 질문과 그에 대한 답을 본인이 최초로 제시할 수 있는 위치에 있다는 현실은 거부하기 힘든 유혹이었을 것인 동시에 그렇게 해준 권력이 나치라는 혐오스런 집단이었기 때문이다. 즉 자신의 성공은 곧 나치에게 날개를 달아주는 걸 의미한다.

연극은 영국 작가 마이클 프레인Michael Frayn이 1998년 발표한 동명의 희곡이 원작이다. 같은 해 영국에서 초연됐고 토니상, 몰리에르상을 수상했다. 우리나라에서도 여러 차례 공연된 인기작이다. 연극은 다양한 관점에서 이 방문을 조명하고 있지만 다 보고 난 뒤에도 상황이 명쾌히 정리되지 않았다. 정말 하이젠베르크는 왜 보어를 만났을까? 그리고 무엇보다도 하이젠베르크가 의도적으로 원자폭탄 개발을 회피한 것일까 아니면 능력이 안 돼서 실패한 것일까 하는 의문이 들었다.

방문도 불확정성의 원리로 설명?

필자는 연극을 보기 전에 먼저 희곡을 읽어보려고 인터넷 서점에서 검색을 해봤지만 아쉽게도 번역돼 있지 않았다. 별수 없이 원서 전자책을 사서 다운로드하여 읽어봤다. 희곡의 대화를 통해 1941년 하이젠베르크가 왜 보어를 만나러갔는지 알아보자. (본문 인용은 연극 대사가 아니라(당연히 녹음을 못했다) 필자가 희곡을 번역한 것이다.) 참고로 연극에서는 하이젠베르크가 보어의 집을 방문해 담소를 나누다 두 사람이 산책을 나갔고(도청을 피하기 위해) 이때 나눈 대화가 논의의 중심이다.

장면1_ **사자死者들의 대화**

하이젠베르크: 전 단순히 선생님에게 물리학자가 원자에너지를 실제적으로 이용하는 연구를 할 도덕적 권리가 있는지 여쭤봤을 뿐입니다. 그렇지 않나요?

보어: 기억이 안 나네.

하이젠베르크: 기억을 못하신다니. 아닙니다. 선생님은 바로 경계하셨어요. 선생님은 그 자리에서 멈추셨죠.

보어: 난 두려웠으니까.

하이젠베르크: 두려웠다고요. 그렇다면 기억하시는군요. 선생님은 두려운 눈빛으로 저를 바라보고 서 계셨죠.

보어: 왜냐하면 그 질문이 뜻하는 바가 뻔했거든. 자네가 그 일을 하고 있다는 말이지.

하이젠베르크: 그리고는 제가 히틀러에게 핵무기를 만들어주려고 애쓰고 있다고 결론지으셨죠.

보어: 그러지 않았나!

하이젠베르크: 아닙니다! 저희가 만들려고 했던 건 원자로였어요! 전력을 생산하고 선박을 움직이는 장치죠!

하이젠베르크는 보어에게 과학자의 윤리에 대한 원론적인 물음을 던졌을 뿐인데 보어가 확대해석해 대화가 끊어지고 어색한 상황으로 이어졌다는 것이다. 다음으로 하이젠베르크가 적국(연합군)의 원자폭탄 연구현황에 대해 알아보려고 방문했다는 설명이 있다.

장면2_ **1941년 대화 장면**

하이젠베르크: 스톡홀름 신문을 보니 미국에서 원자폭탄 연구를 한다는 얘기가 있더군요.

보어: 아. 이제 나오는군. 이제 나와. 이제야 모든 걸 알겠어. 자네는 내가 미국인들과 연락하고 있다고 생각하는 거지?

하이젠베르크: 아마도요. 가능한 일이죠. (독일) 점령지 유럽에서 누군가가 있다면 바로 선생님이겠죠.

보어: 그래서 자넨 연합국의 핵 프로그램을 알고 싶은 거고.

하이젠베르크: 전 다만 그런 게 있는지 알고 싶을 뿐입니다. 약간의 힌트 약간의 실마리만이라도. 전 방금 조국을 배신하고 제 목숨을 걸고 선생님께 독일의 프로그램을 말씀드렸습니다…

보어: 그럼 이제 내가 보답을 할 차례라는 말인가?

하이젠베르크: 선생님, 전 알아야만 해요! 전 결정을 해야만 하는 책임자입니다! 연합국이 폭탄을 만들고 있다면 전 제 조국을 위해 어떤 선택을 해야 할까요?

다음으로 양 진영이 핵개발을 중단할 수 있게 보어가 중재를 맡아달라고 요청하러 왔다는 설명이 있는데 설득력은 약하다.

장면3_ **사자들의 대화**

하이젠베르크: 하지만 선생님은 그들에게 얘기해볼 수 있었어요!

보어: 뭘 말인가?

하이젠베르크: 1941년 제가 말씀드린 것 말이죠! 선택은 우리들 손에 달려 있다는 걸요! 저와 오펜하이머의 손에! 나치가 제게 물을 때 제가 단순한 진실을 얘기할 수 있다면 오펜하이머도 실망스러운 진실을 얘기할 수 있었을 것입니다!

보어: 자네가 내게 원하는 게 이건가? 미국인들이 뭘 하는가를 말해주는 게 아니라 멈추게 하라는 것?

하이젠베르크: 우리 둘 다 멈출 수 있다는 걸 말해달라는 것이었습니다.

보어: 난 미국인들과 접촉이 없었어!

하이젠베르크: 영국 사람들과는 있었잖아요!

어쩌면 하이젠베르크는 뛰어난 옛 동료 대다수가 주변을 떠난 가운데(유태인이므로) 잘 나가는 자신을 자랑할 사람이 없어 보어를 찾았는지도 모른다.

장면4_ **사자들의 대화**

마그리트: 미안해요. 하지만 그게 하이젠베르크가 여기 온 진짜 이유는 아니잖아요. 그 사람은 자신이 비밀 연구에서 중요한 위치에 있다는 걸 우리에게 알리고 싶어 입이 근질근질했던 거예요. 그럼에도 자신이 고상한 도덕적 독립성을 유지하고 있다는 사실도요. 게슈타포에게 감시받고 있음에도 말이죠. 그 덕분에 지금 너무나 중요한 도덕적 딜레마에

직면해 있다는 것이죠.

원자로 개발로 방향 잡아

집에 돌아온 필자는 거의 20년 전에 읽은 하이젠베르크의 전기를 꺼내 들었다. 아르민 헤르만이라는 과학사가가 쓴 전기로 필자 기억에 하이젠베르크가 시간을 끌며 연구를 회피했다는 식으로 서술했던 것 같다. 다만 코펜하겐 방문 건은 읽은 기억이 없는데, 씁쓸하게도 중간쯤 '읽어버린 낙원'이라는 제목의 장에 이 에피소드가 있다.

19년 만에 '다시' 읽어보니 하이젠베르크에 대한 평가는 필자의 기억이 대충 맞았다. 하이젠베르크는 당시 기술로 우라늄235를 분리농축해 폭탄을 만든다는 건 현실성이 없다고 믿었고, 대신 플루토늄 폭탄(나가사키에 떨어진 종류)을 만들 가능성은 있다고 봤지만 이를 나치에게 말하지는 않았다. 대신 에너지 생산을 위해 원자로를 만드는 쪽으로 방향을 유도해 연구를 진행했다. 희곡에서 이에 대해 이야기하는 장면을 보자.

장면5_ **사자들의 대화**

하이젠베르크: 진짜 결정의 순간입니다. 1942년 6월이에요. 코펜하겐을 다녀오고 아홉 달이 지났죠. 히틀러는 즉각적인 결과가 나오지 않는 연구는 다 중지시켰습니다. 이때 알베르트 슈페어 혼자 평가를 했습니다. 당시 우리는 원자로가 제대로 작동한다는 첫 신호를 얻었죠. 처음으로 중성자가 늘어난 겁니다. 13퍼센트로 증가폭이 크지는 않았지만 아무튼 시작이니까요.

보어: 1942년 6월? 시카고의 페르미보다(1942년 12월) 약간 더 빨랐군.

(중략)

마그리트: 당신은 슈페어에게 연구비를 계속 대달라고 요청하지 않았나요?

하이젠베르크: 원자로 연구를 계속하기 위해서요? 물론 그랬습니다. 하지만 슈페어가 프로그램을 진지하게 생각하지 않을 정도로 적은 금액만을 요청했죠.

마그리트: 원자로가 플루토늄을 생산할 수 있다고 얘기했나요?

하이젠베르크: 원자로가 플루토늄을 생산할 수 있다고 얘기하지 않았습니다. 슈페어에게는 안했죠. 원자로가 플루토늄을 생산할 수 있다고 얘기하지 않았습니다.

보어: 대단한 생략이군. 자네 말을 받아들여야겠지.

그럼에도 글 앞에서 인용한, 막스 보른(하이젠베르크가 스물두 살에 행렬역학을 완성하는 데 결정적인 도움을 준 멘토다)의 편지에서 볼 수 있듯이 하이젠베르크가 과연 고의로 최선을 다하지 않았느냐에 대해서는 회의적인 시각도 있다. 원자로 연구도 결국은 플루토늄 농축으로 이어질 수 있기 때문이다. 실제 하이젠베르크도 "어쩌면 우리가 그 일을 할 수 없었기 때문에 그것을 만드는 것을 원치 않았다고 말할 수도 있다"고 얘기한 적이 있다.

그리고 무엇보다도 하인젠베르크는 당시 미국에서 맨해튼프로젝트를 진행하고 있다는 사실을 꿈에도 상상하지 못했다. 만일 알았다면 원자로 연구를 대규모 연구비가 투입될 수 있는 '긴급수준'으로 격상

Kære Heisenberg [illegible]

[illegible]

[illegible] Materiale til Belysning af Fysikkens Udvikling i vor

[illegible] Washington [illegible]

[illegible]

[illegible] 1941.

1956년 출간된 덴마크어판 로베르트 융크의 책『태양 천 개보다도 더 밝은』에 실린, 1941년 방문에 대한 하이젠베르크의 설명을 보고 격분한 보어는 이듬해 하이젠베르크에게 편지를 썼지만 부치지는 않았다. 그런데 1998년 하이젠베르크에 호의적인 면이 있는 연극「코펜하겐」이 화제가 되면서 2002년 편지가 공개됐다. 보어의 구술을 아내 마그리트가 받아 썼다.

해야 한다고 건의했을지도 모른다. 저자 헤르만은 전기에서 "하이젠베르크는 양심의 영역에는 '백 퍼센트의 진리는 없으며, 모든 것이 엄청나게 복잡하고 서로 뒤섞여 있다'고 생각했다"고 썼다. 아무튼 당시 나치 권력 핵심부는 원자폭탄의 가공할 위력에 대해 전혀 감을 잡지 못하고 있었기 때문에 하이젠베르크를 압박하지 않았다.

연극에 반발해 보어의 미발신 편지 공개

아무래도 전기가 오래 된 거라(원서는 1976년 출간) 새로운 내용이 있나 해서 인터넷에서 하이젠베르크의 1941년 방문에 대해 검색하다 놀라운 사실을 알게 됐다. 프레인의 「코펜하겐」이 화제가 되면서 연극을 본 사람들 다수에서 하이젠베르크를 '인간적으로' 이해하는 쪽으로(필자처럼) 분위기가 흐르자, 2002년 보어의 자손들은 소장하고 있던 보어의 미공개 편지를 공개했다.

편지는 1957년 쓴 것으로 1941년 하이젠베르크 방문에 대한 보어의 기억이 직설적으로 표현돼 있다. 홧김에 편지는 썼지만 막상 부치려다 보니 하이젠베르크가 너무 큰 상처를 입을 것 같아 보내지 않았다. 그런데 보어는 왜 16년이나 지나서 이런 편지를 쓸 생각을 했을까.

1956년 오스트리아의 언론인 로베르트 융크Robert Jungk는 맨해튼프로젝트와 독일 원자폭탄프로젝트에 대한 책 『태양 천 개보다도 더 밝은』을 출간했다. 이 책을 읽고 하이젠베르크는 저자에게 편지를 썼다. 여기서 하이젠베르크는 1941년 보어를 방문했을 때 과학자가 핵무기를 연구하는 게 도덕적으로 옳지 않다는 얘기를 하려고 했으나 제대로 전달이 안 된 상태에서 대화가 끊어졌다고 언급했다.

융크는 덴마크어 판을 낼 때 이 부분을 추가했고 그 결과 하이젠베르크가 도덕적인 기반에서 독일의 원자폭탄프로젝트를 일부러 지연시킨 것 같은 인상을 줬다. 보어는 책을 읽고 격노했는데, 그의 기억에 당시 하이젠베르크는 독일을 위해 핵무기를 만들 수 있는 상황에 대해 매우 만족해 했기 때문이다. 다음은 이듬해 보어가 하이젠베르크에게 쓴, 그러나 차마 보내지는 못한 편지의 일부다.

하이젠베르크에게,

최근 덴마크어로 출간된 로베르트 융크의 『태양 천 개보다도 밝은』을 읽고 나서 자네에게 이 말을 꼭 해야겠다고 생각했네. 덴마크어 판에 발췌돼 있는, 자네가 저자에게 보낸 편지를 보니, 자네 기억이 자네 자신을 얼마나 속이고 있는지 놀라울 지경이군.

(중략)

나 역시 연구소(보어가 소장으로 있던 코펜하겐 이론물리연구소) 내 방에서 있었던 우리의 대화를 또렷하게 기억하고 있네. 자네의 모호한 용어 사용은 나에게 오히려 더 확고한 인상을 심어주었지. 독일에서는 자네의 지도 아래 원자력 무기를 개발하기 위한 모든 일들이 진행되고 있고, 자네가 그 일을 완전히 꿰고 있기 때문에 세부적인 논의는 필요 없다고. 그리고 자네는 지난 2년 동안 그 일에 전념했다고.

(중략)

난 자네가 우리가 고생하고 있지 않다는 걸 스스로에게 확신시키고 만일 우리가 위험한 상황에 처해 있을 경우 모든 방법을 동원해 도와주려고 우리를 방문했다는 인상을 강하게 받았네.

즉 하이젠베르크가 옛정을 생각해서 독일 점령 이후 유태인인 보어의 신변에 문제가 있을까 걱정해 방문한 것이지, 독일 원자폭탄프로젝트에 있어서는 망설임 없이 전력을 다해 연구에 매진했다는 말이다.

1945년 4월 미국의 특수부대 '알조스'는 독일 하이걸로흐의 산속 지하실에 있는 우라늄 원자로를 접수한 뒤 해체했다. 당시 독일은 연쇄반응에 들어가는 수준이었지만 안전장치가 미비해 만일 더 진행됐더라면 오히려 위험했을 상황이었다.

따라서 독일이 미국에 뒤진 건 실력이 안 돼서다.

독일이 연합군에 점령된 뒤 원자폭탄프로젝트에 관여한 10여 명의 과학자들은 영국으로 보내져 여덟 달 동안 구금됐다. 1945년 8월 6일 히로시마 원자폭탄 투하 소식을 듣고 나서 하이젠베르크와 함께 포로로 잡혀 있을 때 오토 한(1938년 핵분열을 처음 발견한 독일화학자)은 이렇게 한탄했다.

"미국인이 우라늄 폭탄을 가지고 있다면, 당신들은 모두 이류밖에는 안 되겠지요. 가엾은 하이젠베르크."

8-6

나방과 인간

초원의 녹색은 거의 기대할 수 없다. 헤엄치는 물고기가 안 보이는 개울은 시커멓고 상태가 안 좋다. 평지에는 이곳저곳 석탄과 광산에서 나온 폐기물 더미가 솟아 있다. 얼마 안 되는 나무도 제대로 못 자랐다. 보이는 새라고는 꾀죄죄한 참새 몇 마리가 전부다. 수 킬로미터에 걸쳐 시커먼 폐기물이 널려 있다.

- 1851년 영국의 철도 안내문에서

옆쪽 나란히 있는 두 사진에 등장하는 나방은 모두 몇 마리일까? 두 마리라고 답한 당신은 관찰력이 좀 부족한 것 같다. 세 마리를 보았다면 무난하다. 물론 정답은 네 마리다.

다윈의 자연선택을 보여주는 대표적인 사례였던 얼룩나방(학명 *Biston betularia*). 깨끗한 환경에서는 지의류와 구분이 잘 안 되는 밝은 색 나방이 생존에 유리한 반면(왼쪽), 오염된 환경에서는 검은색 나방이 생존에 유리하다(오른쪽)는 실험결과가 1950년대 나오면서 유명해졌다. (제공 에드먼드 포드)

숨은 그림 찾기 같은 이 두 사진은 1975년 출간된 영국 옥스퍼드대의 생태유전학자 에드먼드 포드Edmund Ford의 저서 『생태유전학』 4판에 나온다. 중고교 때 생물 공부를 열심히 한 사람은 '아, 이 사진!'하며 반가워할 것이다. 다윈의 자연선택을 극적으로 보여주는 예로 등장한 '얼룩나방'이기 때문이다.

산업혁명의 출발지인 영국은 19세기 들어 석탄 사용이 급증하면서 공업지대 주변의 환경이 급격히 나빠졌다. 글 앞의 인용문에서 볼 수 있듯이 요즘 우리나라 사람들을 골치 아프게 하는 미세먼지는 명함도 내밀기 어려울 정도로 상황이 악화됐다. 1848년 영국 공업지대의 중심인 맨체스터에서 날개가 검은 얼룩나방이 처음 보고됐다. 원래 얼룩나방peppered moth은 이름처럼 밝은 색 바탕에 후추를 뿌린 듯 짙은 색

무늬가 흩뿌려진 날개 패턴이 나무 기둥이나 줄기를 덮은 지의류와 비슷하다.

그 뒤 영국 전역에서 공업지역을 중심으로 검은색 얼룩나방의 개체수가 점점 늘어 마침내 원래 얼룩나방보다 많아지기에 이르렀다. 1896년 영국의 곤충학자 제임스 투트James Tutt는 저서 『영국의 나방』에서 이런 변이를 다윈의 자연선택이 진행되고 있는 예라고 하면서 나방의 천적인 새의 섭식이 '선택압'이라고 제안했다.

과거 공기가 깨끗할 때는 나무 기둥이나 줄기가 지의류에 덮여 있어 낮에 쉬고 있는 나방이 새의 눈에 잘 띄지 않았지만, 오염으로 지의류가 죽고 검댕이(미세먼지)로 나무 기둥과 줄기가 꺼멓게 되면서 손쉬운 먹이가 됐다는 것. 반면 변이체인 검은 나방은 눈에 안 띄어 점차 개체수가 늘어났다는 얘기다.

50여 년이 지난 뒤 옥스퍼드대의 에드먼드 포드 교수는 투트의 가설을 증명해보기로 하고 의사이자 열정적인 아마추어 인시류(나비와 나방) 연구가였던 버나드 케틀웰Bernard Kettlewell에게 이 임무를 맡겼고 케틀웰은 1953년 7월 그 유명한 나방실험을 진행했다. 케틀웰은 날개 밑면에 표시를 한, 밝은 색 수컷 얼룩나방 137마리와 검은색 수컷 얼룩나방 447마리를 버밍엄 인근 오염된 숲에 풀어줬다. 그 뒤 수은등과 유혹용 암컷 나방이 들어 있는 포획망으로 수컷나방을 '회수'해 그 비율을 조사했다.

만일 날개색으로 인한 선택압 이론이 맞다면 검은색 나방의 생존율, 즉 회수율이 더 높을 것이다. 실험결과 밝은 색 나방은 18마리가 돌아와 13.1%의 회수율을 보인 반면 검은색 나방은 123마리가 돌아와

1955년 진행된 케틀웰의 실험 장면. 나방 날개 밑에 표시를 한 뒤(왼쪽) 나무 기둥에 풀어주고(가운데) 일정한 시간이 지난 뒤 회수해(오른쪽) 생존율을 추정했다. (제공 Tinbergen)

27.5%의 회수율을 보였다. 실험이 멋지게 성공한 것이다. 2년 뒤 케틀웰은 추가실험 두 가지를 했는데, 반복실험과 깨끗한 숲에 두 가지 나방을 풀어놓은 뒤 회수하는 실험이었다. 반복실험은 2년 전 결과를 재현했고 뒤의 실험 역시 예상대로 배경(지의류)과 구분이 잘 안 되는 밝은 색 나방의 회수율이 13.7%로 튀는 검은색 나방의 회수율 4.7%보다 더 높았다.

얼룩나방은 자연선택의 위력을 극적으로 보여주는 상징적인 사례로 '다윈의 나방'으로 불리며 생물학 교과서를 장식했다. 그러나 변이체인 검은색 얼룩나방이 언제 나왔고 게놈 수준에서 밝은 색 나방과 어떻게 다른지는 여전히 미스터리였다.

200여 년 전 변이체 등장한 듯

학술지 「네이처」 2016년 6월 2일자에는 검은색 변이 나방이 보고된 지 168년 만에 마침내 변이를 일으킨 유전자를 찾았다는 연구결과가 실렸다. 영국 리버풀대 일릭 사케리Ilik Saccheri 교수팀은 실험 데이터를 바탕으로 약 200년 전 얼룩나방의 17번 염색체에 있는 코텍스cortex

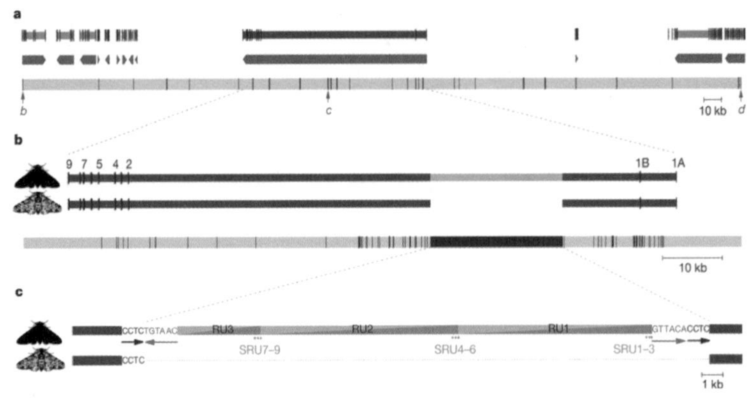

얼룩나방의 날개색 변이를 일으킨 유전자가 마침내 규명됐다. 2011년 영국 리버풀대 연구자들은 얼룩나방의 17번 염색체의 40만 염기 영역 안에서 일어난 변이가 원인이라고 밝혔다(위). 그 뒤 범위를 좁히는 연구를 진행해 2016년 코텍스라는 유전자의 인트론에 2만2000 염기 크기의 전이성 인자(가운데 노란색 부분)가 끼어들어갔음을 확인했다. 아래는 전이성 인자의 구조를 상세히 규명한 데이터다. (제공「네이처」)

라는 유전자의 첫 번째 인트론에 전이성 인자가 끼어들어가면서 검은색 변이체가 등장했다는 시나리오를 내놓았다. 즉 19세기 초에 우연히 나타난 변이체가 마침 극심해지고 있던 오염으로 생존에 유리해지면서 기존의 밝은 색 나방을 대체해나갔다는 것이다.

전이성 인자transposable element는 게놈 여기저기로 옮겨 다닐 수 있는 DNA 조각으로 소위 정크DNA의 주요 구성원이다. 전이성 인자 대부분은 게놈에 별다른 영향을 미치지 않지만 유전자 사이에 끼어들어갈 경우는 얘기가 달라질 수 있다.

이번 경우에도 코텍스의 첫 번째 인트론에 전이성 인자가 끼어들어가면서 유전자의 발현이 늘어나는 것으로 나타났다. 그 결과 나방 날개의 비늘이 형성되는 과정에 영향을 미쳐 색이 짙어지는 표현형이 나온 것으로 보인다. 참고로 진핵생물의 유전자는 엑손exon과 인트론intron으로 이뤄져 있는데, 엑손은 아미노산으로 번역되는 부분이고 인트론은 엑손 사이에 끼어 있지만 아미노산으로 번역되지는 않는 부분이다. 코텍스 유전자의 경우 엑손 9개와 인트론 8개로 이뤄져 있다.

역사적인 배경이 있어서 그런지 「네이처」는 사설로도 이 연구를 소개하고 있는데 읽다 보니 흥미로운 구절이 나왔다. 1950년대 케틀웰의 실험에 설계상 문제가 좀 있었고 결국 진화론을 부정하는 창조론자들에게 이용되는 지경에 이르자 몇몇 생물학 교재에서 아예 얼룩나방 이야기를 빼기에 이르렀다는 것이다.

실제 필자의 집에 있는 대학교재인 『캠벨 생명과학』과 『생태학』(스미스 외, 7판, 2009년)을 뒤적거려봤는데 얼룩나방 이야기를 찾을 수 없었다. 한 세기 전에 중고교 교과서를 장식하며 다윈의 자연선택을 상징했던 사례가 어떻게 이런 논쟁에 휘말렸는지 궁금해졌다. 이번 유전자 규명이 케틀웰의 연구에 영향을 줄 수 있을까.

시큼한 분노의 포도?

케틀웰 실험에 대한 문제제기에 앞장 선 사람은 미국 매사추세츠대의 동물학자 테오도르 사전트Theodore Sargent 교수다. 사전트 교수는 1960년대 여러 차례 재현실험을 했지만 새의 선택압 현상을 관찰하지 못했다고 보고했다. 그러면서 케틀웰의 실험이 너무 인위적이라고 주장했다. 즉 야행성인 나방이 낮에 주로 쉬는 장소는 나무 기둥이 아닐 뿐 아니라 실험에서처럼 고밀도로 나방이 존재하지도 않는다는 것이다. 또 야생에서 충분한 개체수를 확보하지 못해 실험실에서 키운 나방을 같이 쓴 것도 문제라고 지적했다.

2002년 미국의 저널리스트 주디스 후퍼Judith Hooper의 책 『나방과 인간』이 나오면서 케틀웰의 실험은 결정타를 맞았다. 책에서 후퍼는 케틀웰을 포드 교수에 이용당한 희생양으로 그리면서 실험의 결함은 물론이고 데이터도 조작됐음을 암시했다. 이 책은 「뉴욕타임스」를 비롯해 주류언론의 호평을 받았다. '실패한 나방The moth that failed'이라는 제목의 「뉴욕타임스」 기사는 말미에 "우리시대 가장 저명한 진화생물학자들 몇몇이 공유한 인간의 야심과 자기기만이 얼룩나방 주위로 몰려들었다"는 책의 문구를 인용하고 있다.

그러나 학술지에 실린 서평은 전혀 다른 얘기를 하고 있다. 미국 윌리엄메리대학의 브루스 그랜트Bruce Grant 교수는 「사이언스」에 실은 '시큼한 분노의 포도'라는 제목의 서평에서 후퍼가 뛰어난 글솜씨를 지닌 건 맞지만 여러 군데에서 사실을 왜곡하고 연구의 개념을 제대로 파악하지 못했다고 평가했다. 케틀웰의 실험이 완벽했던 건 아니지만 1966부터 1987년 사이 이를 보완하며 재현한 여덟 개의 독립적인 현장연구의 결과가 케틀웰의 결과를 뒷받침했다.

한편 1956년 영국에서 '청정공기법Clean Air Act'이 제정된 이래 공기가 서서히 깨끗해지면서 영국 리버풀 일대의 검은색 얼룩나방의 비율은 37년 만에 93%에서 18%로 급감했다. 또 검은색 나방의 비율과 대기 중 이산화황 및 미세먼지의 비율이 비례관계에 있다는 연구결과도 있다. 즉 이 모든 정황이 케틀웰 실험이 본질적으로 올바른 것이었음을 보여주는데도 후퍼가 너무 상상력을 발휘했다는 것이다.

한편 케틀웰의 실험의 긍정적인 면과 부정적인 면을 균형 있게 평가해온 영국 케임브리지대 마이클 마제루스 교수는 논란이 창조론자들에게 이용되는 수준으로 비화하자 대규모 재현 실험을 진행했다. 즉 2001년부터 2006까지 6년 동안 깨끗한 숲에 얼룩나방 4864마리를 풀어준 뒤 잡아먹히는 비율을 조사했다. 그 결과 하루가 지날 때 검은색 나방의 생존율이 밝은 색 나방보다 평균 9% 낮았다. 참고로 얼룩나방은 성체가 된 뒤 수일 만에 죽는다. 즉 케틀웰의 실험이 멋지게 재현된 것이다.

아울러 마제루스는 케틀웰 실험의 가장 큰 문제점으로 지적된 장소 문제도 실험해봤다. 즉 야생에서 얼룩나방은 나무기둥에서 낮을 보내지 않는다는 비판의 정당성을 알아본 것이다. 그 결과 낮에 얼룩나방이 가장 많이 발견되는 곳은 나뭇가지로 52%에 이르렀고 대부분(89%) 아래쪽에 있었다. 그러나 35%는 나무기둥에서 발견됐고 대부분(35%)은 북쪽에 있었다. 직사광선을 피하는 게 중요하다는 말이다. 나머지 13%는 잔가지에 붙어 있었다. 즉 케틀웰의 실험이 장소면에서도 큰 문제는 없다는 말이다.

여담이지만 『나방과 인간』이라는 후퍼의 책 제목과 '시큼한 분노의 포도'라는 서평의 제목 모두 미국 작가 존 스타인벡의 소설 제목을 패러디한 것이다. 즉 『나방과 인간The Moths and Men』은 『생쥐와 인간The Mice and Men』을, '시큼한 분노의 포도Sour Grapes of Wrath'는 『분노의 포도The Grapes of Wrath』에서 따왔다. 스타인벡의 소설을 갖고 와 생물학자들을 폄훼한 데 대해 스타인벡의 소설로 응수한 것이다(저자가 맛이 갔다고(sour)).

『캠벨 생명과학』과 『생태학』이 개정판을 만들 때 이번 연구결과를 포함해 다윈의 나방 이야기를 소개했으면 좋겠다는 생각이 든다.

부록

과학은 길고 인생은 짧다

과학카페 2권부터 '과학은 길고 인생은 짧다'라는 제목의 부록에서 전 해에 타계한 과학자들의 삶과 업적을 뒤돌아봤다. 2016년 한 해 동안에도 여러 저명한 과학자들이 유명을 달리했다. 이번에도 부록에서 이들을 기억하는 자리를 마련했다.

예년과 마찬가지로 과학저널 「네이처」와 「사이언스」에 부고가 실린 과학자들을 대상으로 했다. 「네이처」에는 '부고obituary', 「사이언스」에는 '회고retrospective'라는 제목의 란에 주로 동료나 제자들이 글을 기고했는데 이를 바탕으로 했다.

「네이처」에는 25건, 「사이언스」에는 11건의 부고가 실렸다. 두 저널에서 함께 소개한 사람은 8명이다. 결국 두 곳을 합치면 모두 28명이 된다. 한편 학술지 「셀 대사」 2016년 8월 9일자에는 우리나라 과학자 정철호 박사의 부고가 실렸다. 정 박사를 포함해 지난해에 작고한 과학자 29명의 삶과 업적을 사망한 순서에 따라 소개한다.

1. 마빈 민스키 (1927. 8. 9 ~ 2016. 1.24)

— 인공지능의 선구자 지고 알파고 떴다

2016년 3월 알파고가 바둑을 접수한 뒤 우리나라는 인공지능 열병에 시달리고 있다. 정도는 덜하지만 이는 세계적인 현상으로 IBM의 인공지능 왓슨은 의학계에서 일하기 시작했고 법률이나 기상예측, 통역 등 많은 분야도 인공지능을 고용했거나 할 예정이다. 상황이 이렇다보니 과거 산업로봇이 일자리를 빼앗은 것과는 비교할 수 없을 정도로 인류에게 심각한 위기라고 걱정하는 목소리도 높다.

마빈 민스키는 즉흥곡을 연구할 정도로 음악재능도 탁월했다. 자택의 피아노 앞에 앉은 민스키. (제공 민스키 가족)

인공지능의 아버지로 불리는 마빈 민스키Marvin Misnky가 인공지능이 극적으로 재조명되는 광경을 보지 못하고 연초 세상을 떠났다. 1927년 미국 뉴욕에서 태어난 민스키는 음악신동으로 피아노 연주가 수준급이었지만 머리도 뛰어났다. 제2차 세계대전으로 해군에 복무한 뒤 하버드대 수학과에 들어가 1950년 졸업했고 프린스턴대에서 응용수학 분야인 학습기계를 주제로 1954년 박사학위를 받았다.

1958년 평생직장이 될 MIT에 합류한 민스키는 이듬해 동료 존 매카시John McCarthy와 함께 인공지능연구소를 만들어 본격적인 인공지능 연구에 뛰어들었다. 매카시는 1956년 처음 인공지능artificial intelligence이란 용어를 만들어 사용한 사람이다.[17] 민스키는 1961년 학술지 「IRE회보」에 '인공지능으로 가는 단계들'이라는 논문을 발표해 많은 인재들을 이 분야로 끌어들였다.

민스키는 사람들의 외모나 성별, 나이, 지위 등에는 초연했고 오

17 존 매카시의 삶과 업적에 대해서는 『과학 한잔 하실래요?』 201쪽 '인공지능: 스티브 잡스 vs 존 매카시' 참조.

로지 그 사람의 아이디어와 능력만을 고려했다. 민스키는 로봇 연구의 선구자이기도 해서 자유도(움직일 수 있는 서로 다른 방향의 가짓수)가 14인 로봇팔을 만들기도 했다. 그는 로봇팔을 이용한 원격수술이 이뤄질 것이라고 예상했는데 얼마 뒤 현실이 됐다. 1960년대 후반부터 시모어 페퍼트와 함께 인공뉴런네트워크를 연구했다.[18]

민스키는 자신의 연구 분야를 포괄하는 통찰력 있는 책을 두 권 남겼는데 1985년 출간한 『The Society of Mind(정신의 사회)』와 2006년 출간한 『The Emotion Machine(정서 기계)』이다. 앞의 책에서는 지능이 창발적 특성임을 주장하고 있고 뒤의 책에서는 지능과 창조성, 정서, 의식, 상식을 새로운 관점에서 조명하고 있다. 말년에 민스키는 인공지능을 둘러싼 세간의 관심에 대해 다음과 같은 촌평을 남겼다.

"예전에는 AI의 가능성에 대해 의심하던 사람들이 많았는데 이제는 AI에 대해 걱정하는 목소리가 주류가 됐다."

2. 지오프리 에글린턴 (1927. 11. 1 ~ 2016. 3. 11)

— 분자화석으로 지구 역사를 재구성한 화학자

그리움에 지쳐서 울다 지쳐서
꽃잎은 빨갛게 멍이 들었소

18 시모어 페퍼트의 삶과 업적에 대해서는 363쪽 참조.

아내 팸과 함께 한 지오프리 에글린턴. (제공 영국왕립학회)

'동백아가씨'라는 노래의 가사는 정말 시적이다. 필자는 동백을 무척 좋아하는데, 꽃도 꽃이지만 꽃의 빨간색을 더욱 돋보이게 하는 반질반질한 짙은 녹색의 잎이 더 인상적이다. 동백 잎이 두드러지기는 하지만 사실 대다수 잎 표면에는 왁스층이 있어 잎을 보호하고 물에 젖지 않게 한다. 1960년대 당시 최신 분석기기를 써서 잎 왁스의 화학조성을 자세히 밝힌 화학자 지오프리 에글린턴Geoffrey Eglinton이 지난 3월 11일 89세로 작고했다.

1927년 영국 카디프에서 태어난 에글린턴은 맨체스터대에서 화학을 공부하고 유기합성연구로 박사학위를 받았다. 그가 고안한, 각각 삼중결합을 지닌 두 분자의 탄소 사이의 결합반응은 '에글린턴 반응'으로 불린다. 학위를 받은 뒤 에글린턴은 천연물화학으로 관심을 돌렸다. 그는 기체크로마토그래피 같은 최신 분석기기를 써서 복잡한 혼합물을 분리해 구성 성분을 규명했다. 특히 잎의 표면을 덮고 있는 왁스를 집중적으로 연구했고 1967년 학술지 「사이언스」에 발표한 14쪽에 이르는 논문으로 정점을 찍었다.

에글린턴은 잎의 왁스 분석 경험을 바탕으로 '분자화석molecular fossil'이라는 개념을 제시했다. 잎의 왁스를 이루는 성분처럼 안정한 분자는 오랜 세월을 견딜 수 있기 때문에 화석의 분자를 분석하면 당시 지구 환경과 생물계에 대한 이해를 넓힐 수 있다. 더 나아가 운석에 포함된 유기분자도 초기 우주와 생명의 기원을 밝히는 데 영감을 줄 것이다. 실제 에글린턴은 1969년 아폴로 11호 우주인인 닐 암스트롱과 버즈 올드린이 달에서 가져온 월석의 성분을 분석하기도 했다. 이런 분야를 '유기지구화학'이라고 부른다.

1967년 글래스고대에서 브리스톨대로 옮긴 에글린턴은 유기지구화학단위OGU라는 대학원 과정을 개설해 이 분야의 연구를 이끌었고 많은 인재를 배출했다. 2008년 동료 수전 게인즈, 위르겐 룰쾨터와 함께 지구 역사를 밝히는 데 분자화석이 어떤 기여를 했는가를 소개한 『Echoes of Life(생명의 메아리)』라는 책을 펴냈다.

3. 로이드 섀플리 (1923. 7.15 ~ 2016. 3.12)

— '아름다운 정신'을 지닌 게임이론의 개척자

내쉬는 사회적 아이큐가 12밖에 안 되는 악동이었는데, 로이드는 그의 재능을 높이 샀다.

– 마틴 슈빅Martin Shubik

2015년 불의의 교통사고로 타계한 수학자 존 내쉬의 반평생을 다룬 책 『뷰티풀 마인드A Beautiful Mind』의 11장 제목 '로이드'는 로이드 섀플리Lloyd Shapley를 가리킨다. 그가 내쉬의 삶에 큰 영향을 미친 인물임을 짐작케 한다. 실제 책 제목 '아름다운 정신'은 섀플리가 내쉬를 두고 한 말이다.[19]

---

19 존 내쉬의 삶과 업적에 대해서는 『티타임 사이언스』 311쪽 '게임이론으로 노벨경제학상을 받은 수학자' 참조.

로이드 섀플리. (제공 랜드코퍼레이션)

1923년 미국 케임브리지에서 저명한 천문학자 할로 섀플리의 아들로 태어난 로이드는 수학에 뛰어난 재능을 보여 하버드대를 다니다 2차 세계대전이 터지자 징집돼 장교가 되라는 제안을 물리치고 사병으로 중국전선에서 복무했다. 이때 일본의 기상 암호를 해독해 훈장을 타기도 했다. 전쟁이 끝나고 복학해 학업을 마친 뒤 미국의 민간연구개발기관으로 두뇌집단을 상징하는 랜드코퍼레이션에 들어갔다. 여기서 게임이론의 아버지 존 폰 노이만John von Neumam의 눈에 들었고 이듬해 게임이론의 요람인 프린스턴대에 들어갔다.

한 해 전 프린스턴에 온 존 내쉬는 돌출 행동으로 악명이 높았는데 다섯 살 연상인 섀플리의 환심을 사기 위해 주위를 맴돌았고 섀플리는 너그럽게 그를 대하며 함께 연구를 하기도 했다. 그러나 1950년 내쉬가 오늘날 '내쉬의 균형 정리'로 불리는 논문을 비롯해 논문 세 편을 단독으로 내면서(그 가운데 하나는 함께 토론하며 연구하던 주제였다) 둘 사이는 멀어졌다.

졸업 뒤 랜드코퍼레이션으로 복직한 섀플리는 게임이론을 계속 연구했고 1962년 동료 데이비드 게일David Gale과 공저로 '대학입학과 결혼의 안정성'이란 독특한 제목의 논문을 발표했다. 훗날 '게일-섀플리 알고리듬'이라고 불리는 내용을 담고 있는 이 논문으로 섀플리는 50년 뒤인 2012년 노벨경제학상을 받았다(안타깝게도 게일은 2008년 87세로 작고했다).

게일-섀플리 알고리듬은 서로에 대한 선호를 지닌 두 집단 사이에 안정적 매칭을 찾아내는 알고리듬이다. 즉 두 집단에 속하는 사람 모두가 매칭에 성공하고 그 결과가 최적인 경우를 찾는 일이다. 예를 들어 미팅을 한 남녀가 짝을 선택할 때, 먼저 남자들이 각자 선호하는 여성을 선택하고 둘 이상의 선택을 받은 여성은 그 가운데 선호하는 한 명을 잠정적으로 택한다. 거절당한 남자들은 다시 선택을 하고 여성들은 잠정적인 짝과 새로 자신을 선택한 남성 가운데 고른다. 이런 식으로 모든 여성이 남성을 선택할 때까지 과정을 반복하면 가장 안정한 매칭이 이뤄진다. 1970년대 섀플리는 예일대의 경제학자 허버트 스카프와 함께 물물교환barter exchange에 대해 연구했고 훗날 신장이식의 알고리듬을 개발하는 데 기초가 됐다.

내쉬와 멀어진 섀플리는 그러나 내쉬가 조현병으로 정신이 무너지는 모습을 지켜보며 안타까워했고 1978년 존 폰 노이만 이론상 심사위원이 됐을 때 '내쉬에게 뭔가 해줄 수 있는 기회가 왔다'고 생각하고 그를 적극 추천해 상을 받게 했다. 그러나 아이러니하게도 1994년 노벨경제학상 수상자를 결정할 때 위원회는 게임이론 연구자 가운데(노이만과 모르겐슈테른의 위대한 논문 발표 50주년을 맞아 이 분야로 정한 상태였다) 고민을 하다 섀플리를 떨어뜨리고 내쉬를 선택했다고 한다.

4. 맥네일 알렉산더 (1934. 7. 7 ~ 2016. 3.21)

— 동물이 이동하는 모습에 매혹된 생물학자

맥네일 알렉산더가 공룡의 이동 방식을 설명하고 있다. (제공 위키피디아)

동물은 말 그대로 움직이는 생물체다(물론 산호처럼 고착성 동물도 있다). 그런데 동물에 따라 이동하는 방식이 다르다. 지렁이는 기어다니고 사람은 걷거나 뛰고 까치는 날아다닌다. 동물들의 이런 다양한 이동방식을 수학과 물리학의 방법론을 끌어와 해석하는 '생역학biomechanics' 분야를 개척한 맥네일 알렉산더McNeill Alexander가 지난 3월 21일 82세로 작고했다.

1934년 북아일랜드 리즈번에서 도시공학자 로버트 알렉산더와 작가 자넷 맥네일 사이에서 태어난 맥네일 알렉산더는 생물 교사의 영향으로 일찌감치 생물학에 눈을 떴다. 열여섯 살 때 방의 옷장 위에 둥지를 튼 새를 관찰해 이듬해 '산란기 울새의 행동'이라는 제목의 논문을 학술지 「영국의 조류」에 발표했다.

케임브리지대에서 자연과학을 공부한 알렉산더는 물고기 부레의 기능에 대한 연구로 박사학위를 받았다. 노스웨일즈대를 거쳐 1969년부터 1999년 은퇴할 때까지 리즈대에서 동물학을 가르쳤다.

알렉산더는 1960년대 아프리카에 머무르면서 골격과 근육의 구조를 바탕으로 여러 포유류의 이동방식을 설명하는 이론모형을 개발했다. 이에 따르면 작은 동물은 힘줄에 저장된 탄성 에너지를 순간적으로 방출해 점프하는 반면 사람 같은 큰 동물은 근육을 써서 뛰어오른다. 1976년에는 발자국 화석을 분석해 공룡의 이동속도를 추측하는 논문을 발표하기도 했다. 당시 그가 만든 수식에 따르면 공룡은 초속 1~3m로 이동하는 느림보로 밝혀져 사람들을 놀라게 했다. 훗날 정밀한 골격 분석 결과 초속 3~8m로 업데이트됐다. 그의 연구는 사지 손상을 입은 환자들의 재활과 보철기구제작에도 도움을 줬다.

작가인 어머니의 피를 물려받은 알렉산더는 평생 20권의 책을 펴냈는데, 그의 편저인 『동물대백과 19: 동물의 구조와 기능』이 번역돼 있다.

5. 월터 콘 (1923. 3. 9 ~ 2016. 4. 19)

— 계산화학 시대를 연 이론물리학자

5_월터 콘. (제공 위키피디아)

비커와 플라스크, 유리관이 복잡하게 연결돼 있는 실험실에서 시약이 묻어 얼룩덜룩한 실험복을 입고 있는 모습이 전형적인 화학자의 이미지다. 그러나 오늘날 화학자 가운데 상당수는 컴퓨터 모니터를 바라보며 시뮬레이션 결과를 기다리는 게 일이다. 1960년대 '밀도함수이론density functional theory'을 만들어 계산화학이라고 불리는 분야를 개척한 월터 콘Walter Kohn이 93세에 타계했다.

1923년 오스트리아 빈의 유태계 집안에서 태어난 콘은 1939년 오스트리아가 나치 독일과 병합되자 먼저 영국으로 보내졌다. 그러나 부모는 결국 탈출하지 못해 훗날 아우슈비츠에서 생을 마감했다. 나치를 피해 탈출했음에도 독일 여권을 지녔기 때문에 캐나다의 포로수용소로 보내진 쿤은 자유의 몸이 된 뒤에도 유럽으로 돌아가지 않았다.

토론토대에서 수학과 물리학을 공부한 콘은 하버드대에서 핵물리학 연구로 1948년 박사학위를 받았다. 그의 지도교수는 양자전기역학의 재규격화이론 연구로 1965년 노벨물리학상을 받은 줄리언 슈윙거Julian Schwinger다. 카네기공대를 거쳐 1960년 샌디에이고 캘리포니아대에 자리를 잡은 콘은 응집물질을 대상으로 이론물리학 연구를 진행했다. 응집물질이란 액체나 고체처럼 원자들이 서로 가까이 존재하는 물질이다.

양자물리학자들은 단일 원자나 원자 두세 개로 이뤄진 간단한 분자의 전자 에너지를 구하는 방법을 개발했지만, 응집물질의 전자는 수많은 원자와 다른 전자들의 영향을 받기 때문에 이를 적용할 수 없다. 콘은 응집물질의 전자의 에너지 분포를 예측할 수 있는 이론을 만드는 연구를 했고, 1964년 안식년을 맞아 프랑스 파리고등사범학교에 머무르는 동안 그곳의 박사후연구원인 피에르 호헨버그Pierre Hohenberg와 함께 밀도함수이론의 기초가 되는 '호헨버그-콘 밀도 정리'를 만들었다. 이들은 개별 전자가 아니라 응집물질 표면의 전자 밀도 분포를 구해 물질의 특성을 밝힐 수 있음을 보였다.

이듬해 미국으로 돌아온 콘은 박사후연구원 루 샴Lu Sham과 함께 밀도함수이론으로 응집물질의 특성을 계산할 수 있음을 보여주는 '콘-샴 정리'를 발표했다. 콘의 박사과정 학생인 필립 통은 밀도함수이론을 써서 나트륨 격자 안에 있는 전자의 에너지를 계산하는 데 성공했고, 그 뒤 화학자들이 이론연구에 본격적으로 적용하고 컴퓨터의 성능이 급격히 향상되면서 계산화학 분야가 꽃을 피웠다. 월터 콘은 이 업적으로 1998년 노벨화학상을 받았다.

6. 해리 엘더필드 (1943. 4.25 ~ 2016. 4.19)

— 희토류 원소를 분석해 해양 역사를 재구성한 지구화학자

6_해리 엘더필드. (제공 케임브리지대)

육지의 역사를 재구성하기도 힘들 텐데 하물며 해양의 역사는 알아보려면 어떻게 시작해야 할지 감조차 오지 않는다. 분석화학과 방사화학의 최신 기법을 적용해 해양의 자연사를 상당 부분 밝혀낸 해리 엘더필드Harry Elderfield가 지난 4월 19일 73세로 세상을 떠났다.

제2차 세계대전이 한창이던 1943년 영국의 전투기조종사 헨리 엘더필드는 작전을 나갔다가 실종됐다. 아마 바다에 추락한 것으로 보인다. 실종 며칠 뒤 노스요크셔에서 그의 아들 해리가 태어났다. 그래서

였을까. 해리 엘더필드는 세상의 빛을 보기도 전에 아버지를 데려간 바다에 끌렸고 리버풀대에서 해양화학으로 박사학위를 받았다.

1969년부터 리즈대에서 강사로 있으면서 동료들과 암석 시료에 있는 희토류 원소를 분석하는 기법을 개발한 뒤, 이를 응용해 대서양 곳곳에서 바닷물을 채취해 시료 50리터에 들어있는 희토류 원소를 피코(10^{-12})몰 수준으로 분석했다. 이렇게 얻은 데이터로 엘더필드는 오랜 시간에 걸친 바다의 흐름을 재구성했다.

1982년 케임브리지대로 자리를 옮긴 뒤에는 해저 침적물을 채취해 스트론튬의 동위원소 비율을 분석해 지난 7500만 년 사이 일어난 해양 지각의 변화를 추적했다. 이 과정에서 1985년 대서양 심해에 있는 열수분출공을 처음으로 촬영하기도 했다. 추가 탐사를 통해 그는 대양 중앙해령에는 사실상 어디에나 열수분출공이 있다는 사실을 발견했고 열수분출공이 해양화학에 미친 영향을 연구했다. 또 미래의 자원으로 여겨지는 망간 단괴의 형성과정도 밝혔다. 한편 고화학paleochemisty 분야에도 손을 뻗쳐 단세포 해양 원생생물인 유공충의 껍데기 조성을 분석해 과거 해양의 성분과 온도 변화를 재구성하는 방법을 개발하기도 했다.

7. 정철호 (1974. 4 ~ 2016. 4.24)

— 면역계와 심혈관계의 관계를 규명한 생물학자

저명한 학술지 「셀 대사」 8월호에는 한 젊은 면역학자의 갑작스런

42세에 갑작스럽게 타계한 캐나다 맥길대 정철호 교수(왼쪽)와 아내 김혜진 씨. (제공 「셀 대사」)

죽음을 안타까워하는 부고가 실렸다. 캐나다 맥길대 정철호 교수는 지난 4월 24일 자택에서 쓰러진 뒤 깨어나지 못했다. 열 명이나 되는 사람들이 학자로서 본격적인 경력을 쌓기 시작한 42세에 죽음을 맞은 그를 추억하며 슬픔을 달랬다.

1974년 경남 진주에서 태어난 정 교수는 서울대 생명과학부에서 강현삼 교수와 이한웅 교수 지도로 유전학을 연구해 박사학위를 받았다. 어느 날 한 컨퍼런스에서 미국 록펠러대의 면역학자 랠프 스타인먼Ralph Steinman 교수를 만난 게 인생의 전환점이 됐다. 스타인먼 교수는 수지상세포라는 면역세포가 선천면역과 적응면역을 연결하는 역할을 한다는 사실을 밝혀 유명해졌다.

스타인먼 교수도 한국 청년 과학자를 좋게 봤는지 박사후연구원으로 초청했고 정 박사는 록펠러대에서 본격적으로 면역학을 연구했다. 그러나 2011년 9월 30일 스타인먼 교수가 췌장암으로 투병하다 사망했고 사흘 뒤 노벨생리의학상 수상자로 선정됐다. 노벨재단에서 그의 죽음을 몰랐기 때문이다.

스승의 죽음에 대한 충격을 딛고 정 교수는 자신이 수지상세포 연구를 이어가겠다는 의지를 굳힌다. 이듬해 캐나다 맥길대에 자리를 잡은 정 교수는 스타인먼 교수의 '세포생리학 및 면역학 실험실'이라는 이름도 그대로 갖다 썼다. 그는 수지상세포가 심혈관계에서 동맥경화

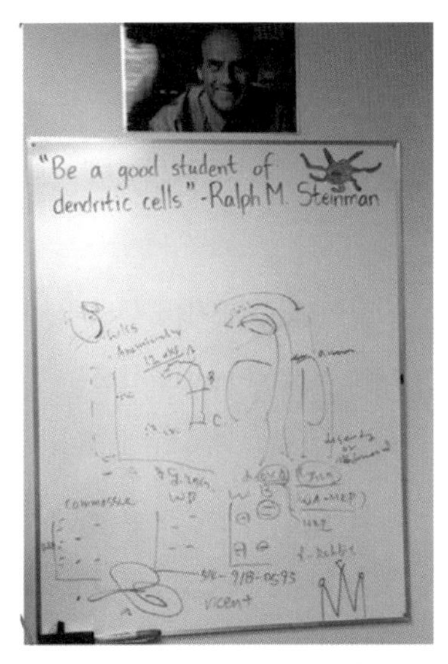

정 교수의 실험실 칠판 위에는 스승 랠프 스타인먼 교수의 사진이 걸려 있고 칠판에는 '수지상세포의 좋은 학생이 되자'는 그의 좌우명이 있다. (제공 「셀 대사」)

를 억제하는 역할을 한다는 사실을 밝힌 실험을 수행했고 그 결과를 지난 5월 「셀 대사」에 논문으로 발표했다. 쓰러지기 며칠 전 게재 확정 통보를 받아 무척 기뻐했지만 결국은 유작이 됐다.

그의 동료들은 부고에서 "우리는 마음속에서 여전히 철호의 흥분된 목소리를 듣고 그가 우리에게 하려는 말을 상상할 수 있다"며 다음의 문장으로 글을 마무리했다.

"수지상세포의 좋은 학생이 돼라. 의학의 좋은 학생이 돼라. 삶의 좋은 학생이 돼라."

8. 해리 크로토 (1939.10. 7 ~ 2016. 4.30)

— 세상에서 가장 아름다운 분자를 발견한 화학자

자기 분야에서는 꽤 유명하고 심지어 노벨상을 탔더라도 일반인들에게는 잘 알려져 있지 않은 과학자가 대다수다. 특히 물리학이나

해리 크로토. (제공 위키피디아)

생명과학에 비해 화학을 연구하는 사람은 이런 경향이 더 큰 것 같다. 그런데 예외적인 화학자 두 사람이 있으니 축구공과 똑같이 생긴 분자 풀러렌을 발견해 1996년 노벨화학상을 함께 탄 리처드 스몰리와 해리 크로토다. 2005년 스몰리가 62세로 일찌감치 세상을 떠나고 11년이 지난 2016년 4월 30일 해리 크로토Harry Kroto가 77세를 일기로 타계했다.

1930년대 나치 독일을 피해 영국으로 건너온 하인츠 크로토쉬너Heinz Krotoschiner와 아내 에디스는 위스베치에 정착했고 1939년 아들 해리를 낳았다. 전쟁이 터지자 독일 성인 남성인 아버지는 포로로 맨 섬으로 보내졌고 에디스는 아들과 함께 힘든 시기를 보냈다. 종전 뒤 풀려난 하인츠는 성을 크로토로 줄여 개명하고 영국에 정착했다.

셰필드대에서 화학을 전공한 크로토는 1967년 서섹스대에서 강사 자리를 잡은 뒤 성간 공간의 화학을 연구했다. 그는 전파천문학 관측 데이터와 분자분광학 데이터를 조합해 분자구름을 이루는 다양한 탄소 기반 화합물을 연구했다. 크로토는 미국 라이스대 화학과의 리처드 스몰리Richard Smalley 교수가 단순명료한 분광학 데이터를 얻을 수 있는 기법을 개발했다는 얘기를 듣고 1984년 3월 그의 실험실을 방문했다.

두 사람은 의견을 교환했고 크로토 교수가 성간 구름에서 관측한

긴 사슬의 탄소화합물 같은 유형의 분자를 스몰리 교수의 장비가 제대로 검출할 수 있는지 테스트해보기로 했다. 이듬해 9월 흑연을 증기로 만들 때 나오는 화합물을 분석했고 천체관측에서 보이는 탄소원자 7~12개 길이의 분자를 검출하는 데 성공했다. 그런데 이와 함께 탄소원자 40~80개로 이뤄진 분자들도 나왔고, 특히 탄소원자 60개로 이뤄진 분자의 피크가 높았다. 즉 탄소원자 60개로 이뤄진 안정한 분자가 만들어졌다는 얘기다.

두 사람은 라이스대의 동료 화학자 로버트 컬Robert Curl과 함께 이 화합물의 구조를 연구했고 축구공과 똑같이 생긴 분자라는 놀라운 결론에 이르렀다. 즉 정육면체 조각 20개, 정오면체 조각 12개를 이어 붙인 축구공의 패턴에서 꼭짓점 60개에 각각 탄소원자가 위치하는 구조였다. 이들은 학술지 「네이처」에 발표한 논문에서 이 분자에 버크민스터풀러렌buckminsterfullerene이라는 다소 긴 이름을 붙였다. 크로토가 지오데식 돔을 디자인한 버크민스터 풀러Buckminster Fuller를 떠올려 제안했다고 한다.

그 뒤 1991년 일본 NEC연구소의 이지마 스미오飯島澄男 박사가 풀러렌이 길쭉해진 구조인 탄소나노튜브를 발견하면서 나노과학이 급부상했다. 스몰리 교수는 나노과학 전도사를 자처했고 심지어 자신들이 노벨상을 빨리 탈 수 있도록 로비를 했다고도 한다. 아무튼 풀러렌 논문을 발표하고 11년이 지난 1996년 스몰리와 크로토, 컬 세 사람은 노벨 화학상을 받았다.

수상 뒤 크로토는 과학대중화에 큰 관심을 보여 다방면에서 활동했다. 그는 정치적인 발언도 삼가지 않았는데 특히 과학의 영역을 넘보는 일부 기독교의 움직임에 단호하게 대응했다. 그는 종교적인 독선

노벨상 100주년을 맞아 크로토가 디자인한 화학상 부문 우표. 축구공 모양의 분자 풀러렌을 가운데 놓았다.

이 사람들을 비도덕적으로 만든다며 인문학이 도덕성 있는 인간을 만든다고 강조했다. 종교의 권력화 시도를 강경하게 비판해 온 리처드 도킨스는 크로토를 높이 평가했다.

한편 크로토는 그래픽디자인에도 조예가 깊어 원래 과학자 생활을 좀 일찍 접고 스튜디오를 차릴 계획이었다. 그러나 풀러렌 덕분에 유명인사가 되면서 제 2의 인생은 이루지 못했다. 크로토는 1964년 「선데이타임스」 책표지 공모전에서 수상하기도 했고 그 뒤 틈틈이 반半직업 삼아 그래픽 작업을 했다. 그 결과 포스터, 책표지 등 다양한 작품을 남겼다.

크로토는 말년에 루게릭병에 걸려 고생하다 합병증으로 사망하면서도 무신론의 신념을 꺾지 않았다. 반면 스몰리는 암 투병을 하면서 한동안 떠나 있었던 기독교로 돌아가 정신의 안식을 찾았다. 두 사람과 함께 노벨상을 탄 라이스대 로버트 컬 교수는 1933년생으로 가장 연장자이지만 2005년 「네이처」에 스몰리의 부고를 썼고 올해 역시 「네이처」에 칼텍의 제임스 히스 교수(1985년 풀러렌 논문의 공동 저자)와 함께 크로토의 부고를 썼다. '세상에 오는 순서는 있어도 가는 순서는 없다'는 옛말이 실감난다.

9. 일카 한스키 (1953. 2.14 ~ 2016. 5.10)

— 메타개체군 연구를 심화시킨 생태학자

일카 한스키. (제공 Linda Tammisto/헬싱키대)

요즘 과학계에는 '메타'라는 접두어가 유행인 것 같다. 물리학에는 메타물질이 있고 생명과학에는 메타게놈이 있다. 메타(meta-)는 '너머'라는 뜻으로 한 단계 위의 범주를 뜻한다. 예를 들어 메타물질은 일반 물질의 특성을 부여하는 원자 대신 원자들의 배열, 즉 메타원자가 그 특성을 부여하는 물질이다. 메타게놈은 한 종의 게놈이 아니라 시료에 있는 모든 생명체의 게놈을 뜻한다. 한 번에 한 종씩 게놈을 분석하는 게 아니라 한꺼번에 다 분석할 수 있는 기술 덕분에 가능한 분야다. 데이터를 분석한 논문들을 모아 또 분석하는 메타분석 논문도 부쩍 늘었다.

생태학에도 메타개체군metapopulation이란 용어가 있다. 한 서식지를 차지하고 상호작용하는 동종 개체들의 무리를 개체군이라고 부르므로 메타개체군은 개체군으로 이루어진 개체군을 뜻한다. 즉 어떤 종이 메타개체군을 이루는 지역 내부에는 종이 살 수 있는 영역이 섬처럼 흩어져 있는데 이게 국지개체군이다. 인류가 농사를 짓고 서식지를 넓히자 동식물이 살 수 있는 영역이 섬점 파편화되면서 메타개체군이 늘어나고 있다. 메타개체군 분야를 개척한 생태학자 일카 한스키Ilkka Hanski가 지난 5월 10일 63세로 별세했다.

1953년 핀란드 렘페레에서 태어난 한스키는 전원에 위치한 할아버지 집에서 나비와 나방을 채집하며 어린 시절을 보냈다. 당시 헬싱키대의 유전학자 에스코 수오말라이넨이 할아버지 집에서 희귀한 나비를 채집했는데 이게 인연이 돼 한스키는 생물학에 더 열정을 갖게 됐다. 헬싱키대에서 생물학을 공부한 뒤 영국으로 유학 가 옥스퍼드대에서 쇠똥구리의 생태 연구로 박사학위를 받았다.

헬싱키대에 자리를 잡은 한스키는 수많은 호수와 섬이 있는 핀란드에 딱 적합한 메타개체군 연구에 본격적으로 뛰어들었다. 참고로 메타개체군은 1969년 미국 하버드대의 생태학자 리처드 레빈스가 만든 용어다. 한스키는 1980년대 후반부터 스웨덴과 핀란드 사이 발트해에 있는 올란드 제도에 사는 글랜빌표범나비Glanville fritillary butterfly를 대상으로 25년에 걸친 장기 메타개체군 연구에 들어갔다.

한스키와 동료 연구원, 학생들은 매년 4000여 곳의 지역을 조사했는데 400~800곳에서 나비를 발견했고 그 지역은 해마다 바뀌었다. 즉 메타개체군 내에서 국지개체군이 소멸되고 재등장하는 일이 반복됐는데 연구자들은 이를 분석했다. 이 과정에서 축적한 데이터와 분석기법은 종의 다양성 보존을 위한 지속가능한 개발을 설계하는 데 큰 도움이 되고 있다. 한스키가 1999년 펴낸 책 『메타개체군 생태학』은 이 분야의 바이블이다.

2000년 한스키는 헬싱키에 메타개체군연구센터를 설립해 관련된 다양한 분야의 인재들을 끌어모았다. 그는 후배들이 손을 흔들 때마다

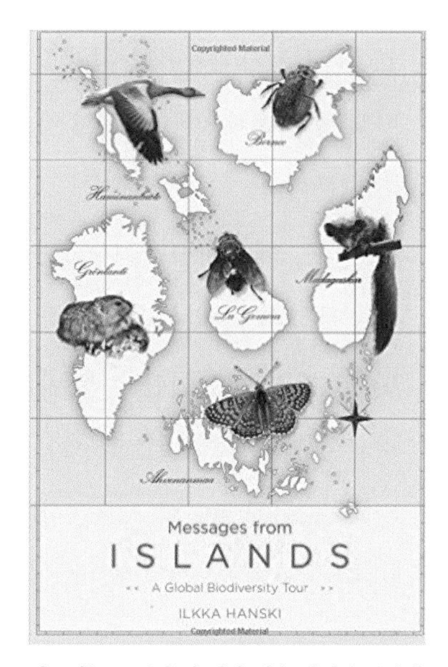

한스키는 2014년 암 진단 이후 집필에 들어갔지만 끝내 책이 나오는 걸 보지 못했다. 그의 삶과 연구가 담긴 『Messages from Islands』의 표지. (제공 「네이처」)

기꺼이 도움을 주면서도 '상당한 지적 기여'를 했다고 판단하지 않는 한 논문에 공동저자로 이름을 올리지 않았다. 후배 과학자들이 하루빨리 경력을 쌓아 독립하기를 바랐기 때문이다.

뛰어난 학자이자 존경받는 스승으로 학계에서 널리 인정받고 있던 한스키는 그러나 2014년 암 진단을 받았다. 그 뒤 그는 자신의 삶과 연구를 뒤돌아보는 교양과학서를 집필했지만 아쉽게도 출간을 보지 못하고 지난 5월 세상을 떠났다. 그의 유작이 된 『Messages from Islands』는 2016년 12월 출간됐다.

10. 토마스 키블 (1932.12.23 ~ 2016. 6. 2)

— 힉스 메커니즘을 제안한 이론물리학자

2013년 노벨물리학상 수상자 선정위원들은 역대 위원들 가운데서도 아마 가장 난감한 처지였을 것이다. 2012년 힉스입자가 검출된 뒤 그 이론적 바탕이 되는 힉스 메커니즘을 제안한 물리학자들이 수상하

영국 신사 토마스 키블은 2014년 기사작위를 받았다. (제공 Thomas Angus/ICL)

는 게 기정사실화된 상황에서 다섯 명 가운데 선택을 해야 했기 때문이다.

힉스 메커니즘은 1964년 학술지 「피지컬리뷰레터스」에 몇 달 간격으로 실린 논문 세 편에서 각각 독립적으로 제안됐다. 첫 번째 논문의 저자는 두 명, 두 번째는 단독 저자(피터 힉스), 세 번째는 세 명이었다. 만일 이들 여섯 명이 모두 살아 있었다면 먼저 출간된 두 논문의 저자 세 명을 선정하면 큰 무리가 없을 것이다. 그런데 첫 논문의 저자 가운데 한 명(로버트 브라우트)이 2011년 사망했기 때문에 세 번째 논문의 저자 세 명 가운데 한 명을 선택해야 하는 입장이 됐다. 결국 위원회는 힉스와 첫 논문의 저자 프랑수아 앙글레르 두 사람만 수상자로 선정했다.

세 번째 논문 저자 세 사람은 다들 아쉬웠겠지만 이게 최선의 선택이 아니었나 싶기도 하다. 지난 2014년 이 가운데 한 사람인 제럴드 구럴닉Gerald Guralnik이 강의 직후 심장마비로 쓰러져 78세로 세상을 떠났다.[20] 그리고 지난 6월 2일 토마스 키블Thomas Kibble이 84세에 작고했다.

1932년 당시 영국의 식민지인 인도 마드라스(현 지명은 첸나이)에서 수학교수의 아들로 태어난 키블은 1944년 영국 에든버러로 보내져 교육을 받았다. 1958년 에든버러대에서 수리물리학 연구로 박사학위를

20 제럴드 구럴닉의 삶과 업적에 대해서는 『사이언스 칵테일』 352쪽 '힉스 메커니즘을 제안했지만 노벨상은 타지 못한 물리학자' 참조.

받고 이듬해부터 타계할 때까지 60년 가까이 임페리얼칼리지런던ICL의 이론물리학그룹에 적을 두었다.

미국 하버드대에서 입자물리학 연구로 박사학위를 받고 1963년 박사후연구원으로 ICL에 온 구럴닉은 네 살 연상인 키블과 친해졌고, 두 사람은 당시 화제가 되고 있던 자발적대칭성깨짐에 대한 연구를 함께 했다. 이 무렵 구럴닉의 친구인 칼 헤이건이 ICL에 오면서 세 사람의 공동연구로 발전했고, 약력을 매개하는 기본입자에 질량을 부여하는 힉스 메커니즘을 제안하는 논문으로 결실을 맺었다. 이들의 논문은(앞서 나온 두 논문과 마찬가지로) 당시 별다른 주목을 받지 못했다.

1967년 키블은 학술지 「물리학 리뷰」에 대칭성깨짐 메커니즘을 일반화한 단독저자 논문을 발표했다. 그의 아이디어는 전자기력과 약력을 통합한 전기약력 이론을 만드는 데 도움이 됐다고 한다. 1970년대 키블은 관심을 우주로 돌려 고에너지물리학과 응집물리학 이론을 적용해 초기우주에서 일어난 현상을 설명하는 가설을 제안하기도 했다.

2013년 노벨상 수상자 발표 뒤 많은 사람들이 그가 포함되지 않은 데 대해 아쉬워했지만 정작 키블은 말을 아꼈다고 한다.

11. 제롬 브루너 (1915.10. 1 ~ 2016. 6. 5)

— 교육에 대한 관점을 근본적으로 바꾼 심리학자

한동안 '스토리텔링'이 유행했다. 무엇을 말하느냐보다 어떻게 얘

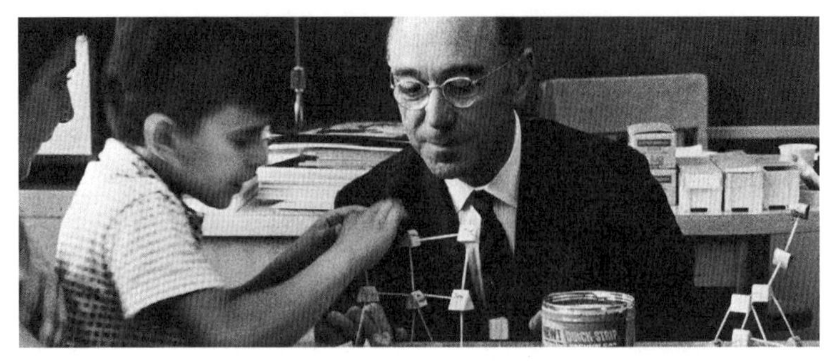
제롬 브루너는 여러 실험을 통해 교육이 어린이의 인지발달에 결정적인 영향을 미친다는 사실을 발견했다. (제공 EDC)

기하느냐가 중요하다며 등장한 스토리텔링 기법은 신문기사는 물론 TV광고까지 많은 영역에 영향을 미쳤고 이제 일상적으로 쓰이고 있다. 인간은 논리적으로 사고하는 게 아니라 내러티브narrative, 즉 서사를 통해 사고한다며 스토리텔링의 중요성을 일찌감치 간파한 심리학자 제롬 브루너Jerome Bruner가 100년이 넘는 삶을 마치고 지난 6월 5일 영면했다.

브루너는 1915년 미국 뉴욕에서 눈이 먼 상태로 태어났다. 다행히 두 살 때 백내장 수술을 받아 시력을 얻었는데, 이 경험은 훗날 지각에 대한 새로운 이론을 낳게 했다. 브루너는 듀크대에서 심리학을 공부한 뒤 하버드대에서 박사학위를 받고 군 복무 뒤 1945년 하버드대에 자리를 잡았다.

브루너는 시지각visual perception이 단순히 눈을 통해 들어온 감각정보를 뇌에서 처리한 결과가 아니라 감각정보와 정신요인이 합쳐진 결과임을 여러 실험으로 보여줬다. 예를 들어 아이들은 큰 동전은 더 크게, 작은 동전은 더 작게 지각하는데, 가난한 집 아이들은 부잣집 아이들보다 이런 경향이 더 크다. 그 뒤 관심을 인지과정으로 확장해 사람들이 개념과 범주를 어떻게 구성하는지를 탐색했다.

브루너는 이런 연구결과를 교육에 적용하기 시작했고 1960년 『The Process of Education(브루너 교육의 과정)』이란 책을 냈다. 그는 아이들의 인지발달이 단순히 나이가 들면서 저절로 이뤄지는 게 아니라 교육의 질에 따라 크게 좌우된다고 주장했다. 그는 세네갈의 아이들을 조사해 쓰기와 읽기를 배우지 못하면 마음이 '현대화'될 수 없음을 보이기도 했다.

1972년 영국 옥스퍼드대로 자리를 옮긴 브루너는 아기들을 대상으로 일련의 흥미로운 실험을 수행했다. 생후 8개월만 돼도 아기는 어른이 응시하는 방향으로 시선이 따라가는 반응을 보인다는 관찰로부터 그는 아기가 어른과 초점을 공유하려는 시도가 사물에 단어를 연결하는 언어습득에 필수적인 메커니즘이라고 주장했다.

1980년 미국(뉴욕대)으로 돌아온 브루너는 내러티브, 즉 스토리텔링으로 관심을 돌렸다. 그는 사람 사는 세상에서 논리보다 서사가 더 보편적으로 통한다는 사실을 발견하고 그 이유를 심리적 관점에서 파헤쳤다. 1986년 출간한 책 『Actual Minds, Possible Worlds(교육 이론의 새로운 지평)』은 지금까지 1만 4100회가 넘게 인용됐다. 책에서 브루너는 "내러티브는 인간 의도의 변화를 다룬다"며 "내러티브에 대한 민감성이 우리를 둘러싸고 있는 사회적 세계 속에서 자아와 타인의 마음을 잇는 주요한 연결고리를 제공한다"고 주장했다.

브루너는 "인간은 '이야기하는 동물Home narraticus'이다. 자신의 삶을 통일된 이야기로 구성할 수 있는 사람이 훌륭한 인간"이라며 "교육은 자신의 삶에 대한 서사적 통일성을 기할 수 있는 사람을 길러내는 일"이라고 주장했다.

브루너는 개인의 성격 자체가 아니라 성격과 주변 환경의 궁합 여부가 그 사람의 행복에 결정적인 영향을 미친다고 주장했다. 즉 "어떤 성격의 비극은 그 성향이 더 이상 필요하지 않고 더 이상 적합하지 않은 환경에 있다"는 것이다. 브루너는 "당신이 누군가를 많이 믿게 될 때, 나쁜 일들이 일어난다", "다른 사람을 해석하는 행위는 거의 불가피하게 문제를 일으킨다" 등 인간 이해에 대한 탁월한 통찰을 담은 명언들을 남기기도 했다.

그의 제자인 UCLA 심리학과 패트리시아 그린필드 교수는 「네이처」에 실린 부고에서 "브루너는 많은 영역에서 큰 기여를 했다"며 "그의 궁극적 목표는 우리를 인간으로 만드는 게 무엇인지 찾는 일이었다"고 회고했다.

12. 로버트 페인 (1933. 4.13 ~ 2016. 6.13)

— 현장에 개입해 핵심종 개념을 만든 생태학자

TV 자연다큐멘터리를 보다 보면 가끔 불편한 장면을 마주할 때가 있다. 사냥 과정의 충돌로 부상을 입은 동물이 상처가 덧나 결국 죽음을 맞게 되는 과정이 그런 예다. 관찰자들은 끊임없이 안타까움을 표시하면서도 동물을 치료할 생각은 안 한다. 자신들은 생태계를 관찰할 뿐 개입할 수는 없다는 것이다. 필자는 때로 '하긴 동물을

2011년 타투시 섬에서 로버트 페인이 포획한 불가사리와 포즈를 취했다. (제공 Anne Paine)

치료해주면 스토리가 안 되겠지…'라며 시니컬하게 생각하기도 한다. 아무튼 생태계 연구에서 이런 불개입의 원칙은 당연한 것으로 여겨졌다. 1960년대 로버트 페인Robert Paine이 등장하기 전까지는.

1933년 미국 매사추세츠 케임브리지에서 태어난 페인은 어린 시절 자연의 품속에서 자랐고 하버드대에 들어가서는 고생물학에 심취했다. 화석을 연구하기 위해 미시건대 대학원에 진학한 페인은 그러나 생태학자 프레더릭 스미스Frederick Smith의 강의를 듣고 생태학으로 전향해 '살아 있는' 화석인 개맛을 연구해 1961년 박사학위를 받았다.

1962년 시애틀에 있는 워싱턴대 동물학과에 자리를 잡은 페인은 먹이사슬에 대한 기존 입장, 즉 먹이가 주요 변수이고 포식자가 종속 변수라는 통념을 반박하는 '녹색세계가설'를 입증하는 실험을 설계하고 이를 확인하기 위해 '전위적인' 행동에 착수했다. 즉 그의 스승인 스미스와 동료 연구자들은 1960년 발표한 논문에서 식물을 먹이로 하는 초식동물의 수는 결국 포식자에 의해 조절되므로, 녹색세계가 유지되려면 포식자가 중요하다고 주장했다.

1963년 페인은 워싱턴주 마카 만 해변에서 폭 8m인 구역을 설정한 뒤 최상위 포식자인 오커불가사리를 잡아들였다. 우리에게 익숙한

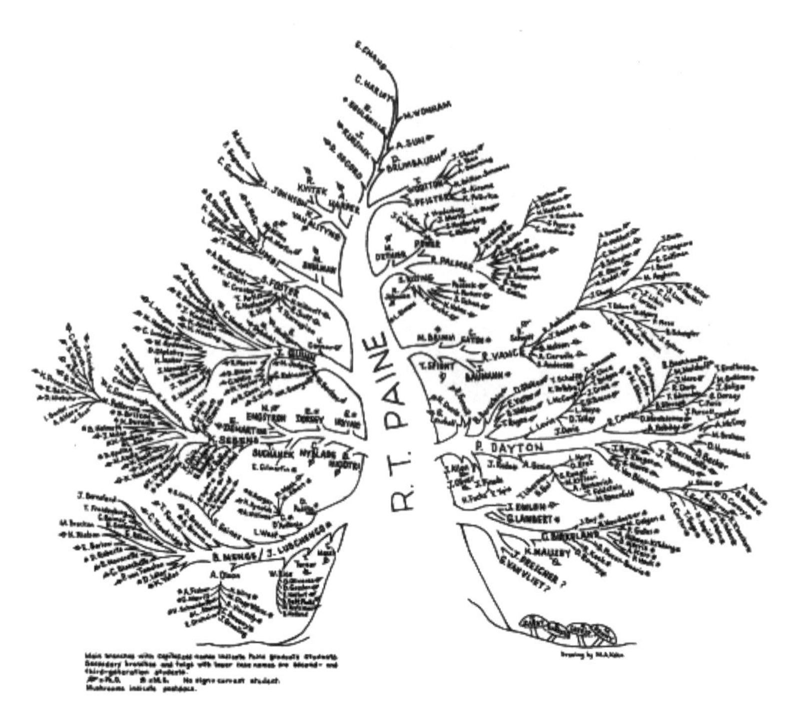

페인 사단의 전모를 한눈에 보여주는 페인가계도. 1999년 만든 것이다. (제공 Marian Kohn)

불가사리는 손바닥만 하지만 오커불가사리는 폭이 50cm에 이르기 때문에 바위에 붙어 있는 걸 떼어내는 것도 쉬운 일이 아니다. 페인은 이곳을 수시로 찾아가 불가사리가 보이는 대로 없애면서 생태계에 어떤 변화가 일어나는지 관찰했다.

처음에는 불가사리가 즐겨먹는 먹이인 따개비가 늘어나다가 얼마 뒤 홍합이 우점종이 되면서 조류algae와 삿갓조개를 몰아냈다. 1년이 채 되지 않아 이 구역에 사는 종수가 15종에서 8종으로 줄어들었다. 페인은 1966년 발표한 논문에서 오커불가사리처럼 생태계 전반의 안정을 유지하는 데 결정적인 종을 '핵심종keystone species'이라고 불렀다. 이 논문이 나간 뒤 많은 생태학자들이 개입 연구(실험생태학)에 뛰어들었고 다양한 생태계에서 핵심종의 존재가 속속 드러났다.

한편 페인은 뛰어난 후학들을 많이 배출한 것으로도 유명한데 학계에는 '페인 사단'으로도 불린다. 실제 1999년 매리언 콘이 그린 페인 계통도가 있을 정도다. 그림에서 나무기둥이 페인이고 직계 제자들인 큰 가지에 그들의 제자들로 이루어진 작은 가지들이 나 있다. 페인이 이처럼 뛰어난 학자들을 키울 수 있었던 건, 연구에서 학생들의 자율성을 최대한 보장하고 필요할 때는 도움을 주면서도 논문에는 되도록 자신의 이름을 넣지 않으려는, 즉 제자들이 빨리 독립할 수 있게 하려는 배려가 있었기 때문이다.

페인은 1967년 연어낚시 여행을 떠났다가 발견한 태평양 연안의 작은 섬 타투시Tatoosh를 둘러본 뒤 연구에 최적지라는 사실을 깨닫고 1970년부터 핵심종에 대한 본격적인 실험생태학 연구를 진행해 많은 결과를 얻었다. 25년이 지난 1995년 페인은 마침내 불가사리를 더 이상 잡아들이지 않기로 했다. 그의 말에 따르면 자신이 영원히 살 것도 아니기 때문에 불가사리가 돌아왔을 때 어떤 일이 일어나는지 확인하기 위해서였다고 한다. 예상대로 불가사리가 돌아오자 해안을 뒤덮은 홍합이 급속히 줄어들며 얼마 지나지 않아 예전 모습을 되찾았다. 페인은 1998년 교수직을 물러난 뒤에도 타투시에서 연구를 계속했다.

13. 앨프레드 넛슨 (1922. 8. 9 ~ 2016. 7.10)

— 암 억제 유전자 개념을 만든 유전학자

앨프레드 넛슨. (제공 텍사스대)

오늘날 암은 유전자 질환이고 그 원인은 암을 촉진하는 유전자가 지나치게 활성화됐거나 암을 억제하는 유전자가 고장 난 결과라는 게 잘 알려져 있다. 암의 유전학 역사를 되짚어보면 처음에는 암을 촉진하는 유전자에 초점이 맞춰져 있었다. 그러다 1970년대부터 암 억제 유전자도 관심을 받기 시작했는데 여기에 결정적인 기여를 한 유전학자 앨프레드 넛슨Alfred Knudson이 7월 10일 94세로 세상을 떠났다.

1922년 미국 LA에서 태어난 넛슨은 칼텍에서 자연과학을 공부한 뒤 컬럼비아대에서 의학대학원을 다녔다. 그는 어린이 환자들을 돌봤는데 그 가운데 망막아종이라는 눈에 생기는 암에 걸린 경우가 드물게 있었다. 한편 망막아종은 다른 암과 마찬가지로 나이가 들수록 발병 가능성이 높다. 즉 발생 시기에 따라 두 가지 패턴이 있다.

이 현상을 의아하게 생각한 넛슨은 고민 끝에 '2회타격가설two-hit hypothesis'로 불리게 될 제안을 내놓는다. 아이가 걸리는 망막아종은 부모 가운데 한 명에게서 고장 난 암 억제 유전자(첫 번째 타격)를 받은 경우다. 따라서 나머지 정상 유전자마저 어느 순간 돌연변이가 일어나면(두 번째 타격) 암이 생기는 것이다. 반면 부모 양쪽으로부터 정상 유전자를 받은 대부분의 사람들은 살다가 유전자 쌍 둘 다 변이가 일어나야(2회 타격) 발병하므로 시기가 늦다. 넛슨은 1971년 학술지「미 국립과학원 회보」에 이 가설을 담은 논문을 발표했다. 1983년 미국 유타대의 암유전학자 웹스터 카베니는 DNA 분석을 통해 넛슨의 가설이 옳다는 걸 입증했다.

1976년 폭스체이스암센터로 자리를 옮긴 넛슨은 타계할 때까지 40년을 봉직하면서 센터부설 암연구소 소장(1976-82), 센터 회장(1980-82)을 맡기도 했다.

14. 시모어 페퍼트 (1928. 2.29 ~ 2016. 7.31)

— 컴퓨터를 활용한 아동 교육의 선구자

앞으로는 초등학교에서도 코딩이 필수 교과목이 된다고 한다. 이미 영어가 초등학교로 내려왔고 이제 코딩까지 배워야 하니 21세기를 살아간다는 것은 아이들에게도 쉬운 일이 아니라는 생각이 든다. 그러나 교육이 다 그렇듯이 어떻게 가르치냐에 따라서 코딩은 아이들에게 즐거운 놀이가 될 수도 있을 것이다. 1960년대 중반 아직 컴퓨터가 생소하던 시절 어린이가 쓰기 쉽고 프로그래밍도 할 수 있는 컴퓨터를 만들었던 수학자 시모어 페퍼트Seymour Papert가 7월 31일 88세로 눈을 감았다.

1928년 윤일(2월 29일) 남아프리카공화국 프리토리아에서 태어난 페퍼트는 어릴 때부터 남아공의 극단적인 인종차별 정책인 아파르트

1971년 마빈 민스키(왼쪽)와 시모어 페퍼트. MIT에서 한동안 같이 일했던 두 사람 모두 2016년 타계했다. (제공 MIT)

헤이트에 강한 거부감을 가졌다. 지역의 흑인 노예를 위한 야학을 운영하다 당국과 충돌하기도 하면서 결국 출국 금지자 목록에도 올랐다. 비트바테르스란트대에서 1949년 철학으로 학사, 1952년 수학으로 박사학위를 받은 페퍼트는 여권도 없이 영국으로 도망쳐 케임브리지대에서 다시 박사과정에 들어가 논리학과 위상학 연구로 1959년 두 번째 박사학위를 받았다.

스위스 제네바대에서 교육심리학자 장 피아제와 함께 일하며 어떻게 하면 아이들이 수학적으로 사고할 수 있게 도와줄 수 있을까 고민하기 시작한 페퍼트는 1963년 인공지능의 개척자 마빈 민스키의 영입 제의를 받고 대서양을 건너 MIT에 자리를 잡았다. 두 사람은 1969년 인공뉴런네트워크에 대한 책 『Perceptrons』을 함께 썼다. 페퍼트는 1985년 MIT에서 미디어랩을 열 때 창립 교수진으로 참여해 인식론과 학습, 미래학습 그룹을 이끌었다.

1967년 페퍼트는 동료들과 최초의 어린이용 프로그래밍언어인

'로고Logo'를 만들었다. 로고거북이로봇Logo turtle이 명령에 따라 공간을 돌아다니며 그림을 그리는데 이 과정에서 아이들은 수학의 기초를 자연스럽게 습득한다. 1968년 MIT를 찾았다가 아이들이 로고에 몰입해 있는 광경에 깊은 인상을 받은 프로그래머 앨런 케이Alan Kay는 1970년 제록스가 세운 팔로알토연구소에 들어간 뒤 태블릿의 원형이 되는 다이나북Dynabook을 구상했다. 아이들이 각자 다이나북을 갖고 수업을 받는 그의 꿈은 21세기 들어 구현되고 있다.

페퍼트는 컴퓨터를 활용한 교육에 관한 책을 여러 권 썼고 제3세계나 소년원 같은 소외된 환경에 놓인 아이들이 컴퓨터를 접할 수 있게 힘을 쏟기도 했다. 2006년 베트남에서 열린 수학교육 관련 국제학술대회에 참석했다가 교통사고를 당해 뇌에 큰 부상을 입었고 후유증으로 언어장애가 생겨 오래 재활치료를 했는데, 그가 개척한 교육방법론이 적용된 프로그램이었다고 한다.

15. 아흐메드 즈웨일 (1946. 2.26 ~ 2016. 8. 2)

— 펨토초레이저로 화학반응의 명장면을 포착한 화학자

2000년 김대중 전대통령이 노벨평화상을 받았음에도 노벨상을 향한 우리나라 사람들의 한은 아직 안 풀린 것 같다. 아마도 우리가 꿈꾸는 노벨상은 노벨과학상이 아닌가 싶다. 1999년 아랍권 최초로 노벨과학상을 받은 화학자 아흐메드 즈웨일Ahmed Zewail이 지난 8월 2일 70세에 타계했다.

아흐메드 즈웨일. (제공 칼텍)

1946년 이집트 다만후르에서 태어난 즈웨일은 알렉산드리아대에서 화학으로 학사, 석사학위를 받은 뒤 1969년 장학금을 받고 미국 펜실베이니아대로 유학을 떠났다. 당시 이집트는 소련과 더 가까웠기 때문에 흔치 않은 경우다. 이곳에서 그는 분광학을 연구했고 1976년 칼텍에 자리를 잡았다.

1980년대, 1990년대에 걸쳐 즈웨일은 자신이 명명한 '펨토화학femtochemistry' 분야를 개척했다. 펨토는 10의 -15승을 뜻하는 접두어로, 펨토화학은 펨토초 단위에서 일어나는 현상을 분석하는 화학이라는 뜻이다. 화학반응은 반응물에서 생성물이 나오는 과정으로 보통 '전이상태'라고 부르는 중간단계를 거친다고 알려져 있지만, 워낙 짧은 시간이라 그때까지 누구도 이 단계를 직접 보지는 못했다. 즈웨일은 펨토초 수준의 극도로 짧은 펄스를 낼 수 있는 레이저를 개발해 처음으로 반응의 중간생성물 구조를 파악하는 데 성공했다. 이 업적으로 즈웨일은 1999년 노벨화학상을 단독 수상했다.

즈웨일은 1976년 가장 존경하는 화학자인 라이너스 폴링이 있는 칼텍의 교수가 돼서 무척 기뻐했고 그 뒤 폴링과 친분이 두터웠다고 한다. 1990년 라이너스 폴링 석좌교수가 만들어졌을 때 그 자리에 앉는 영광을 누렸다. 참고로 폴링은 1994년 93세에 타계했다.

노벨상 수상으로 특히 아랍권에서 유명인사가 된 즈웨일은 낙후

된 중동의 과학 수준을 끌어올리기 위해 노력했다. 또 2009년부터는 오바마 대통령의 과학기술자문위원으로 일하기도 했다. 2011년 이집트혁명 기간 동안 즈웨일은 민주화와 사회, 경제의 변화를 촉구하는 학생들을 지지했다.

2000년부터 추진해온 과학기술대 즈웨일시티의 10월6일시(6th of October City) 캠퍼스가 2013년 마침내 문을 열었다. 중동의 불안이 가라앉지 않은 상태에서 즈웨일의 죽음으로 중동 과학의 봄이 제대로 꽃필 수 있을지 걱정이다. 8월 2일 그가 죽은 뒤 주검은 조국 이집트로 옮겨져 많은 사람들의 애도 속에 7일 매장됐다.

16. 도널드 헨더슨 (1928. 9. 7 ~ 2016. 8.19)

— 11년 만에 지구에서 천연두를 추방한 의사

인류를 괴롭힌 가장 치명적인 바이러스 전염병인 천연두는 1977년 10월 26일 공식적으로 마지막 환자가 보고된 뒤 지구촌에서 자취를 감췄다. 1960년대 중반까지만 해도 해마다 1000만~1500만 명의 환자가 발생해 세 명에 한 명 꼴로 사망한 상황을 생각하면 기적 같은 일이다. 세계보건기구WHO에서 천연두박멸프로젝트를 이끈 의사 도널드 헨더슨Donald Henderson이 8월 19일 88세로 세상을 떠났다.

1928년 미국 오하이오주 레이크우드에서 태어난 헨더슨은 로체스터대 의학대학원을 다녔다. 임상보다 역학epidemiology에 흥미를 느꼈던 헨더슨은 '1832년 뉴욕 콜레라 역병'을 주제로 논문을 써 입상하기도

1970년대 아프리카에서 헨더슨(가운데)과 동료가 한 아이에게 천연두 백신을 접종하고 있다. (제공 WHO)

했다. 1955년 미 질병예방통제센터CDC에 들어간 헨더슨은 저명한 역학자 알렉산더 랭뮤어Alexander Langmuir 밑에서 배우며 그가 만든 역학전문요원EIS 프로그램에 참여해 훗날 책임자 자리까지 올랐다.

1960년대 사하라 사막 이남 아프리카를 중심으로 천연두가 만연하자 WHO는 대책 마련에 부심했고 38세의 헨더슨은 스위스 제네바로 파견돼 천연두 퇴치 프로그램을 지휘하게 된다. '천연두 제로'를 목표로 삼은 헨더슨은 의사소통 부재와 내전, 자연재해, WHO의 관료주의와 싸우며 73개국에서 파견된 812명과 함께 현장을 동분서주했다. 당시 제네바에 있던 본부에서 직원 열 명이 넘게 보인 적이 없었다고 한다.

이들의 헌신적인 노력으로 백신 접종률이 올라가면서 마침내 천연두가 퇴치되기에 이르렀다. 천연두 박멸은 WHO 역사에서도 가장 성공적인 프로그램으로 그 뒤 비슷한 프로그램을 운영하는 데 토대가 됐다. 헨더슨은 1977년부터 1990년까지 존스홉킨스 공중보건대 학장으로 일했다.

천연두를 퇴치했음에도 병을 일으키는 배리올라variola 바이러스 시료는 여전히 몇몇 기관에 보관돼 있다. 헨더슨은 이 시료들도 완전히 없애야 한다며 WHO에서 뜻을 관철하려고 했지만 미국과 러시아 정부의 반대로 번번이 무산됐다. 그는 "다음으로 박멸해야 할 것은 나쁜 정부"라고 푸념하기도 했다.

17. 로저 첸 (1952. 2. 1 ~ 2016. 8.24)

— 생명과학에 보는 재미를 더해 준 화학자

지난 8월 24일 갑작스럽게 타계한 로저 첸. 2008년 노벨상 수상 무렵 모습이다. (제공 위키피디아)

미국 샌디에이고 캘리포니아대 약학과 로저 첸Roger Tsien 교수는 분석법 개발의 대가다. 세포 내 칼슘이온을 형상화하는 형광센서 푸라2fura-2를 소개한 1985년 논문은 2만 회가 넘게 인용됐다. 많은 사람들이 이 업적으로 그가 노벨상도 탈 것으로 예상했지만 정작 그는 다양한 색상의 형광단백질을 만든 업적으로 2008년 노벨화학상을 받았다. 오늘날 형광단백질 없는 생명과학 실험은 상상하기도 어려울 정도로 보편화됐다. 이런 놀라운 성과를 낸 첸 교수가 지난 8월 24일 자택 부근에서 바이킹 도중 뇌졸중으로 갑자기 사망했다.

중국계 미국인인 첸은 1952년 뉴욕에서 태어났다. 그의 집안에는 저명한 과학자들이 수두룩한데 오촌당숙이 중국의 우주개발을 이끈 첸쉐썬錢學森이다. 여덟 살 때부터 집에서 각종 화학실험을 해온 천재 소년 로저는 열여섯 살에 'MIT를 피해' 하버드대에 들어갔다. MIT에는 아버지와 삼촌들, 형들이 있었기 때문이다.

하버드대에서 화학과 물리학을 공부한 첸은 돌연 화학에 염증을 느껴 영국 케임브리지대로 유학해 생리학을 연구한다. 그러나 그가 두각을 나타낸 건 화학 지식을 이용해 생리학 연구의 새로운 방법론을 개발하는 일이었다. 화학에 대한 깊은 지식이 없는 동료들에게 그의 접근법은 경이 그 자체였다. 1980년 첸은 칼슘에 선택적으로 결합하는 형광색소인 퀸2quin-2를 합성해 세포 내 칼슘신호 전달과정을 포착하는 데 성공했다. 1982년 버클리 캘리포니아대 생리학과에 자리를 잡은 첸은 1985년 퀸2보다 성능이 훨씬 뛰어난 푸라2를 만들었다.

1989년 샌디에이고 캘리포니아대 약학과로 자리를 옮긴 첸은 외부에서 넣어주는 게 아니라 세포가 스스로 만드는 센서를 개발하는 쪽으로 관심을 돌렸다. 이 경우 게놈에 해당 센서를 만드는 유전자를 넣어줘야 하는데 유전자의 산물, 즉 단백질 자체가 센서일 경우 가장 이상적이었고 그 후보 물질이 녹색형광단백질GFP이었다.

1960년대 미국 우즈홀해양생물연구소의 시모무라 오사무 박사가 해파리에서 발견한 GFP는 푸른빛이나 자외선을 흡수한 뒤 이보다

로저 첸은 해파리의 녹색형광단백질 유전자에 변이를 일으켜 색이 선명하고 다양한 형광단백질들을 만들었다. 2008년 하버드대 연구진들은 생쥐의 뉴런에서 녹색, 빨간색, 청색 형광단백질 유전자가 임의로 발현하게 만든 브레인보우brainbow 기술로 개별 뉴런을 뚜렷하게 식별할 수 있게 했다. (제공 「네이처」)

에너지가 낮은 녹색빛을 내는, 즉 형광을 내는 단백질이다. 따라서 특정 단백질의 발현 정보를 담은 염기서열(때로는 단백질 유전자도 포함)과 GFP의 유전자를 융합해 게놈에 집어넣는다면 특정 단백질이 발현되는 위치나 양에 대한 정보가 녹색형광을 통해 파악될 수 있을 것이다.

물론 다른 몇몇 과학자들도 비슷한 아이디어를 떠올렸고, 1992년 우즈홀해양연구소 더글러스 프레이서 박사팀이 수년간 고생한 끝에 GFP 유전자 사냥에 마침내 성공했다. 그에게서 GFP 유전자를 지닌 대장균을 받은 컬럼비아대 마틴 찰피 교수는 1994년 촉각수용체세포에서만 녹색 형광이 나오는 예쁜꼬마선충을 만들어 「사이언스」에 보고했다.

첸 역시 프레이서에게서 대장균을 받았고 화학자답게 먼저 형광 메커니즘을 연구해 1994년 이 과정에 산소가 필요하다는 사실을 발견했다. 한편 해파리의 GFP는 형광이 선명하지 못했기 때문에 첸은 단백질의 아미노산을 바꿔치기해 더 강한 형광을 내는 GFP를 만드는 연구에 착수했고 1995년 성공해 「네이처」에 발표했다. 그 뒤 수년에 걸쳐 녹색뿐 아니라 다양한 파장의 빛을 내는 변이 형광단백질을 줄줄이 만들어냈다. 그 결과 세포 내에서 여러 단백질이 상호작용하는 장면을 '눈으로' 볼 수 있는 시대가 열렸다(단백질 각각에 다른 색을 내는 형광단백질을 연결해서). 이 업적으로 첸은 시모무라, 찰피와 함께 노벨화학상을 받았다.

최근 첸은 신경세포에 형광을 입혀 수술 중에 실수로 신경이 손상되지 않게 하는 형광안내수술 프로젝트와 종양에서 형광을 발하는 탐침을 개발해 암을 조기에 검진할 수 있는 방법을 개발하는 프로젝트에 주력하고 있었다. 첸은 160건이 넘는 미국특허를 보유했고 바이오벤처 세 곳을 설립했는데 주로 자신의 박사후연구원들에게 양질의 일자리를 마련해주기 위해서였다고 한다.

「네이처」 10월 13일자에 실린 부고는 세 명이 썼는데, 그 가운데는 둘은 그의 친형들인 루이스 첸과 리처드 첸이다.

18. 제임스 크로닌 (1931. 9.29 ~ 2016. 8. 25)

— 우주에는 왜 물질이 더 많은지 실험으로 보여준 물리학자

수학자나 물리학자들이 가장 높이 평가하는 자연의 특성이 바로 대칭성이다. 원이나 구가 2차원이나 3차원 도형 가운데 완벽하다고 여

제임스 크로닌. (제공 시카고대)

겨지는 이유도 대칭성이 가장 크기 때문이다. 그러나 1928년 영국의 이론물리학자 폴 디랙Paul Dirac이 반물질의 존재를 제기하면서 우주의 대칭성에 근본적인 균열이 드러났다. 디랙의 이론에 따르면 빅뱅 이후 우주는 에너지에서 물질과 반물질이 같은 양이 생겨나고 소멸하는 공간이어야 하는데 실제로는 물질이 더 많은 것 같기 때문이다. 즉 오늘날 우주의 모습이 존재하려면 물질과 반물질 사이의 비대칭이 존재해야 한다는 말이다. 1964년 우주가 물질로 이뤄져 있는 이유를 설명할 수 있는 실험에 최초로 성공한 미국의 물리학자 제임스 크로닌James Cronin이 8월 25일 85세로 작고했다.

CP변환대칭성깨짐으로 불리는 크로닌의 실험은 1956년 중국계 미국 물리학자 양전닝과 리정다오가 제안한, 약력에서 P변환대칭성깨짐이론으로 거슬러 올라간다. P는 패러티parity로 거울상을 뜻하는데 양자물리학에서는 입자의 스핀을 뜻한다. 두 사람은 이런 이론을 내놓고 이를 증명할 실험까지 고안해 실험물리학자들에게 과제를 던졌다. 이듬해 역시 중국계 미국 물리학자인 우젠슝은 약력이 관여하는 방사성 동위원소 코발트 60의 베타붕괴를 관찰한 결과 방출되는 전자의 스핀이 비대칭임을 확인했다. 즉 왼쪽 스핀인 전자가 오른쪽 스핀인 전자보다 많이 나왔다. 대칭성이 유지된다면 같은 수로 나와야 한다. 이 실험으로 양과 리는 그해에 노벨물리학상을 받았다.

그리고 7년이 지난 1964년 미국 브룩헤이븐연구소의 크로닌과 밸 피치Val Fitch는 중성 케이온K0이라는 중간자의 붕괴과정을 추적해 CP변환의 대칭성도 깨진다는 실험결과를 발표한다. 여기서 C는 전하charge로 C변환은 전하가 반대로 바뀌는 변환, 즉 물질에서 반물질(또는 그 반대)로 바뀌는 과정이다. 물질과 반물질은 전하를 뺀 모든 특성이 같으므로 C변환의 대칭성은 보존된다. 그런데 서로 다른 종류의 쿼크와 반쿼크로 이뤄진 중간자의 붕괴과정에서 CP변환의 대칭성이 깨진 것이다. CP변환은 C변환과 P변환이 다 일어난 경우다.

질량이 양성자의 절반쯤 되는 K0입자는 다운쿼크와 반스트레인지쿼크로 이뤄져 있는데 불안정해 파이온이라는 좀 더 가벼운 입자로 바뀐 뒤 최종적으로는 전자와 광자 같은 안정한 입자를 남기고 사라진다. 연구자들은 양성자가속기에서 K0입자와 그 반입자(전하와 스핀이 반대)를 생성시켜 소멸 패턴을 관찰했다. CP대칭성이 보존된다면 둘의 소멸 패턴이 동일하겠지만 실험결과 미미한 차이가 발견됐다. 이 결과로 크로닌과 피치는 1980년 노벨물리학상을 받았다.

1931년 시카고에서 태어난 크로닌은 1955년 시카고대에서 핵물리학으로 박사학위를 받았다. 1958년 밸 피치의 영입으로 프린스턴대에 자리를 잡은 크로닌은 피치와 중성 케이온의 붕괴를 연구하다 1964년 CP대칭성깨짐을 발견했다. 1971년 시카고대로 돌아간 크로닌은 1977년 그곳에 있는 페르미연구소의 충돌빔 책임자가 됐지만 바로 사임했다. 과학행정이 적성에 맞지 않았기 때문이다.

1985년에는 고에너지 우주선cosmic ray 관측으로 관심을 돌렸다. 고에너지 우주선의 실체를 밝히면 우주의 기원과 구조에 대한 미스터리가 풀릴지도 모른다. 그는 세계 각국의 과학자들과 연대해 곳곳에 검출기를 설치했는데, 특히 아르헨티나에 있는 피에르아우거관측소는 검출기 200여 대가 3000평방킬로미터에 흩어져 있는 가장 큰 규모로 2000년 완공됐다. 16개국 430명의 과학자들이 모여 있는 피에르아우거관측소 덕분에 아르헨티나의 기초과학이 큰 힘을 얻었다. 관측소가 입주한 지역인 말라그에는 그의 이름을 딴 고등학교도 세워졌다.

19. 데보라 진(1968. 11.15 ~ 2016. 9.15)

— 극저온에서 새로운 물질 상태를 구현한 실험물리학자

데보라 진. (제공 콜로라도대)

이론적으로 최저 온도인 절대0도보다도 불과 수백만 분의 1도 높은 극저온을 구현해 이때 나타나는 물질의 기이한 특성을 연구해온 물리학자 데보라 진Deborah Jin이 한창 나이인 48세에 암으로 세상을 떠났다.

1968년 미국 캘리포니아주 프린스턴에서 물리학자 부부의 딸로 태어난 진은 생물학을 공부하려고 했지만 동물해부를 견디지 못해 프린스턴대에서 물리학을 전공했다. 공부에 시큰둥하던 진은 방학 때 NASA에서 인턴을 하며 물리학자들이 연구하는 모습을 지켜보고 물리학에 진지하게 접근하기 시작했다.

시카고대에서 초전도체 연구로 박사학위를 받은 뒤 1995년 미 국립표준기술연구소NIST의 에릭 코넬 교수팀에 박사후연구원으로 합류한다. 진이 오기 수개월 전 코넬 교수팀과 그의 스승이자 동료인 칼 위먼 교수팀은 이론이 나온 지 70년 만에 루비듐원자로 보스-아인슈타인 응축 상태를 극저온에서 실현하는 데 성공했다. 즉 1925년 인도의 물리학자 사티엔드라 보스와 아인슈타인은 광자(빛알갱이)처럼 스핀이 정수인 입자인 보손이 무리지어 있을 때 보이는 현상을 설명하는 '보스-아인슈타인 통계'이론을 완성했다. 이에 따르면 극저온에서 동일한 양자상태(가장 낮은 에너지 상태)의 보손 입자들이 하나의 거대한 입자처럼 행동한다. 코넬과 위먼은 이 업적으로 2001년 노벨물리학상을 받았다.

2년 동안 코넬 교수의 실험실에서 극저온 기술과 보스-아인슈타인 응축 상태에 대한 측정 연구를 진행한 진은 1997년부터 자신의 실험실을 운영하며 새로운 물질 상태를 만드는 연구에 착수했다. 즉 페르미온 응축 상태다. 페르미온은 전자나 양성자처럼 스핀이 반半정수인 입자로 두 입자가 같은 양자상태에 놓일 수 없다. 즉 파울리의 배타원리를 따른다. 양성자, 중성자, 전자로 이루어진 원자가 입자 개수 하나 차이로 보손이 되기도 하고 페르미온이 되기도 하는데, 그 결과 전혀 다른 거동을 보인다는 게 바로 양자역학의 기괴한 면이다.

데보라 진은 교묘한 방법으로 페르미온인 칼륨40 원자의 에너지를 극도로 낮춰 극저온을 만든 뒤 원자들을 접근시켜 페르미온 분자

(두 원자가 화학결합을 한 진짜 분자는 아니고 강하게 상호작용하는 쌍이다)가 보손처럼 행동하게 만드는 데 성공했다. 즉 2003년 페르미온 응축 상태를 구현한 것이다. 최근에는 두 원자로 이뤄진 진짜 분자로 극저온의 화학반응을 연구하고 있었다. 즉 극저온의 양자화학으로 연구의 지평을 넓히던 참이었다.

「네이처」 10월 20일자에 실린 부고를 쓴 세 사람 가운데 이론원자물리학자 존 본John Bohn은 진의 남편이다. 두 사람은 대학원 시절 만나 결혼했고 같은 연구소에서 일하며 공동연구도 많이 했다. 천재 여성 과학자의 때 이른 죽음이 더 안타까운 이유다.

20. 조셉 버만 (1927. 5.21 ~ 2016.10. 1)

— 과학자들의 키다리아저씨 잠들다

2001년 저를 구금과 독방생활에서 풀려나게 해준 버만의 노력을 저와 제 가족, 그리고 전 세계의 많은 과학자들은 잊을 수 없습니다.

- 이란 물리학자 하디 하디자데Hadi Hadizadeh

갈수록 세상이 복잡해지고 사는 게 힘들어지다 보니 누구나 한번쯤 '나도 키다리아저씨가 있었으면…'하는 생각을 하게 된다. 하물며 독재국가에서 기본 인권도 보장받지 못한 채 살아가는 사람들은 오죽할까. 이런 나라들의 과학자들이 핍박받지 않도록 돕고 때로는 자유세계로 불러들여 새로운 삶을 살게 도와준 과학계의 키다리아저씨 조셉

조셉 버만. (제공 강석기)

버만Joseph Birman이 지난 10월 1일 89세로 영면했다.

1927년 미국 뉴욕에서 태어난 버만은 러시아계 유태인 3세다. 유태인 박해를 견디지 못한 할아버지가 조국을 등졌다는 사실이 그의 삶에 큰 영향을 미쳤다. 1952년 컬럼비아대에서 이론물리학으로 박사학위를 받은 버만은 통신기업 GTE의 연구소에서 반도체의 광학 특성을 연구했고 뉴욕대를 거쳐 1974년부터 타계할 때까지 모교(학부)인 뉴욕시립대에서 봉직했다. 1960년대와 1970년대 버만은 수학의 군이론을 적용해 결정의 상전이와 빛산란 예측 등 이론고체물리학 분야에서 탁월한 논문들을 발표했다.

중견 과학자로 자리를 잡은 버만은 핍박받는 과학자들을 돕는 데로 관심을 넓혔다. 1970년대 소련과학원의 초청으로 소련을 방문하게 된 버만은 그곳 과학자들의 열악한 실상에 깊은 충격을 받고 이들을 돕기 위해 동분서주했다. 1990년대 초 소련 붕괴로 많은 과학자들이 그나마 있던 직장도 잃게 되자 버만은 이들을 미국으로 불러들여 자리를 잡을 수 있게 도왔다.

한편 1960년대와 1970년대 마오쩌뚱의 문화혁명으로 과학연구가 붕괴된 중국에도 도움의 손길을 뻗쳤다. 부르주아 사상이라며 아인슈타인의 상대성이론도 거부했을 정도였던 혁명의 광풍이 가신 1983년, 미국물리학회를 대표해 중국을 방문한 버만은 중국의 중견 물리학자 60명을 최대 3년까지 미국에 머물며 연구할 수 있게 하는 프로그램을 중국과학원과 체결했다. 덕분에 중국 물리학은 오랜 침체기를 벗어날 수 있었다.

오랜 기간 미국물리학회의 인권위원회를 맡았던 버만은 독재국가들의 행정수반과 왕, 종교지도자들에게 과학자의 인권을 보장하라는 편지를 수백 통 썼고 부당하게 투옥된 과학자들의 사례들을 공론화해 압력을 넣기도 했다. 「네이처」 11월 17일자에 부고를 쓴 뉴욕시립대 물리학과 유진 추드노프스키Eugene Chudnovsky 교수 역시 1980년대 버만이 구해 준 러시아 과학자들 가운데 한 명이다.

"내가 감옥에서 생을 마치지 않을 수 있었던 건 버만과 그의 동료들 덕분이다. KGB의 집요한 방해공작에도 불구하고 우리는 마침내 소련을 떠나도 된다는 허가를 얻었다."

21. 수전 린드퀴스트 (1949. 6. 5 ~ 2016.10.27)

— 샤프론 단백질 분야를 개척한 과학자들의 샤프롱

제인 오스틴이나 레오 톨스토이의 소설을 원작으로 한 영화를 보면 사교모임이나 무도회 장면이 종종 나오는데, 이런 자리에 막 데뷔한 젊은 여성을 뒤에서 돌봐주는 나이 지긋한 부인을 프랑스어로 샤프

수전 린드퀴스트. (제공 MIT)

롱chaperon이라고 부른다. 생체분자인 단백질의 세계에서도 샤프롱이 존재한다. 즉 리보솜에서 막 만들어진, 아미노산 수백 개로 이뤄진 사슬이 올바로 된 입체 구조로 접히게 도와주는 샤프론chaperone(영어식 철자와 발음)단백질이다. 샤프론단백질 분야를 개척한 미국 MIT의 수전 린드퀴스트Susan Lindquist 교수가 10월 27일 67세로 작고했다.

1949년 미국 시카고에서 태어난 린드퀴스트는 고교 선생님의 영향으로 일리노이대학에서 미생물학을 전공했고 1976년 하버드대에서 분자생물학 연구로 박사학위를 받았다. 그 뒤 1978년부터 2001년까지 시카고대에 몸담았고 2001년 MIT와 화이트헤드생의학연구소(겸직)로 자리를 옮겼다.

린드퀴스트는 단백질 접힘을 연구하다 열충격단백질Hsp에 주목했다. 세포에 있는 단백질은 갑작스레 온도가 올라가면(열충격) 변형돼 기능을 잃을 수 있는데, 이때 단백질의 구조를 안정시키는 역할을 하는 단백질이 존재한다는 게 밝혀지면서 열충격단백질이란 이름을 얻었다. 훗날 Hsp는 열뿐 아니라 다양한 스트레스로부터 단백질이 변형되는 걸 막는다는 사실이 밝혀졌다.

린드퀴스트는 Hsp90이라는 열충격단백질을 집중 연구했는데, 특히 1998년 초파리를 대상으로 한 실험결과가 '탈수로화'란 진화가설을 입증했다고 주장해서 학계의 주목을 받았다. 초파리에서 Hsp90에 문제가 생기면 기형인 개체들이 나오는데, 린드퀴스트는 여기에 어떤 패턴이 있음을 간파했다. 즉 임의의 돌연변이가 아니라 이미 존재했던 변이가 드러난 것처럼 보였다. 린드퀴스트는 문헌을 조사했고 영국의 저명한 생물학자인 콘라드 와딩턴Conrad Waddington이 1942년 「네이처」에 발표한 논문에서 기술한 '수로화canalization'라는 개념에 주목했다.

와딩턴은 개체발생이 강력한 과정이기 때문에 사소한 유전형의 변이는 묻혀 형태로 드러나지 않는다고 주장하면서, 이런 현상을 물이 수로로 흘러들어 한 줄기로 흐르는 것에 빗대어 '수로화'라고 명명했다. 와딩턴은 11년이 지난 1953년 역시 「네이처」에 발표한 논문에서 환경이 바뀌면 이처럼 숨어 있는 변이가 표현형으로 드러나 선택이 이뤄질 수가 있다고 주장하고 이를 '탈수로화decanalization'이라고 불렀다.

1998년 린드퀴스트 교수는 자신들의 발견이 와딩턴의 탈수로화의 첫 실제 사례라고 주장했다. 즉 우리 눈에는 정상으로 보이는 초파리들은 실제로 다양한 숨겨진 변이를 지닌 상태로 Hsp90의 작용으로 변이가 드러나지 못한 상태인데(수로화), 이 단백질이 고장 나면서 고삐가 풀려 여러 형태가 나타났다는 것(탈수로화).

2013년 린드퀴스트는 하버드대 클리포드 타빈 교수와 함께 동굴물고기가 Hsp90이 감당하는 선을 넘은 스트레스로 인한 탈수로화의 예임을 밝혔다. 중미의 작은 민물고기 아스티아낙스 멕시카누스는 보통 강에 살지만 빛이 전혀 들어오지 않는 동굴에서도 발견되는데, 이들 동굴물고기는 눈이 완전히 퇴화돼 있다.[21]

---

21 동굴물고기의 진화에 대한 자세한 내용은 『늑대는 어떻게 개가 되었나』 61쪽 '동굴물고기가 눈을 잃어버린 사연' 참조.

린드퀴스트는 광우병 같은 프리온질병뿐 아니라 알츠하이머병, 파킨슨병 등 여러 퇴행성 뇌질환들의 배후에 변형된 단백질의 축적이 있다며 이 문제를 해결하는 게 치료법을 찾는 길이라고 주장했다. 그리고 단세포 진핵생물인 효모를 이런 질환의 모델 생물로 선택해 연구를 진행했다. 효모를 연구해 어떻게 신경계 질환을 이해할 수 있느냐고 의아해하는 사람들도 많았지만, 린드퀴스트는 효모에도 이런 단백질들이 존재하고 변형 단백질이 축적되면 치명적인 결과를 유발한다고 설명했다. 즉 메커니즘을 빨리 규명하려면 가능한 단순한 생명체를 택해야 한다는 것.

한편 린드퀴스트는 멘토, 즉 젊은 과학자들의 샤프롱으로도 탁월했다. 그녀가 화이트헤드연구소에 있는 15년 동안 100명이 넘는 박사후연구원, 대학원생, 학부생이 지도를 받았다. 린드퀴스트는 특히 언어를 중요시해 실험을 잘하는 것만큼이나 논문을 잘 쓰는 것도 중요하게 여겼다. 즉 최대한 많은 사람들이 읽을 수 있도록 명쾌하면서도 쉽게 글을 써야 한다고 강조했다.

22. 존 로버츠 (1918. 6. 8 ~ 2016.10.29)

— 화학의 두 문화를 통합한 화학자

화학자는 합성을 하는 사람과 하지 않는 사람으로 나뉜다. 일반인이 화학자 하면 떠올리는 이미지는 물론 합성을 하는 사람들로 과학자임에도 여전히 연금술사 같은 인상을 풍긴다. 실제 일부 합성화

존 로버츠. (제공 NSF collection)

학자는 스스로를 과학자가 아니라 '예술가'로 불러달라고 말하기도 한다. 합성화학자(발명자)와 기타화학자(발견자)의 괴리는 구태라며 화학의 통합을 강조해온 존 로버츠John Roberts 칼텍 화학과 명예교수가 100년에 가까운 삶을 뒤로하고 눈을 감았다.

1918년 미국 LA에서 태어난 로버츠는 LA 캘리포니아대에서 학부와 대학원을 마치고 몇몇 대학을 거쳐 1952년 칼텍에 자리를 잡았다. 당시 칼텍은 20세기 가장 위대한 화학자로 여겨지는 라이너스 폴링Linus Pauling이 있는 화학연구의 중심지였다. 1920년대 양자역학이 확립되면서 폴링은 이를 응용한 양자화학 분야를 개척했다. 로버츠 역시 같은 노력을 했는데, 폴링이 단백질 같은 생체고분자의 구조해석에 중점을 뒀다면 로버츠는 유기합성과정을 이해하는 데 적용했다. 이 과정에서 로버츠는 핵자기공명NMR 같은 새로운 분광학 기법도 적극 도입했다.

이런 노력으로 유기화학의 중심이 분자들을 이리저리 꿰어 새로운 분자를 만드는 일에서 반응 메커니즘과 그 과정에 생기는 중간산물까지 이해하는 쪽으로 바뀌었다. 로버츠가 물리유기화학이라는 분야의 개척자로 불리는 이유다. 로버츠는 학부생을 위한 유기화학 교재를 비롯해 NMR 분광학, 분자궤도이론 등 다양한 분야와 수준의 교재를 집필했다.

로버츠 역시 글쓰기의 중요성을 강조했다. 「사이언스」에 부고를 쓴 하버드대 조지 화이트사이즈 교수는 1960년대 로버츠의 실험실에서 대학원 생활을 했는데, 실험은 자유방임형이었지만 논문에는 까다로워 논문을 써 가져가면 빨간 펜으로 도배를 해 돌려주고 이런 과정이 반복돼 끝나지 않을 것 같았다고 회상하고 있다. 훗날 그는 로버츠에게는 오로지 '질quality'이 중요했다는 걸 깨달았다고 덧붙였다.

한편 로버츠는 여성과학자 육성에도 앞장섰다. 1952년 MIT에서 칼텍으로 자리를 옮길 때 데려간 여학생은 칼텍 최초의 여자 대학원생이라고 한다.

23. 랄프 시세론 (1943. 5. 2 ~ 2016.11. 5)

— 남극 오존층을 구하는 데 일조한 대기과학자

학술지 「사이언스」 2016년 7월 15일자에는 남극의 오존층이 회복되고 있다는 반가운 연구결과가 실렸다.[22] 인류가 만든 환경문제가 인류의 노력으로 치유될 수 있음을 보인 뜻 깊은 일이다. 미국 MIT 지구대기행성과학과 수전 솔로몬 교수는 이런 현상의 주요인이 1989년 발효된 몬트리올 의정서 덕분이라고 해석했다. 즉 CFC 농도가 줄어들면서 성층권에서 오존을 분해하는 반응이 덜 일어난 결과라는 말이다.

22 오존층 회복에 대한 자세한 내용은 32쪽 참조.

랄프 시세론. (제공 NAS)

1971년 이런 관계를 처음으로 파악한 대기과학자 랄프 시세론Ralph Cicerone이 11월 5일 73세로 작고했다.

1943년 펜실베이니아주 뉴캐슬에서 태어난 시세론은 이탈리아 이민 3세로 집안에서 처음으로 대학을 다녔다. 미국과 소련의 우주 경쟁에 자극을 받은 시세론은 전기공학을 선택했고 1970년 일리노이대에서 박사학위를 받았다. 미시간대에서 박사후연구원으로 있으면서 그는 동료 리처드 스톨라르스키와 전파의 진행에 중요한 대기 전리층의 물리학을 연구하는 과정에서 염소가 성층권에 있는 오존층을 파괴할 수 있음을 알았다. 즉 염소이온이 불안정한 오존 결합을 파괴한다는 것이다.

한편 영국의 대기화학자 제임스 러브록은 세계 곳곳의 대기를 분석한 결과 냉장고 냉매인 염화불화탄소CFC가 검출됐다는 연구결과를 1971년 「네이처」에 보고했다. 이듬해 그는 한 학회에서 행한 강연에서 성층권에서도 CFC를 검출했다고 발표했다.

어바인 캘리포니아대 화학과 셔우드 롤런드 박사는 러브록의 강연에 흥미를 느꼈고 성층권에서 CFC가 무슨 일을 하는지 규명해보기로 했다. 박사후연구원 마리오 몰리나와 연구를 시작한 롤런드는 성층권에 도달한 CFC가 자외선으로 쪼개져 염소가 생기고 시세론과 스톨라르스키가 제안한 것처럼 오존층을 파괴함을 입증했다.

이들은 이 결과를 1974년 「네이처」에 발표했고 언론에도 알려 위험성을 경고했다. 관련업계는 강력하게 반발했지만 1985년 조 파먼이 이끄는 영국남극조사단이 남극 오존층에 구멍이 뚫렸다는 관측을 발표하자 1987년 CFC를 규제하는 몬트리올 의정서가 마련됐고 1989년 1월 발효됐다. 이 업적으로 1995년 노벨화학상을 받을 때 롤런드와 몰리나는 시세론과 스톨라르스키를 언급했다.

미시건대와 스크립스연구소를 거쳐 1980년 미 국립대기연구소 대기화학부문장을 맡았고 1989년 어바인 캘리포니아대로 자리를 옮겼다. 이곳에서 그는 여러 분야 전문가들을 모아 지구기후변화를 다각도로 연구했다. 이 과정에서 그의 탁월한 리더십이 드러났고 1998년 대학 총장으로 선출됐다. 지구를 살리기 위해 젊음을 바친 사람답게 시세론은 재임 7년 동안 어바인을 미국에서 가장 친환경적인 캠퍼스로 바꿨다.

2005년에는 미 국립과학원NAS 원장으로 취임해 2016년 6월까지 11년 동안 봉직했다. 역시 이곳에서도 건물 곳곳에 태양전지판을 설치해 에너지 사용을 최소화하는 데 신경을 썼다. 2011년 NAS는 '미국의 기후선택America's Climate Choices'이라는 제목의 보고서를 만들어 온실가스 감축을 위한 전략을 세울 것을 촉구했다.

한편 시세론은 여성과학자 육성에도 큰 관심을 쏟았다. 그가 총장으로 있으면서 어바인 캘리포니아대는 여성 과학도의 비율이 미국 최고 수준으로 올라갔다. 미 국립과학원 역시 그가 원장으로 있던 11년 사이 여성 회원수가 10% 미만에서 15%를 넘어섰다. 신규회원에서 여성의 비율이 26% 넘게 치솟았다.

「사이언스」 12월 2일자에 부고를 쓴 두 사람 가운데 한 명인 마르시아 맥너트는 2013년부터 「사이언스」 편집장을 지내다 시세론의 뒤를 이어 7월부터 미 국립과학원 원장이 된 여성과학자(지구물리학)다. 한편 「네이처」 12월 15일자에 부고를 쓴 두 사람 가운데 한 명이 1995년 노벨화학상 수상자인 마리오 몰리나다.

24. 존 글렌 (1921. ~ 2016.12. 8)

— 불혹의 나이에 미국 최초 우주인이 된 상남자

요즘도 미국과 러시아의 관계가 좋지는 않지만 1950년대와 60년대 미국과 소련은 전쟁이 거론될 정도로 사이가 나빴다. 그러다 보니 많은 분야에서 서로 경쟁했는데 우주 진출이 대표적인 예다. 1961년 4월 12일 소련의 유리 가가린이 보스토크 1호를 타고 1시간 29분 만에 지구 상공을 일주해 최초의 우주인이 됐다. 자존심을 구긴 미국은 이듬해에야 성공했지만 1969년 달에 착륙하면서 통쾌한 역전승을 거뒀다. 1962년 2월 20일 프렌드쉽 7호를 타고 지구를 세 바퀴 도는 데 성공한 존 글렌John Glenn이 12월 8일 95세로 영면했다.

1921년 오하이오주 케임브리지에서 태어난 글렌은 머스킹엄대에서 공학을 공부하다 제2차 세계대전에 미국이 참전하게 되자 전투기조종사로 입대했다. 글렌은 제2차 세계대전과 한국전에 무려 149회나 출격했고 소련제 전투기를 세 대 격추했다. 그 역시도 전투기에 250개가 넘는 총알구멍이 난 채 귀환한 경우가 두 차례 있다.

존 글렌은 1998년 77세의 나이에 우주왕복선 디스커버리호의 승무원이 돼 36년 만에 다시 지구를 둘러봤다.(제공 NASA)

비행을 좋아했던 글렌은 우주비행사가 맞닥뜨리게 될 극단적인 중력(G)을 견디는 테스트에 자원하기도 했다. 1958년 설립된 미항공우주국NASA에 들어가 우주인 후보 7명에 선발됐다. 37세라는 나이를 생각하면 이례적인 일이었다.

1962년 나이 마흔하나에 두 아이의 아버지였던 글렌은 프렌드십 7호를 타고 우주비행을 감행한다. 가가린의 우주비행은 성공 뒤 결과를 발표한 것이지만 글렌의 시도는 전 세계 수백만 명이 지켜보는 가운데 생중계됐다. 비행 성공으로 글렌은 하루아침에 미국뿐 아니라 세계의 영웅이 됐다.

1964년 존 F. 케네디 대통령에게 스카우트된 글렌은 NASA를 그만두고 정계에 입문해 민주당 상원의원으로 출마했지만 연거푸 낙선했다. 그러나 1974년 다시 도전해 당선된 뒤 1999년 사임할 때까지 봉직했다. 1998년에는 77세의 나이로 우주왕복선 디스커버리호에 탑승해 9일간의 우주비행 임무를 완수하기도 했다.

25. 조지 클라인 (1925. 7.28 ~ 2016.12.10)

— 암의 면역학 분야를 개척한 생물학자

1979년 클라인 부부가 연구소에서 포즈를 잡았다. 아내 에바는 남편과 동갑으로 아직 생존해 있다. (제공 미 국립암연구소)

조기진단과 다양한 치료법의 개발로 암에서 회복되는 비율이 높아졌다고는 하지만 암은 여전히 두려운 질병이다. 그런데 최근 수년 사이 암면역요법cancer immunotherapy이라는 새로운 접근법이 등장하면서 암 치료에 전기가 될 거라는 관측이 많다. 사실 평소 면역계만 제대로 작동한다면 암세포가 암조직으로 발전하기 전에 제거할 수 있을 것이다. 암과 면역계의 관계를 규명한 조지 클라인George Klein이 지난 12월 10일 91세로 타계했다.

1925년 오늘날 슬로바키아에 해당하는 헝가리어 지역에서 태어난 클라인은 부다페스트에서 어린 시절을 보냈다. 유태인이었던 그는 나치에 붙잡힐 위기를 겪기도 했고 러시아 비밀경찰에 쫓기기도 했다. 제2차 세계대전이 끝나고 부다페스트에서 의대를 다니던 중 운 좋게 스웨덴의 대학들을 방문할 기회를 얻었고 카롤린스카연구소의 저명한 세포생물학자 해토비언 캐스퍼슨의 실험실에 들어갔다. 헝가리는 당시 소련의 위성국이었는데, 클라인은 위험을 무릅쓰고 귀국해 의대에서 만난 애인 에바를 데리고 갔다. 이 과정에서 담당자들에게 뇌물까지 줬다고 한다.

이런 우여곡절 끝에 스웨덴에 정착한 클라인 부부는 카롤린스카에서 박사학위를 받고 평생을 그곳에서 연구하며 보냈다. 1957년 클라인은 종양생물학 분과를 맡아 스웨덴뿐 아니라 세계적으로 명성이 높은 실험실로 키운다. 그가 1960년 발표한 논문은 오늘날 종양면역학의 기초가 됐다고 평가되고 있다. 그때까지는 모든 암이 공통된 항원을 띠고 있어 면역계가 인식할 수 있다고 여겨졌다. 그러나 클라인은 실험을 통해 암에 따라 항원이 다를 수 있다는 사실을 밝혀냈다. 1975년 클라인과 동료들은 선천면역계인 자연살해세포가 감염된 세포뿐 아니라 암세포도 제거할 수 있음을 발견했다.

카롤린스카연구소의 종생생물학 분과의 명성이 높아지면서 전 세계 암 연구자들의 접촉이 이어졌고 한때 이런 업무를 처리할 비서가 일곱 명이나 되기도 했다. 클라인은 인생 후반기에 인류애와 철학, 대중과학 등 다양한 주제로 책을 펴내기도 했다.

26. 토마스 셸링 (1921. 4. 14~2016.12.13)

— 세계를 좀 더 안전한 곳으로 만드는 데 기여한 게임이론가

요즘 한반도를 둘러싼 상황이 심상치 않다. 미국과 중국 두 강대국의 신경전 속에 북한은 핵무기 개발에 열을 올리고 있다. 사면초가에 몰린 우리나라는 우왕좌왕 어쩔 줄 모르는 형국이다. 이럴 때 생각나는 사람, 협상 전략의 달인 토마스 셸링Thomas Schelling이 12월 13일 95세로 영면했다.

미국 캘리포니아 출신인 셸링은 버클리 캘리포니아대를 졸업한

토마스 셸링. (제공 하버드대)

뒤 하버드대에서 경제학 박사 학위를 받았다. 제2차 세계대전으로 초토화된 유럽을 지원하는 마셜플랜의 실무를 맡아 유럽에서 근무했고 백악관에서 헨리 트루먼 대통령을 보좌했다. 1958년 하버드대 경제학과에 자리를 잡은 셸링은 게임이론을 연구했다.

게임이론은 게임에 참여한 사람이 다른 사람들의 행동을 예측하고 그 예측을 바탕으로 자신이 택할 수 있는 최선의 행동을 결정하는 이론이다. 그럼에도 1950년대 게임이론은 응용수학의 한 분야로 인식돼 고도의 수학이 동원됐고 주로 제로섬zero-sum 게임을 다뤘다. 즉 누군가가 이익을 보면 다른 누군가는 그만큼 손해를 보는 게임이다.

이런 분위기에서 셸링은 수년 동안의 실무경험을 바탕으로 난해한 수식을 동원하지 않고도 사례 분석을 통해 게임이론의 새로운 개념을 만들어냈다. 특히 그는 논제로섬nonzero-sum 게임의 행동전략을 발전시켰다. 소위 말하는 윈윈win-win 전략이다. 예를 들어 그가 고안한 포컬 포인트focal point라는 개념은 상대가 나에 대해 가진 기대와 내가 상대에 대해 가진 기대가 한 점에서 만나기 위한 단서를 일컫는다.

셸링의 이론은 군비축소, 협상전략, 지구온난화 대처 등 각국의 이해가 얽혀 있는 상황을 헤쳐나가는 데 큰 도움을 줬다. 그가 1960년 펴낸 책 『갈등의 전략』은 협상 실무자의 바이블일 뿐 아니라 대인관계에 스트레스를 받는 보통사람들에게도 큰 도움을 줬다. 이런 업적이 인정돼 셸링은 2005년 노벨경제학상을 받았다.

1990년 메릴랜드대로 자리를 옮겨 2005년 은퇴한 뒤에도 셸링은 연구를 계속했는데 죽음을 앞두고도 기후변화에 대한 논문 두 편을 준비하고 있었다고 한다.

27. 스티븐 파인버그 (1942.11.27 ~ 2016.12.14)

— 법정에 통계를 도입한 통계학자

스티븐 파인버그. (제공 카네기멜론대)

법정드라마 영향 때문인지 죄와 판결이 일치하지 않는 게 현실이라는 인식이 널리 퍼져 있는 것 같다. 한마디로 좋은 변호사(예를 들어 전관예우를 받을 수 있는)를 선임하면 무죄가 되거나 적어도 가벼운 판결을 받을 수 있다는 것이다. 그러나 설사 이런 문제가 없더라도 죄지은 만큼 벌을 받는다는 이상이 구현된다고 확신할 수는 없다. 증거의 진위를 판단하기 쉽지 않은 경우가 많기 때문이다. 법정 증거를 판단할 때 통계의 중요성을 인식시킨 통계학자 스티븐 파인버그Stephen Fienberg가 지난 12월 14일 74세로 세상을 떠났다.

1942년 캐나다 토론토에서 태어난 파인버그는 토론토대에서 수학과 과학을 공부한 뒤 1968년 미국 하버드대에서 통계학 연구로 박사학위를 받았다. 시카고대와 미네소타대에서 통계학과 이론생물학 연구를 했고 1980년 평생직장이 된 카네기멜론대로 옮겼다.

1980년대부터 본격적으로 법정 증거의 통계적 중요성을 연구했다. 즉 지문 분석과 머리카락 분석, 거짓말탐지기 등의 증거가 법적으로 얼마나 효력이 있는가에 대한 통계적 기반을 마련했다. 예를 들어 범죄 현장에서 수거한 머리카락과 용의자의 머리카락을 현미경으로 비교분석해 동일인의 것으로 판정될 경우 우연의 결과일 확률은 100만분의 1에 불과하다고 알려져 있었지만, 파인버그가 엄격한 통계적 방법론으로 재검토한 결과 그렇지 않은 것으로 확인됐다. 이를 바탕으로 2015년 FBI는 과거의 사례 500건을 재검토했고 분석에 문제가 있는 경우가 90%가 넘었다고 발표했다.

파인버그는 암으로 오래 투병했는데 사망 두 달 전 카네기멜론대에서 열린 한 심포지움에서 암 치료법에 대한 각종 자료를 검토한 결과 그 효용성을 평가할 수 있는 엄밀한 분석법을 개발하는 게 시급하다고 촉구하기도 했다. 자신의 사례도 그런 분석에 포함될 데이터 가운데 하나라고 언급하면서.

28. 베라 루빈 (1928. 7.23 ~ 2016.12.25)

— 암흑물질 존재를 시사하는 관측을 한 천문학자

베라 루빈. (제공 카네기연구소)

지난 수년 사이 힉스입자와 중력파 검출에 잇달아 성공하자 암흑물질의 실체를 밝힐 날도 머지않았다는 기대감이 높다. 우주에는 우리에게 익숙한 물질의 6배에 이르는 미지의 물질이 존재한다는 강력한 증거를 관측한 천문학자 베라 루빈Vera Rubin이 지난 크리스마스에 88세로 세상을 떠났다.

1928년 미국 필라델피아에서 태어난 베라 쿠퍼Vera Cooper는 어릴 때부터 밤하늘을 관측하며 천문학자의 꿈을 키웠다. 베라는 미국 최초의 여성 천문학 교수인 마리아 미첼이 가르쳤던 바사대에서 천문학을 공부했고 1948년 스무 살에 졸업한 뒤 그해 로버트 루빈Robert Rubin과 결혼했다.

1951년 코넬대에서 석사과정을 마친 루빈은 프린스턴대에 가고 싶었지만 여성은 입학이 안 된다는 말을 듣고 조지타운대로 발길을 돌렸다. 2005년 프린스턴대는 루빈에게 명예박사학위를 수여했다. 루빈의 박사학위 주제는 은하의 분포 패턴으로, 우주 공간에 골고루 분포돼 있다는 기존의 믿음과는 달리 은하들이 무리를 이루어 분포한다는 사실을 밝혀냈다. 졸업 뒤 대학에 남아 연구하면서 팔로마천문대의 헤일망원경을 쓰려고 했지만 역시 여자라서 거부됐고 1960년대에야 여성 최초의 사용자가 됐다.

1965년 카네기연구소에 자리를 잡은 루빈은 나선은하를 이루고 있는 별들의 회전속도를 관측하다 뉴턴의 중력법칙에 맞지 않는 현상을 발견한다. 즉 은하 중심에서 멀어질수록 천체의 회전속도가 예상보다 빨랐던 것이다. 태양계에 비유하자면 목성 공전 주기가 12년이 아니라 5년인 셈이다.

루빈은 이에 대해 "난 관측가일 뿐"이라면서도 두 가지 가능성을 제안했다. 하나는 우리가 아는 중력의 법칙이 보편적이 아니거나(즉 중력상수가 상수가 아니라는 말이다) 우리가 모르는 물질이 존재한다는(그것도 물질보다 훨씬 많이) 말이다. 이 물질은 빛을 흡수하지도 내놓지도 않기 때문에 훗날 천문학자들은 '암흑물질dark matter'이라는 이름을 붙였다. 그 뒤 지금까지 많은 사람들이 암흑물질 사냥에 뛰어들었지만 아직까지 성공하지 못했다. 소수의 사람들은 중력 문제일 가능성도 검토하고 있다.

여자로 태어났다는 이유만으로 공부와 연구에서 부당한 대우를 받아온 루빈은 강한 의지로 이를 극복했고 때로는 완강히 저항하기도 했다. 예를 들어 과학자들의 모임인 코스모스클럽Cosmos Club에 반감을 가졌는데 1988년까지도 여성회원을 받지 않았기 때문이다. 루빈은 후배 여성과학자들이 차별받지 않고 마음껏 연구할 수 있는 환경을 만들기 위해 평생 노력했다.

29. 피터 노웰 (1928. 2. 8 ~ 2016.12.26)

— 필라델피아 염색체를 발견한 종양생물학자

피터 노웰. (제공 Candace di Carlo/펜실베이니아대)

예전에는 드라마에서 미모의 젊은 여주인공이 불치병에 걸릴 경우 병명은 십중팔구 백혈병이었다. 그런데 요즘은 이런 설정을 거의 보지 못했다. 이는 2001년 등장해 기적의 백혈병치료제로 불린 글리벡 때문이 아닐까. 1960년 백혈병 치료의 단서인 염색체 이상을 발견한 피터 노웰Peter Nowell이 지난 12월 26일 88세에 타계했다.

미국 필라델피아에서 태어난 노웰은 웨슬리언대에서 생물학과 화학을 공부한 뒤 펜실베이니아대 의학대학원을 졸업했다. 군 복무를 마치고 1956년부터 펜실베이니아대에서 은퇴할 때까지 근무했다.

1960년 노웰은 폭스체이스암연구소의 대학원생 데이비드 헝어퍼드와 함께 종양에서 염색체의 역할에 대해 연구하다 흥미로운 관찰을 한다. 즉 만성골수성백혈병 환자의 세포에서 염색체 이상이 보였던 것이다. 이들은 학술지 「사이언스」에 실린 논문에서 21번 염색체의 일부가 잘린 상태라고 주장하며 자신들이 사는 도시의 이름을 따 '필라델피아 염색체Philadelphia chromosome'라고 불렀다. 그러나 마땅한 방법이 없어 더 이상 연구를 진행하지는 못했다.

1973년 시카고대의 유전학자 자넷 롤리는 필라델피아 염색체의 실체를 밝히는 데 성공했다.[23] 노웰의 추정과는 달리 말단이 9번 염색체의 말단과 바꿔치기된 22번 염색체였다. 22번 염색체의 말단이 그보다 크기가 작은 9번 염색체의 말단과 바뀌면서 크기가 작아진 것이다. 물론 9번 염색체는 약간 더 커졌지만 원래 크기 때문에 노웰은 알아차리지 못했다. 이렇게 염색체 사이에 교환이 일어나는 현상을 전좌translocation이라고 부른다. 그 뒤 전좌의 결과 변이단백질이 만들어져 세포분열이 통제를 벗어나 백혈병으로 이어진다는 메커니즘이 밝혀졌다. 그리고 변이단백질의 작용을 방해하는 약물이 바로 글리벡이다.[24]

노웰은 암이 여러 유전자에 차례로 변이가 일어나면서 세포가 '진화'한 결과라고 설명했다. 따라서 모든 암에 잘 듣는 암치료제를 찾기보다는 개별 암에 대한 치료제를 개발해야 한다고 강조했다. 오늘날 게놈분석법이 발달하고 빅데이터를 처리할 수 있게 되면서 맞춤형 항암제가 나오고 있는 걸 보면 선견지명이 있는 발언이다.

23 자넷 롤리의 삶과 업적에 대해서는 『과학을 취하다 과학에 취하다』 357쪽 '염색체 이상이 암을 일으킨다는 사실을 발견한 유전학자' 참조.

24 필라델피아 염색체 발견에서 글리벡 개발에 이르는 상세한 이야기는 『과학을 취하다 과학에 취하다』 43쪽 '필라델피아 염색체를 아십니까?' 참조.

참고문헌

Part 1

1 Hall, S. S. *Science* **349**, 1274 (2015)
Benjamin, D. et al. *Science Advances* **2**, e1601756 (2016)

2 Tamaki, M. et al. *Current Biology* **26**, 1190 (2016)

3 Spottiswoode, C. N. et al. *Science* **353**, 387 (2016)

4 Larmuseau, M. et al. *Trends in Ecology & Evolution* **31**, 327 (2016)

5 Solomon, S. et al. *Science* **353**, 269 (2016)

Part 2

1 『그레인 브레인』 데이비드 펄머터 지음, 이문영, 김선하 옮김, 지식너머 (2015)
Perry, G. H. et al. *Nature Genetics* **39**, 1256 (2007)
Garnett, T. *Science* **353**, 1202 (2016)
Tilman, D. & Clark, M. *Nature* **515**, 518 (2014)

2 Baumeister, J.-C. et al. *Toxicon* **118**, 86 (2016)
Niedenthal, P. M. *Science* **316**, 1002 (2007)

3 Zhou, Q. et al. *Cell Stem Cell* **18**, 330 (2016)
Hikabe, O. et al. *Nature* **539**, 299 (2016)

4 Reardon, S. *Nature* **540**, 512 (2016)

Part 3

1 Allwood, A. C. et al. *Nature* **441**, 714 (2006)
Nutman, A. P. et al. *Nature* **537**, 535 (2016)

2 Kappelman, J. et al. *Nature* **537**, 503 (2016)

3 Harmand, S. et al. *Nature* **521**, 310 (2015)
Stout, D. *Scientific American* **314**(4), 20 (2016)
Morgan. T.J.H. et al. *Nature Communications* **6**, 6029 (2015)
Zink, K.D. & Lieberman, D. *Nature* **531**, 500 (2016)

4 Hamilton, G. *Nature* **525**, 444 (2015)
Mendez, F. L. et al. *The American Journal of Human Genetics* **98**, 728 (2016)

5 Chisholm. R. H. et al. *PNAS* **113**, 9051 (2016)

Part 4

1 Eccles, R. et al. *Appetite* **71**, 357 (2013)
Zimmerman, C.A. et al. *Nature* **537**, 680 (2016)
Gizowski, C. et al. *Nature* **537**, 685 (2016)

2 Tan, C. & McNaughton, P.A. *Nature* **536**, 460 (2016)

3 Ferdenzi, C. et al. *Chemical Senses* **42**, 37 (2017)

4 Dolgin, E. *Nature* **519**, 276 (2015)
Ryu, H. et al. *Current Biology* **26**, R1119 (2016)

5 Almeling, L. et al. *Current Biology* **26**, 1744 (2016)

6 Hsee, C.K. & Ruan, B. *Psychological Science* **27**, 659 (2016)

7 Sekar, A. et al. *Nature* **530**, 177 (2016)
Solis, M. *Nature* **508**, S12 (2014)
Padma, T. V. *Nature* **508**, S14 (2014)

Part 5

1 Lu, Z. et al. *Chaos* **26**, 094811 (2016)

2 Rosner, J. L. *Microbe* **9**, 47 (2014)
Sender, R. *PLOS Biology* **14**, e1002533 (2016)

3 van der Kooi, C. J. et al. *Proceedings of the Royal Society B* **283**, 20160429 (2016)

4 Lok, C. *Nature* **534**, 24 (2016)
Scharfman, B. E. et al. *Experiments in Fluids* **57**, 24 (2016)

5 S ø rensen, J. J. et al. *Nature* **532**, 210 (2016)

Part 6

1 Sverjensky, D. A. & Huang, F. *Nature Communications* **6**, 8702 (2015)

2 Yu, B. et al. *Nature Materials* **8**, 911 (2016)

3 Zhang, H. et al. *Science* **352**, 1436 (2016)
Guarente, L. *Science* **352**, 1396 (2016)

4 McIntyre, R. L. & Fahy, G. M. *Cryobiology* **71**, 448 (2015)

5 von Caemmerer, S. et al. *Science* **336**, 1671 (2012)
Edwards, E. J. et al. *Science* **328**, 587 (2010)

6 Jang, Y. et al. *mBio* **3**, e00314-12 (2012)

Part 7

1 Audet, J.-N. et al. *Behavioral Ecology* **27**, 637 (2016)

2 Spribille, T. et al. *Science* **353**, 488 (2016)

3 Briggs, W. R. *Science* **353**, 541 (2016)
Atamian, H. S. et al. *Science* **353**, 587 (2016)

4 Nielsen, J. et al. *Science* **353**, 702 (2016)

5 Krupenye, C. et al. *Science* **354**, 110 (2016)

6 Rios, A. C. et al. *Nature Communications* **7**, 11400 (2016)

7 Prieto-Godino, L. L. et al. *Nature* **539**, 93 (2016)

Part 8

1 Wu, Q. et al. *Science* **353**, 579 (2016)

2 Catania, K. C. *PNAS* **113**, 6979 (2016)

3 『Personal Recollections, from Early Life to Old Age, of Mary Somerville』 Mary Somerville, A Public Domain Book (2012)

4 Radick, G. *Nature* **533**, 293 (2016)
Radick, G. *Science* **350**, 159 (2015)
Torres, T. T. *Nature* **534**, 475 (2016)
Dener, E. et al. *Current Biology* **26**, 1763 (2016)

5 『Copenhagen』, Michael Frayn (1998)
『하이젠베르크』, 아르민 헤르만 지음, 이필렬 옮김, 한길사 (1997)

6 van't Hof, A. E. et al. *Nature* **534**, 102 (2016)
Grant, B. S. *Science* **297**, 940 (2002)

부록 — 과학은 길고 인생은 짧다

1 Winston, P. H. *Nature* **530**, 282 (2016)

2 Freeman, K. H. *Nature* **532**, 314 (2016)

3 Roth, A. E. *Nature* **532**, 178 (2016)

4 Biewener, A. A. & Wilson, A. *Nature* **532**, 442 (2016)

5 Sham, L. J. *Nature* **534**, 38 (2016)

6 Rickaby, R. E. M. *Nature* **533**, 322 (2016)

7 Randolph, G. et al. *Cell Metabolism* **24**, 187 (2016)

8 Heath, J. R. & Curl. R. F. *Nature* **533**, 470 (2016)

9 Laine, A.-L. *Nature* **534**, 180 (2016)

10 Gauntlett, J. *Nature* **534**, 622 (2016)

11 Greenfield, P. M. *Nature* **535**, 232 (2016)

12 Yong, E. *Nature* **493**, 286 (2013)
Lubchenco, J. *Nature* **535**, 356 (2016)

13 Croce, C. M. *Nature* **536**, 397 (2016)

14 Stager. G. S. *Nature* **537**, 308 (2016)

15 Warren, S. W. *Nature* **537**, 168 (2016)
Dervan, P. B. *Science* **353**, 1103 (2016)

16 Heymann, D. L. *Science* **353**, 1104 (2016)
Breman, J. *Nature* **538**, 42 (2016)

17 Lippard, S. J. *Science* **354**, 41 (2016)
Rink, T. J. et al. *Nature* **538**, 172 (2016)

18 Watson, A. *Nature* **537**, 489 (2016)
Watson, A. *Science* **353**, 1501 (2016)

19 DeMarco, B. et al. *Nature* **538**, 318 (2016)
Regal, C. & Ye, J. *Science* **354**, 709 (2016)

20 Chudnovsky, E. M. *Nature* **539**, 358 (2016)

21 Whitesell, L. & Santagata, S. *Science* **354**, 974 (2016)
Shorter, J. & Gitler, A. D. *Nature* **540**, 40 (2016)

22 Whitesides, G. M. *Science* **354**, 1382 (2016)

23 Holdren, J. P. & McNutt, M. K. *Science* **354**, 1107 (2016)
Molina, M. & Janda, K. *Nature* **540**, 342 (2016)

24 Anders, W. A. *Nature* **541**, 290 (2017)

25 Ernberg, I. *Nature* **542**, 296 (2017)

26 Zeckhauser, R. *Science* **355**, 800 (2017)

27 Mejia, R. *Nature* **542**, 415 (2017)

28 Bahcall, N. A. *Nature* **542**, 32 (2017)
Urry, C. M. *Science* **355**, 462 (2017)

29 Greene, M. I. & Moore, J. S. *Science* **355**, 913 (2017)

찾아보기

ㅈ

ㅊ

ㅋ

ㅌ

ㅍ

과학의 위안

초판 1쇄 발행 2017년 4월 24일
초판 3쇄 발행 2019년 7월 31일

지은이 강석기

펴낸곳 MID(엠아이디)
펴낸이 최성훈

기획 김동출
편집 최종현
교정교열 오혜선
디자인 최재현
마케팅 백승진
경영지원 윤 송

주소 서울특별시 마포구 토정로 222 한국출판콘텐츠센터 303호
전화 (02) 704-3448 **팩스** (02) 6351-3448
이메일 mid@bookmid.com **홈페이지** www.bookmid.com
등록 제2011 - 000250호

ISBN 979-11-87601-24-1 03400

책값은 표지 뒤쪽에 있습니다. 파본은 바꾸어 드립니다.

이 도서의 국립중앙도서관 출판예정도서목록(CIP)은 서지정보유통지원시스템 홈페이지(http://seoji.nl.go.kr)와
국가자료공동목록시스템(http://www.nl.go.kr/kolisnet)에서 이용하실 수 있습니다.
(CIP제어번호:CIP2017009389)